全国电子信息类职业教育系列教材
——荣获华东地区大学出版社优秀教材奖

维修电工实训教程

（第2版）

主　编　金　明　兴　志

副主编　姜海波

参　编（按姓氏笔画排序）

李　斌　杨青山　顾纪铭

东南大学出版社

·南京·

内 容 提 要

本书介绍了安全用电的基本知识、电工常用工具与仪表、电工材料与低压电器、维修电工的基本操作技能、电工识图的基本方法、室内照明线路与安装、三相异步电动机的控制原理与安装、变频技术、电工绘图与仿真软件和可编程逻辑控制器等。每章后附有大量的习题和实训内容,同时设计了维修电工的多套试题组成了综合训练并附录了江苏省劳动厅、信息产业厅职业技能鉴定站维修电工中级的理论考核试卷、操作考题及评分标准。

本书内容详细、通俗易懂,同时兼顾了维修电工技能鉴定,用直观的图例和通俗的语言说明操作的步骤、过程与技巧,能满足一般工程技术人员的需要。

本书参考学时为 32~64 学时,可作为普通高等教育应用型本科、职业本科及高职高专院校电子信息工程、无线电、通信设备制造、广播电视工程、通信工程和电气工程等专业教材,也可以供电子与电气工程领域内工程技术人员培训、考级或自学使用。

图书在版编目(CIP)数据

维修电工实训教程/金明,兴志主编.—2 版. —
南京:东南大学出版社,2023.3(2025.1 重印)
　ISBN 978-7-5766-0643-0

　Ⅰ.①维…　Ⅱ.①金…②兴…　Ⅲ.①电工—维修—教材　Ⅳ.①TM07

中国国家版本馆 CIP 数据核字(2023)第 013791 号

东南大学出版社出版发行
(南京四牌楼 2 号 邮编210096)
责任编辑:张绍来　封面设计:顾晓阳　责任校对:韩小亮　责任印制:周荣虎
江苏省新华书店经销　　　　广东虎彩云印刷有限公司印刷
开本:787 mm×1 092 mm　1/16　印张:17　字数:430 千字
2023 年 3 月第 2 版　2025 年 1 月第 2 次印刷
ISBN 978-7-5766-0643-0
印数:27 001—28 000　定价:43.00 元

(凡有印装质量问题,可直接向营销部调换,联系电话:025-83791830)

第 2 版前言

随着机械化、电气化时代的到来,电工行业已成为一个极其重要的行业。从业人员不断增长,岗位的知识和技术要求不断提高,迫切需要跟上时代节奏和知识的发展,分享科技发展的成果。针对目前电工行业的特点,兼顾国家技能考核的要求,我们编写了此教程,旨在帮助大家掌握电工的先进技术。本书的特色是:"以实用为基础,以够用前提","以技能训练为主导,以技能鉴定为背景",系统地讲述维修电工的基本操作技能,删除了繁琐的理论推导和分析,代之以简单明了的实际操作方法,力求做到言之有理、言之有据、言之有用;操作明确、操作规范、操作易学。本书的宗旨是,"以理论学习为基础,以技能培养为前提",系统地培养学生的自学能力和动手操作能力,力求使学生能学、会学、想学。

全书共分 10 章,分别讲述了安全用电知识、电工常用工具与仪表、电工材料与低压电器、维修电工的基本操作技能、室内照明线路的安装与维修、三相异步电动机的控制原理与安装、变频技术、电工绘图与仿真软件、可编程逻辑控制器和综合练习等,并附录了维修电工训练题。

本书再版,由南京信息职业技术学院金明教授和兴志担任主编,姜海波担任副主编,李斌、杨青山、顾纪铭参与了部分章节的编写。在本书修订过程中,得到了江苏省信息产业厅技能鉴定所、钛能科技股份有限公司的大力支持,也得到了相关领导和同事的大力帮助,参考了一些专家学者的研究成果,在此表示衷心感谢!

由于水平有限,书中难免有错误和不妥之处,望广大读者批评指正。

编　者

2023 年 1 月

目　　录

1 安全用电知识

[主要内容与要求]

（1）了解人体触电的电流大小与伤害的关系和触电的原因。

（2）掌握触电的种类，主要有单相触电、两相触电和跨步电压触电。

（3）掌握触电急救要求，使触电者尽快脱离电源，并采用现场急救。现场急救的方法有口对口人工呼吸法、牵手人工呼吸法、胸外按压法。同时，急救方法要得当。

（4）掌握电气火灾的防护，遵守国家电器安装标准和按设备使用说明书的规定进行操作。掌握带电灭火方法和断电灭火方法。

（5）遵守安全用电规定，并按要求加装接地装置。

作为电工，要掌握安全用电的方法，必须先了解一些必要的电学知识，包括电是怎样产生、传输和使用的。下面首先来介绍一下电力系统。

1.1 电能的配送

在工农业生产中广泛使用的电能，是由水能、热能、风能和原子能等能源转换而来的。这是因为电能容易输送、控制和环保。图1-1所示为电力系统的组成框图。

图 1-1 电力系统组成框图

电力系统是由发电机、输配电设备和用户群体组成的一个整体。产生、输送、分配以及应用电能的系统称为电力系统。发电厂是把其他形式的能源（如水能、热能、风能、原子能等）转化为电能的场所。发电方式一般有水力发电、火力发电、风力发电、原子能发电等。去除发电厂，就组成了电网，即在电力系统中连接发电设备与用电设备之间的输配电系统称为电力网，简称电网。电网是各电压等级的输电线路和各种类型的变电所连接而成的网络。

1）升压

由于电厂发出的电能电压较低，输送到数百公里外将损耗很多的电能，因此，必须经过升压变压器将电压升高到 35～500 kV。目前我国常用的输电电压等级有 35 kV、110 kV、220 kV、330 kV 和 500 kV 等多种。

2）输电

输电是指电力的输送，若输电的距离越长，输电线上损耗的电能也就越多，因此，输电电压就要升得越高,以减少电能的损耗。一般情况下,输电距离在 50 km 以下,采用 35 kV 电压输电;在 100 km 左右,采用 110 kV 电压输电;超过 200 km 则采用 220 kV 或更高的电压输电。

输电线路一般采用架空线路,有的地方采用电缆线路。架空线路中不同的电压等级采用不同的杆塔。35 kV 线路通常采用混凝土杆单杆或双杆(俗称龙门杆)架设,每个支持点上用 7~9 个悬式瓷瓶串联来支持导线;220 kV 及以上线路大多采用铁塔架设,每个支持点上用 13 个以上悬式瓷瓶串联来支持导线。因此,根据杆塔构造和导线支持点串接瓷瓶的多少就可以判别架空输电线路的电压等级。

3)变电

变电即变换电网的电压等级。变电分为输电电压的变换和配电电压的变换。前者称为变电站(所),后者称为变配电站(所)。如果只具备配电功能而无变电设备的,则称为配电站(所)。

4)配电

配电即变换电网的电压等级,并进行电力分配。常用的配电电压等级有 10 kV 或 6 kV 高压和 380/220 V 低压两种,用电量大的用户有时需要 35 kV 高压或 110 kV 超高压直接供电。根据用户用电的性质不同,负荷分为 3 组:一级负荷、二级负荷、三级负荷。

用电设备的额定电压大多是 220 V 和 380 V;大功率电动机的电压是 3 kV 和 6 kV;机床局部照明的电压是 36 V。

从配电站(所)或配电箱(配电板)到用电设备的线路属于低压配电线路。低压配电线路的连接方式主要有放射式和树干式两种,如图 1-2 所示。

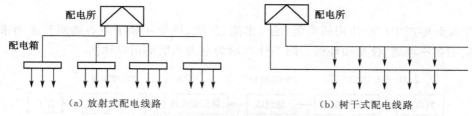

(a)放射式配电线路　　　　　(b)树干式配电线路

图 1-2　低压配电线路的连接方式

当负载点比较分散而每个负载点又具有相当大的集中负载时,则采用放射式配电线路较为合适。

放射式和树干式配电线路各有优势。放射式线路配电可靠,但敷设投资较高;树干式线路配电可靠性较低,一旦干线损坏或需要修理时,就会影响连接在同一干线上的其他负载,但树干式灵活性较大。另外,放射式与树干式比较,前者导线长而细,后者则短而粗。

1.2　触电急救

发电厂发出的电能经电力线路、变电所到电力用户。电能传输必须具有电压差,才能为用户服务,同时电具有较高的能量,如果用电不当,就会造成人体伤害、电源中断、设备损坏,给生产和生活造成重大损失。

1.2.1　人体触电的类型和原因

人体触电是指人作为一种导电体,触及有电位差的带电体后,电流流过人体造成伤害的情况。

1) 人体对电流的感觉

通过人体的电流越大,人体反应越明显。以工频交流电对人体感觉为例,按照通过人体的电流大小和生理反应,可将其划分为下列 3 种情况:

(1) 感知电流:是指引起人体感知的最小电流。实验表明,成年人感知电流有效值为 0.7~1 mA。感知电流一般不会对人体造成伤害,但是电流增大时,人体反应变得强烈,可能造成坠落等间接事故。

(2) 摆脱电流:人触电后能自行摆脱的最大电流称为摆脱电流。一般成年人摆脱电流约在 15 mA 以下。摆脱电流被认为是人体可以在较短时间内忍受而一般不会造成危险的电流。

(3) 致命电流:是指较短时间内危及人体生命的最小电流。电流达到 50 mA 以上就会引起心室颤动,有生命危险。一般情况下,30 mA 以下的电流通常在短时间内不会有生命危险,通常把该电流称为安全电流。

2) 触电的种类

触电会给人体带来严重的伤害,如疼痛、残废,甚至死亡。常见的触电类型主要有 4 种:

(1) 电击:是指人体接触到较高电压时,电流通过人体对细胞、神经及器官等形成的针刺感和打击感,严重时出现肌肉抽搐、神经麻痹等。

(2) 电伤:是指人体接触到较高电压时,电流对人体产生的伤害。电伤属局部性伤害,一般会在肌体表层留下明显伤痕。在触电伤亡事故中纯电伤或带电伤性质的约占 75%。

(3) 二次伤害:是指人体触电后引起的坠落、碰撞造成的伤害。

(4) 电死:严重的电击将引起昏迷、窒息,甚至心脏停止跳动而死亡。

3) 触电伤害的因素

人们总是错误地认为,触电只与电压高低有关,因为越高的电压作用于人体,致使人体电阻下降越快,电流增加越大。殊不知触电还与电流的路径、电流的频率、流过人体的时间、人体组织的电解液成分有关。

(1) 触电与电流路径有关:电流通过头部会使人昏迷而死亡,通过脊髓会导致截瘫,通过中枢神经会引起中枢神经系统严重失调而残废,通过心脏会造成心跳停止而死亡,通过呼吸系统会造成窒息。

(2) 触电与电流的频率有关:常用的 50~60 Hz 工频交流电对人体的伤害程度最为严重。电源的频率与工频差值越大,对人体的伤害程度则越轻。但较高电压的高频电流对人体依然是十分危险的。

(3) 触电与电流流过人体时间有关:电流流过人体的时间越长,对人体的伤害程度则越重。这是因为电流使人体发热和人体组织的电解液成分增加,导致人体电阻降低,反过来又使通过人体的电流增大,触电后果越发严重。

(4) 触电与人体电解液有关:人体的电解液成分越多,人体的电阻越小,就越容易触电。如皮肤薄、汗多的人就易触电。

4) 触电的原因

触电的原因主要有人为因素和客观因素两种。

(1) 人为因素

① 使用电器不谨慎:在室内违规乱拉电线,乱接电器,使用不慎重;未切断电源就去移动

灯具或电器;更换保险丝时,随意加大规格或用铜丝代替熔丝;用湿布擦拭或用水冲洗电线和电器等。

② 电工操作不合要求:电工施工时,带电操作;带电操作时,又不遵守用电规程,如使用不合格的安全工具,使用绝缘层损坏的工具,用竹竿代替高压绝缘棒,用普通胶鞋代替绝缘靴等;停电检修线路时,闸刀开关上未挂警告牌,其他人员误合开关等。

(2)客观因素

① 用电设备不合格:用电设备的绝缘层损坏,而外壳无保护接地线或保护接地线接触不良;用电器具接线错误,致使外壳带电等。

② 线路不合格:室内导线破损、绝缘层损坏或敷设不合格;插座、用电器受潮;无线电设备的天线、广播线或通信线与电力线距离过近或同杆架设发生断线、碰线;电气工作台布线不合理,磨损或被发热设备烫坏等。

1.2.2 触电的方式

常见的触电方式主要是单相触电、两相触电、跨步电压触电和感应电压触电。

1)单相触电

单相触电是指人体某一部位触及一相带电体(包括人体同时触及一根火线和零线)、电流通过人体流入大地(流回中性线)而产生的触电。单相触电主要发生在电力线的检修过程和带电检修用电器中,有时也发生在电力损坏的场所。

单相触电的示意图如图 1-3 所示。图 1-3(a)中,人在三相四线制线路触电,由于电源、人体和中性线直接形成了电流回路,相电压全部流过人体,会给人体造成致命的伤害。图 1-3(b)中,人在三相三线制线路触电,由于中性线不直接接地,电源经人体到大地,再经过远处的用电器回到电源形成回路,一般较中性点直接接地的危害相对要小一些,但这并不意味着没有危险,而且危险还是相当严重的。

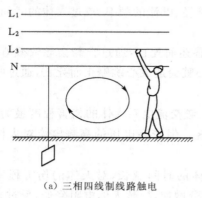

(a)三相四线制线路触电　　　　　　　　　　(b)三相三线制线路触电

图 1-3　单相触电

另外,人体与高压带电体间的距离小于规定的安全距离,高压带电体对人体放电和人体接触漏电设备的外壳造成触电事故,也属于单相触电。

2)两相触电

两相触电是指人体同时触及电源的两相带电体或同时接触带电体两个不同点,电流由一相线(一点)经人体流入另一相线(另一点),如图 1-4 所示。此时加在人体上的最大电压为线电压。两相触电与电网的中性点接地与否无关,其危险性最大。

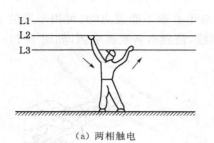

(a) 两相触电　　　　　　　　(b) 两点触电

图1-4　两相触电

3）跨步电压触电

当电气设备相线与机壳相碰或带电体直接接地时，电流由接地点向大地流散，在以接地点为圆心、一定半径（通常为20 m）的圆形区域内电位梯度由高到低分布，人进入该区域，虽没有接触带电体或带电导线，但沿半径方向两脚之间（间距以0.8 m计）存在的电位差称为跨步电压差，由此引起的触电事故称为跨步电压触电，如图1-5所示。跨步电压的大小取决于人体站立点与接地点的距离。距离越小，其跨步电压越大。当距离超过20 m（理论上为无穷远处），可认为跨步电压为0，不会发生触电的危险。

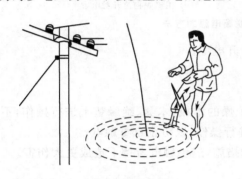　　

图1-5　跨步电压触电　　　　　图1-6　感应电压触电

4）感应电压触电

当人触及带有感应电压的设备和线路时所造成的触电事故称为感应电压触电。一些不带电的线路由于大气变化（如雷电活动），会产生感应电荷，停电后这些带有感应电荷的设备和线路如果未及时接地，对地均存在感应电压，当人体接触后可能触电，如图1-6所示。

1.2.3　触电急救技术

触电急救的基本原则是动作迅速、救护正确。一旦发生触电事故，应立即组织急救，切不可惊慌失措，束手无策，也不可蛮干，在帮助触电者脱离电源的同时，应保证自身和现场其他人员的生命安全。其正确的方法如下：

1）尽快使触电者脱离电源

脱离电源要根据当时的环境现场，采用相应的方法。

（1）出事地附近有电源开关或插头时，应立即断开开关或拔掉电源插头，断开电源，如图1-7（a）所示。

（2）若电源开关远离出事地时，通知有关部门立即停电，同时用绝缘钳或干燥木柄斧子切断电源，如图1-7（b）所示。

（3）当电线搭落在触电者身上或触电者与用电器不能脱离时,可用干燥的衣服、竹竿、木棒等绝缘物做救护工具,拉开触电者或挑开电线,使触电者脱离电源,如图1-7(c)、(d)所示。

（a）断开开关或拔掉电源插头　　　　　　　（b）用绝缘钳切断电源

（c）用绝缘物挑开电线　　　　　　　　（d）用绝缘物拉开触电者

图1-7　使触电者脱离电源的方法

（4）采用线路短路法,迫使保护装置动作,断开电源。

在脱离电源时应注意以下几点:

（1）清理现场,让无关人员远离触电现场。

（2）救护者应穿绝缘胶鞋进入现场或站在干燥的木板、木凳、绝缘垫上进行操作,不得直接用手或其他金属及潮湿的物件作为救护工具进行操作,以防止自身触电。

（3）对高处触电者解救时需采取保护摔伤的措施,避免触电者摔下造成更大伤害。

2）现场急救措施

把脱离电源的触电者迅速移至通风干燥的地方,使其仰卧,并解开其上衣和腰带,尽量让其呼吸通畅。

（1）分析触电者的伤害情况

① 判断是否有呼吸:用手试触电者的口鼻处是否有呼吸,胸部是否有起伏。② 判断心跳是否停止:摸一摸颈部的颈动脉或腹股沟处的股动脉有无搏动,听一听是否有心跳的声音。③ 检查瞳孔是否放大:当触电者处于假死状态时,大脑细胞严重缺氧,处于死亡边缘,瞳孔自行放大,对外界光线强弱无反应,可用手电照射瞳孔,看是否回缩。④ 检查是否还有其他外伤。

根据触电者的伤势情况,采取相应的急救措施,同时向附近医院或警方告急求救。

（2）轻度触电者的急救方法:轻度触电者一般意识尚清醒,但有四肢发麻、全身无力、心慌等反应,此时,应使触电者保持安静,不要走动;如果触电者心跳和呼吸还存在,但失去知觉,须让触电者舒适、安静地平躺在空气流通的地方,解开衣领便于呼吸,在寒冷天气应注意保温,摩擦全身,使之发热;迅速请医生前来或送医院诊治。

（3）重度触电者的急救方法

应采用人工帮助呼吸法进行急救,急救方法主要有:

① 口对口人工呼吸法:主要针对有心跳、无呼吸的触电者,具体步骤及方法是:将触电者仰卧,迅速解开其衣服和腰带。将触电者头偏向一侧,张开嘴巴,清除口腔中的异物,如泥沙、

血块、义齿,使其呼吸道畅通;救护者站在触电者的一边,一只手捏紧触电者的鼻子,另一只手托在触电者颈后,使触电者颈部上抬,头部后仰,然后深吸一口气,用嘴紧贴包含触电者的嘴,大口吹气,接着放开触电者的鼻子,让气体从触电者肺部排出,每 5 s 一次,吹 2 s,停 3 s,不断重复地进行,直到触电者苏醒为止,如图1-8 所示。

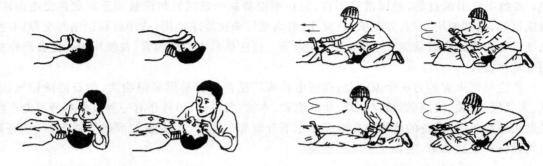

图 1-8　口对口人工呼吸法　　　　图 1-9　牵手人工呼吸法

② 牵手人工呼吸法:具体操作步骤是:将触电者仰卧在结实的平地或木板上,松开衣领和腰带,使其头部稍后仰,抢救者跪跨在触电者头部后方。双手抓住触电者的双手,来回运动,或者在触电者心前做圆弧、半圆运动,如图 1-9 所示。

③ 胸外按压法:主要针对有呼吸、无心跳的触电者,具体操作步骤是:将触电者仰卧在结实的平地或木板上,松开衣领和腰带,使其头部稍后仰(颈部可枕垫软物),抢救者跪跨在触电者腰部两侧。抢救者将右手掌放在触电者胸骨处,中指指尖对准其颈部凹陷的下端,如图 1-10(a)所示。左手掌复压在右手背上,如图 1-10(b)所示。抢救者借身体重量向下用力按压,成人压下 5~6 cm,如图 1-10(c)所示,突然松开,如图 1-10(d)所示。按压和放松动作有节奏,每分钟宜按压 100~120 次左右,不可中断,直至触电者苏醒为止。要求按压定位准确,用力适当,防止用力过猛给触电者造成内伤或用力过小按压无效果。

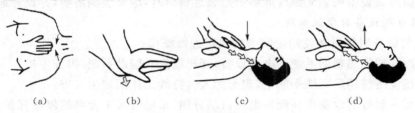

（a）　　　　　（b）　　　　　（c）　　　　　（d）

图 1-10　胸外按压法

注意:无论是何种人工呼吸法,对儿童施行抢救时,要更加慎重,以免发生人为意外伤害。

当然,上述急救方法可交替进行。特别是对呼吸和心跳都停止的触电者,须同时采用口对口人工呼吸法和胸外心脏按压法。单人救护时,可先吹气 2~3 次,再按压 10~15 次,交替进行。双人救护时,每 5 s 吹气 1 次,每分钟按压 100~120 次,两人同时进行操作。抢救既要迅速又要有耐心,即使在送往医院的途中也不能停止急救。此外,不能给触电者打强心针、泼冷水或压木板等。

1.3　电气消防

电气消防在人们用电的过程中是极其重要的一个环节。电气设备在使用过程中可能会发生火灾,因此要尽量防患于未然;同时,要掌握电气消防的知识,面对突发性的火灾不惊慌失措,采取正确的消防方法,将损失降到最低。

产生电气火灾的主要原因有:设备或线路发生短路故障,短路电流可达正常电流的几十倍甚至上百倍,产生的热量可引起设备或线路自身或周围可燃物燃烧;电气设备的过载引起过热;接触不良引起过热;通风散热不良,大功率设备缺少通风散热设施或通风散热设施损坏,造成过热;电器使用不当,如电炉、电熨斗、电烙铁等未按要求使用,或用后忘记断开电源;有些电气设备正常运行时就能产生电火花、电弧等。这些都是人为的因素,在使用中一定要严格按用电规章使用。

产生电气火灾的另一个原因是:在用电场所广泛存在着易燃易爆物质,如石油液化气、煤气、天然气、汽油、柴油、酒精、棉、麻、化纤织物、木材、塑料等;另外还有一些设备本身可能产生易燃易爆物质,如设备的绝缘物在电弧作用下分解和气化,产生大量的可燃气体等,一旦遇到电气设备和线路故障,便会立刻着火燃烧。

1.3.1 电气火灾的防护措施

电气火灾的防护措施主要致力于消除隐患、提高用电安全。

1)设计线路与用电器具时要考虑电气防火

(1)线路设计要符合用电要求,对不宜安装线路的环境要采取防火措施,达不到防火条件的,坚决不能安装。

(2)对可能产生电热效应的设备要采取隔热、散热、强迫冷却等结构,并注重耐热、防火材料的使用。

(3)对所有的用电设备,要根据用电规程,该安装短路、过载、漏电等保护设备的,要坚决安装,切不可为省钱而不安装。

(4)对需要安装地线和避雷器的用电设备,一定要安装,不能省略。

(5)当固定式设备的表面温度能够引燃邻近物料时,应安装隔离物,并设置通风设备。

2)使用电气设备时要注意防火

使用电气设备时按设备使用说明书的规定进行操作。

(1)带冷却或加热辅助系统的电气设备,开机前先开辅助系统,再开主机。

(2)电热设备使用后要随手断电,避免无人时持续工作而发生火灾。

(3)对无人照管的设备须装配停电时自动分闸、来电时人工合闸的停电保护装置,以防发生意外停电时设备自动恢复供电而发生火灾。

(4)一般情况下,电气设备不得带故障或超载运行。

(5)电加热设备或其他大功率设备须设温度保护。

(6)电线与其他导体的连接要可靠,接触要良好,以防过热引起火灾。

1.3.2 火灾的扑救

发生火灾,应立即拨打119火警电话报警。扑救电气火灾时应注意及时切断电源,并通知电力部门派人到现场指导和监护扑救工作,以防触电或扩大火灾范围。

对电气火灾的扑救,应正确选择灭火器和灭火装置,否则,有可能造成触电事故和更大的危害。

(1)断电灭火:电气失火,在有条件断电时,一定要采用断电灭火,这样可以防止触电,也可切断火灾的蔓延。但在切断电源时要有利于灭火,如切断位置不合适,可能会影响照明或其他救火设备的工作;剪断电源线时,要防止掉落,发生跨步触电;拉闸时,要戴绝缘手套,防止接触触电。

(2)带电灭火:电气灭火,一般要求断电,但有时情况紧急或者无法断电也必须灭火。这时灭火应选用不导电的灭火剂,如二氧化碳、1211干粉灭火机、干黄沙等,严禁使用泡沫灭火器,因为这种灭火剂不但会损坏设备,还有可能引起触电。带电灭火要注意:使用消防器材不能与带电体接触;扑救人员进入现场要穿绝缘鞋;对有油的电气设备如变压器、油断路器燃烧时,要用黄沙扑灭。

(3)对不明是否带电的物体灭火,一律作为带电处理。在使用四氯化碳灭火器灭火时,灭火人员应站在上风侧,以防中毒;灭火后空间要注意通风。使用二氧化碳灭火时,当其浓度达到85%时,人就会感到呼吸困难,要注意防止窒息。

1.4　安全用电的方法

防止触电事故和火灾事故的发生,应采取以下措施:

1.4.1　采取安全用电措施

1)组织制度

"安全用电,预防为主",作为电力部门,要组织好安全用电的教育工作,落到实处,它关系到人们生命和财产安全的大事。因此,在电气系统和电气设备的设计、制造、安装、运行和检修维护过程中,要求严格遵守国家规定的标准和规程;建立健全安全规章制度,如安全操作规程、电气安装规程、运行管理规程、维护检修制度等,并认真落实执行;加强安全教育,提高安全意识;对从事电气工作的人员,应加强培训和考核,杜绝违章操作。

2)配电线路的安全措施

(1)每个电气系统的全部电气设备必须装配电源总开关。

(2)每个用电器具均应有电源开关,不用时应处于断开位置。

(3)电气设备金属外壳的保护接地线应良好。

(4)严禁乱拉电线,220 V灯头的离地高度一般应不低于2 m,危险场所应不低于2.5 m,否则应采用36 V以下的安全电压。

(5)安装单相220 V三眼插座及插头的接线要正确,插座板上的插座必须分别标明其使用电压,防止插错造成事故。

(6)开关的接线应牢固,胶盖闸刀开关和铁壳开关必须在进线部位装有插式熔断器,不准用铜丝代替,铁壳开关的外壳必须有可靠的保护接地线。

(7)易燃、易爆物品贮存场所的电气设施必须采用密闭式和防爆型结构。

(8)不准采用"一地一火"的用电方式。

(9)不准直接拨拉电线,对绝缘层已损坏的电线要及时更换。

3)停电检修的安全措施

(1)切断电源:必须按照停电操作顺序进行,切断来自各方面的电源,保证各电源有一个明显断点;对多回路的线路,要防止从低电压送往高电压。

(2)验电:停电检修的设备或线路,必须验明电气设备或线路无电后,才能确认无电,否则应视为有电。验电时,应选用电压等级相符、合格的验电器对检修设备的进出线两侧各相分别验电,确认无电后方可工作。

(3) 悬挂警告牌:停电作业时,对一经合闸即能送电到检修设备或线路的开关,须在配电柜的操作手柄上面悬挂"有人工作,禁止合闸"的警告牌,必要时加锁固定或派专人监护。

(4) 装设临时地线:在检修电气设备或线路时,对于可能送电到检修设备的线路,或可能产生感应电压的地方,都要装设临时地线。装设过程为:先接好接地端,在验明电气设备或线路无电后,立即接到被检修的设备或线路上;拆除时则与之相反。接地线必须采用裸铜线,截面积不小于 2.5 mm²。

(5) 检修操作人员应戴绝缘手套,穿绝缘鞋,人体不能触及临时接地线,并设专人监护。

4) 带电作业时的安全措施

特殊情况下必须带电工作时,应严格按照带电作业的安全规定进行作业。

(1) 在低压电气设备或线路上进行带电工作时,应使用合格的、有绝缘手柄的工具,穿绝缘鞋,戴绝缘手套,并站在干燥的绝缘物体上,派专人监护。

(2) 对工作中可能碰触到的其他带电体及接地物体,应使用绝缘物隔开,防止相间短路和接地短路。

(3) 进行移动带电设备的操作(接线)时,应先接负载,后接电源。

(4) 检修带电线路时,应分清相线和零线。断开导线时,应先断开相线,后断开零线;搭接导线时,应先接零线,后接相线。

(5) 带电作业时间不宜过长,以免疲劳而发生事故。

5) 装置临时线的安全措施

(1) 临时线的安装必须有严格的审批制度,一般应经动力部门和安全技术部门审批,临时线最长使用期限为 7 天,使用完毕应立即拆除。

(2) 电源开关、插座等若安装在户外,应有防雨的箱子保护,电器应安装牢固,防护罩壳齐全、完好。

(3) 装置临时线须用绝缘良好的橡皮线,要采取悬空架设和沿墙敷设,禁止在树干上或脚手架上挂线。临时线装置必须有一总开关控制,每一分路须装熔断器。

(4) 所有电气设备,金属外壳须有良好接地线。

(5) 临时线放在地面上的部分,应加以可靠保护,如用胶皮线橡胶套电缆,则应在过路处设有硬质的套管保护,管口要安装护圈,防止破损。

6) 其他安全措施

(1) 尽可能采用安全电压:安全操作电压是指人体较长时间接触带电体而不发生触电危险的电压,其数值与人体电阻和可承受的安全电流有关。国际电工委员会(IEC)规定安全电压的上限值为 50 V。我国规定:对 50~500 Hz 的交流电的安全电压额定值(有效值)为 42 V、36 V、24 V、12 V、6 V 五个等级,且任何情况下均不得超过 50 V 有效值。当电气设备电压大于 24 V 安全电压时,必须有防止人体接触带电体的保护措施。

安全电压的电源必须采用独立的双绕组隔离变压器,一、二次侧绕组必须加装短路保护装置,并有明显标志,严禁用自耦变压器提供低电压。

(2) 设立防护屏障:为了防止人体进入触电危险区,常采用防护屏障如栅栏、护套、护罩等将带电体与周围隔离。防护屏除了必须有足够的机械强度和良好的耐热、防火性能外,若使用金属材料制作,还须妥善接地。

（3）定期检查用电设备:必须对用电设备定期检查,进行耐压试验,使电气设备处于通风干燥的环境中,保障其具有良好的绝缘性,确保安全运行。

1.4.2 安装接地装置

1) 接地的概念

"地"是电气设备或装置的"地",即电气设备与大地之间进行符合技术要求的电气连接。目的是利用大地为正常运行、绝缘损坏或遭受雷击等情况下的电气设备等提供对地电流流通回路,保证电气设备和人身的安全。

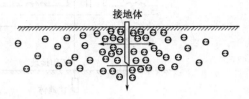

图 1-11　接地体的结构

（1）接地装置:接地装置由接地体和接地线两部分组成,如图 1-11 所示。接地体（线）是埋入地下与大地直接接触的导体组,它分为自然接地体和人工接地体。自然接地体是利用与大地有可靠连接的金属构件、金属管道、钢筋混凝土建筑物的基础等作为接地体。人工接地体是用型钢,如角钢、钢管、扁钢、圆钢制成,打入地下而形成的接地装置。人工接地体一般有水平敷设和垂直敷设两种。电气设备或装置的接地端与接地体相连的金属导体称为接地线。

（2）接地短路与接地短路电流:电气设备或线路因绝缘损坏或老化,使其带电部分通过电气设备的金属外壳或构架与大地接触的情况,称为接地短路。发生接地短路时,由接地故障点经接地装置而流入大地的电流称为接地短路电流,也称接地电流。

（3）电气上的"地"和接地时的对地电压:电气设备发生接地短路故障时,接地电流通过接地体以半球形状向大地流散,在距接地体 20 m 以外,电流不再产生电压降,电位已降到 0。通常将这一电位等于 0 的地方,称为电气上的"地"。此时,电气设备的金属外壳与零电位之间的电位差,称为电气设备接地时的对地电压。

2) 接地的作用

接地主要是为保护人身安全或者给某些设备提供电流回路。根据作用不同,可分为各种不同的接地。

（1）工作接地:为了保证电气设备的正常工作,将电路中的某一点通过接地装置与大地可靠地连接,称为工作接地。例如变压器低压侧的中性点、电压互感器和电流互感器的二次侧某一点接地等,如图 1-12(a)所示。其作用是为了降低人体的接触电压。

供电系统中电源变压器中性点接地的系统称中性点直接接地系统,中性点不接地的系统称中性点不接地系统。中性点接地系统中,一相短路,其他两相的对地电压为相电压。中性点不接地系统中,一相短路,其他两相的对地电压接近线电压。

（2）保护接地:保护接地是将电气设备正常情况下不带电的金属外壳通过接地装置与大地可靠地连接,如图 1-12(b)所示。保护接地主要用于中性点不接地的电气设备中。

（3）保护接零:在中性点直接接地系统中,把电气设备金属外壳等与电网中的零线进行可靠的电气连接,称保护接零。保护接零可以起到保护人身和设备安全的作用,如图 1-12(c)所示。当一相绝缘损坏碰壳时,由于外壳与零线连通,形成该相对零线的单相短路,使线路上的保护装置（如熔断器、低压断路器等）迅速动作,切断电源,消除触电危险。对未接零设备,则对地短路电流不一定能使线路保护装置迅速可靠动作。

国标中规定相线用 L 表示,中性线用 N 表示,保护地线用 PE 表示,对兼有保护线(PE)和中性线(N)作用的导体——保护中性线,用 PEN 表示。

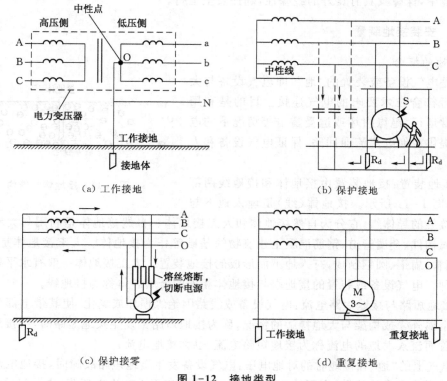

图 1-12　接地类型

（4）重复接地:三相四线制的零线在多处经接地装置与大地连接称为重复接地,如图1-12(d)所示。在 10 kV 以下的接地系统中,重复接地的接地电阻不应大于 10 Ω。重复接地的作用为:降低三相不平衡电路中零线上可能出现的危险电压,减轻单相接地或高压串入低压的危险。其接地装置的设置,应符合接地规程的规定。在保护接零系统中,零线应在电源的首端、终端;架空线路的干线和分支、终端处及沿线路每隔 1 km 处应进行重复接地;架空线路或电缆线路引入建筑物内的配电柜应进行重复接地。

（5）过电压保护接地:指为了消除雷击或过电压的危险影响而设置的接地。

（6）防静电接地:指为了消除生产过程中产生的静电而设置的接地。

（7）屏蔽接地:指为了防止电磁感应而对电气设备的金属外壳、屏蔽罩或建筑物的金属屏蔽体等进行的接地。

3）接地的要求

对接地的要求,当然是电阻越小越好,但考虑到经济合理,接地电阻原则上不超过规定的接地电阻的数值即可:对于容量大、工作性质重要的工作接地,其接地电阻小于 10 Ω;保护接地的电阻小于等于 4 Ω;重复接地的电阻小于 100 Ω。

在三相四线制供电系统中,变压器中性点直接接地,对办公楼、厂房车间的电源进线的重复接地,有些电气设备的保护接地等,都是由接地装置来实现。对于接地各部分,国家有明确的规定和要求。

（1）接地体:接地体是指埋入大地中的导体部分。对接地体的材料、形式、接地装置埋设的深度等的具体要求如下：

①　接地体材料：接地体的材料通常采用钢管、圆钢、角钢和扁钢等。

②　接地形式：接地体是埋在地下的，有垂直安装和水平安装两种。

③　接地深度需满足接地要求。

（2）接地线：接地线是指焊接在接地体上的引出线。一般采用镀锌扁钢作为引出线。引出线焊上螺栓以便与导线连接。

①　引出线如高出地面时，必须加塑料管等做穿管保护，保护管高度不应小于 2 m。

②　接地线可用绝缘导线（铜或铝芯）或裸导线（包括圆钢、扁钢），所用的接地导线不得有折断现象。采用保护接零时，保护地线与工作地线应分开。

③　明敷的接地裸干线应涂黑色漆。

④　三芯、四芯塑料护套线中的黑色线规定为接地线。

⑤　接地线的截面积由电源容量来决定，通常其载流能力不应小于相线允许载流量的二分之一。且具有一定的机械强度的缘故。

用作接地线的裸铝导体严禁埋入大地。

（3）接地线与接地体的连接

①　接地体与接地线连接要牢固可靠。

②　接地线要接触良好，不允许加装开关、自动空气断路器、熔断器等保护电器。

③　接地线与接地体的连接处应明显，便于检查。

④　一个设备的接地线不能和其他设备的接地线相串联，应当用并联方法连接。

⑤　连接方式尽量采用压接或焊接，以具有较强机械强度。

（4）接地线的定期检查

①　接地电阻的检查：工作接地每隔半年检查一次；保护接地每 1～2 年检查一次。

②　连接点：对于螺装的接地点，每半年或 1 年检查一次。

1.4.3　使用漏电保护器

漏电保护器是一种防止漏电的保护装置，如图 1 - 13 所示。当设备因漏电外壳上出现对地电压或产生漏电电流时，它能够自动切断电源。

漏电保护器通常分为电压型和电流型两种。电压型反映了漏电对地电压的大小，由于性能较差已趋淘汰，电流型则反映了漏电对地电流的大小，其中分有零序电流型和泄漏电流型。电流型漏电保护器常用有单相双极式、三相三极式和三相四极式三类。单相双极电流型漏电保护器广泛用于居民住宅及其他单相电路，三相三极式漏电保护器应用于三相动力电路，三相四极式漏电保护器应用于动力、照明混用的三相电路。

图 1-13　漏电保护器

漏电保护器既能用于设备保护，也能用于线路保护，具有灵敏度高、动作快捷等特点。对于那些不便于敷设地线的地方，以及土壤电阻系数太大，接地电阻难以满足要求的场合，应进行广泛推广使用。

1.5　实　　训

1.5.1　实训课堂守则与电工操作手册

1）实训课堂守则

实习室是实训的重要场所,对课堂理论教学效果有着十分重要的作用,如果操作不当,会影响人身和设备的安全,因此,从开始就要严格地执行电工操作手册,养成良好的操作习惯,严格遵守各项安全操作规程。

（1）尊敬师长,团结同学,说话和气,态度诚恳。

（2）按指定工位进入实习室,不嬉戏,不吵闹,精力集中,认真学习。

（3）爱护实训场所设施,不损坏工具、刃具、量具、仪器、材料、设备与设施。每次实训结束后,应认真清点,做好保养工作,用毕归还原处,不得带出实训场所。如有损坏或遗失,要填写事故报告。

（4）遵守操作规程,严格按操作工艺要求操作,保证实训质量,杜绝安全事故发生。

（5）严格遵守各项规定,进入实训场所必须穿好工作服和绝缘用品。

（6）工作前必须检查自己使用的工具、材料、电气设备等,发现有损坏或缺失应立即报告教师,及时更换或配备。

（7）实训场所内严禁会客或将无关人员带入,有事需请假,经教师同意后方可离开。

（8）注意实训场所的清洁卫生,不得在实训场所内随地吐痰、乱抛纸屑,每天课后要打扫卫生。

2）电工操作手册

（1）未经批准,严禁私自拆卸仪器仪表、私接电源线。

（2）电气线路或电气设备检修时必须切断电源,并在电源开关一侧挂上"有人作业,严禁合闸"的警示牌,严禁带电作业。

（3）电气检修人员在检修开始前,应对检修线路或设备实施验电,待确认无电后,在专业教师监护下方可检修操作。

（4）检修完毕,检修人员应及时拆除各种保护接地及临时性接线或设备,保持线路设备安全和整体美观。

（5）送电前应对全线路（包括设备）进行严格的安全检查,待其检修人员脱离线路（设备）并确认接线等无误后方可送电,送电应采用"合—断—合"的步骤进行。

（6）由于接线错误、操作错误而造成事故,应立即切断电源,保护现场,不准私自处理。对触电人员应实施有效的急救措施。

（7）装配、检修设备应做好质量检验记录,熔管选配应按设备容量而定,私自加大熔管造成事故者责任自负。

1.5.2　模拟触电救护操作练习

1）实训目的

熟悉现场触电救护的基本要领,初步掌握口对口人工呼吸救护法和胸外按压法。

2）实训器材

绝缘服、绝缘鞋、电工钳、干木棒、木板和人体模具等。

3) 实训步骤

(1) 触电发生,打 110 报警,打 120 请求医疗救护,穿绝缘服和戴绝缘用具,进入现场。

(2) 用木棒或其他方式让触电者脱离电源。

(3) 解开触电者的衣服,把触电者安放在通风口,尽量让其呼吸通畅。

(4) 实施口对口人工呼吸或胸外按压进行救护。

4) 注意事项

(1) 人工呼吸或胸外按压的操作的频率不能太快或太慢。

(2) 对儿童救护时,要注意力度,以免产生新的伤害。

5) 实训报告

总结救护的操作步骤,特别要找出自己操作中的失误并加以纠正。

1.5.3　模拟电气灭火

1) 实训目的

熟悉现场电气灭火的基本要领,初步掌握断电灭火和带电灭火的方法。

2) 实训器材

绝缘服、干黄沙、电工钳、泡沫灭火器和干粉灭火器等。

3) 实训步骤

(1) 断电灭火

① 穿绝缘服和戴绝缘用具,进入现场。② 用电工钳剪断电源线。③ 用泡沫灭火器灭火。

(2) 带电灭火

① 穿绝缘服和戴绝缘用具,进入现场。② 用干黄沙或干粉灭火器灭火。

4) 注意事项

(1) 剪断电源线要注意有支撑物,并且不要影响照明。

(2) 要保证灭火器与人体间的距离及灭火器与带电体间的距离。灭火器与带电体之间的距离在 10 kV 和 35 kV 时分别不小于 0.7 m 和 1 m。

5) 实训报告

总结电气灭火的操作步骤,特别要找出自己操作中的失误并加以纠正。

习题 1

(1) 什么是致命电流?其最小数值为多少?

(2) 什么是安全电压?安全电压是多少?

(3) 在日常用电和电气维修中,哪些因素会导致触电?

(4) 有哪几种触电方式?分别简述。

(5) 如果有人发生触电事故,应该怎么办?

(6) 简述口对口人工呼吸法的操作要点。

(7) 电气消防有哪些措施?

(8) 扑灭电气火灾有哪些注意事项?

(9) 停电检修有哪些要求?带电检修又有何要求?

(10) 对接地装置中的接地线有何要求?

(11) 简述 4 种接地类型的不同作用。

2 电工常用工具与仪表

[主要内容与要求]

（1）掌握电工常用基本工具、施工工具、焊接工具和钳工工具的选用及正确的操作方法。

（2）掌握电工常用防护用具使用方法。

（3）了解电工仪表种类、分类、等级与误差。

（4）了解电工仪表的面板符号及其含义。

（5）了解各种电工常用工具与仪表的性能、指标、操作方法及使用注意事项。

了解和掌握电工常用工具与仪表的使用和维护，是维修电工应具备的基本知识。

电工常用工具主要有电工工具、钳工工具、安装工具、焊接工具和其他一些机械装置，还有电工量具、仪器、仪表等。

2.1 电工常用工具

2.1.1 基本工具

电工常用基本工具也是维修电工必备的工具，包括螺丝刀、钢丝钳、电工刀等。

1）螺丝刀

螺丝刀又称改锥或起子，主要用来紧固或拆卸螺丝。螺丝刀式样和规格很多，按头部形状分有一字形、十字形、内三角、内六角、外六角等几种类型，是维修电工必备工具之一。常用的有一字形、十字形两类，并有手动、电动、风动等形式。按握柄所用材料分为木柄和塑料柄两种。常见的两种螺丝刀的外形如图 2-1 所示。

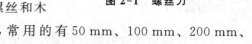

图 2-1　螺丝刀

（1）一字形螺丝刀：用来紧固或拆卸一字槽的螺丝和木螺丝。它的规格用握柄以外的刀杆长度来表示，常用的有 50 mm、100 mm、200 mm、300 mm、400 mm 等规格。

（2）十字形螺丝刀：专供紧固或拆卸十字槽的螺钉和木螺丝之用。常用的十字形螺丝刀主要有 4 种槽口，即 1 号、2 号、3 号、4 号型槽号，分别适用于直径为 2～4.5 mm、3～5 mm、5.5～8 mm、10～12 mm 的螺钉。

有的多用螺丝刀具还具有试电笔功能。

使用螺丝刀时应注意以下几点：

① 要选用合适的规格，过大或过小都易损坏螺钉槽。以小代大，可能造成螺丝刀刃口扭曲；以大代小，容易损坏电器元件。② 螺丝刀插入螺钉时应垂直，用力要均匀、平稳，挤压要同步。

2）扳手

用于螺纹连接的一种手动工具，其种类和规格很多，维修电工常用的是活扳手。活扳手又称活络扳手,用来紧固和拆卸螺钉或螺母。它的开口宽度可在一定范围内调节,其规格以长度乘最大开口宽度来表示。电工常用的活扳手有 150 mm×19 mm,200 mm×24 mm,250 mm×30 mm 和 300 mm×36 mm 等 4 种,俗称 6″,8″,10″ 和 12″。图 2-2 所示是活扳手的外形和用法。使用时应注意,不可拿活扳手当撬棒或手锤使用。

图 2-2 活扳手　　　　　　　　　　　图 2-3 钢丝钳

3) 钳具

(1) 钢丝钳:也称平口钳、老虎钳,其外形如图 2-3 所示。钢丝钳的握柄分铁柄和绝缘柄两种。绝缘柄钢丝钳可在有电情况下使用,工作电压一般在 500 V 以下,有的钢丝钳工作电压达 5 000 V。

钢丝钳的型号一般以全长表示,如 150 mm、175 mm 和 200 mm 等几种钢丝钳。

钢丝钳的作用是对较粗的导线或元器件成型,也可以用来剪切钢丝。值得注意的是,要根据钢丝粗细合理选用不同规格的钢丝钳,导线要放在选定的钢丝钳剪口根部,不要放斜或靠近钳头边,否则很容易出现崩口、卷刃的现象。

(2) 尖嘴钳:常见的尖嘴钳有普通尖嘴钳及长尖嘴钳两种,如图 2-4 所示。其规格是以身长命名,如 140 mm、180 mm、200 mm 等。

尖嘴钳的主要用途是剪断较细的导线和金属丝,将其弯制成所要求的形状,并可夹持、安装较小的螺钉、垫圈等。

图 2-4 尖嘴钳　　　　　　　　　　　图 2-5 斜口钳

(3) 斜口钳:有时也称偏口钳,其外形如图 2-5 所示。主要用来剪切导线,尤其是剪切焊接后的元件多余的引线。

斜口钳使用时,应防止剪下的线头刺伤人眼,在剪线时应将剪口朝下,不能变动方向时,应用手遮挡飞出的线头;不允许用斜口钳剪切较粗的钢丝等,否则易损坏钳口。

(4) 剥线钳:其外形如图 2-6 所示。需要剥除电线端部绝缘层,如橡胶层、塑料层等时,常选用剥线钳这一专用工具。其优点是剥线效率高、剥线长度准确,不损伤芯线。

剥线钳是用来剥除小直径导线绝缘层的专用工具。它的手柄带有绝缘把,耐压为 500 V,因此可以带电操作。剥线钳的钳口有 0.5~3 mm 多个不同孔

图 2-6 剥线钳

径的刃口,使用时,根据需要定出剥去绝缘层的长度,按导线芯线的直径大小,将其放入剥线钳相应的刃口,用力握钳柄,导线的绝缘层即被割断。使用剥线钳应注意:

① 剥线钳口处有各种不同直径的小孔,可剥不同线径的导线,使用时注意分清,以达到既能剥掉绝缘层又不损坏芯线为目的。② 维修电工使用剥线钳进行带电操作之前,必须检查绝

缘把套的绝缘是否良好,以防绝缘损坏,发生触电事故。

(5) 管子钳:是用于电气管道或给水排水工程中旋转接头及其圆形金属工件的专用工具,其结构如图 2-7 所示。常用规格有 250 mm、300 mm、350 mm 等几种。

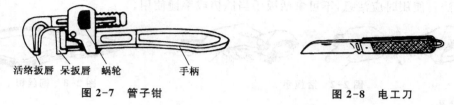

图 2-7　管子钳　　　　　　　　　图 2-8　电工刀

4)刀具

(1) 电工刀:是在安装与维修过程中用来切削电线电缆绝缘层、切割木台缺口、削制木桩及软金属的工具。电工刀刀柄是无绝缘保护的,不能在带电导线或器材上切削,以防触电。其外形如图 2-8 所示。

(2) 剪刀:有时也称剪线剪,主要用来剪线或剪除较细的多余引线。

5)测电用具

(1) 试电笔:简称电笔,是用来检查低压电器是否带电的辅助用具,其检测电压在 60～500 V 之间。为了便于使用和携带,试电笔常做成钢笔式或螺丝刀式结构,如图2-9所示。

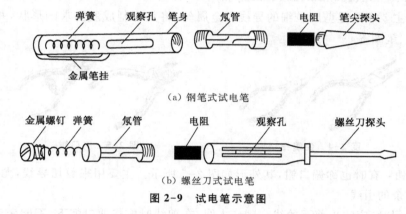

(a)钢笔式试电笔

(b)螺丝刀式试电笔

图 2-9　试电笔示意图

钢笔试电笔由氖管、2 MΩ 电阻、弹簧、笔身和笔尖构成。使用时,金属笔尖接触被测电路或带电体,人的手指接触金属螺钉,使电路或带电体与电阻、氖管、人体和大地形成导电回路。当带电体与地之间的电压为 60 V 时,笔身中的氖管发出红色辉光,表明被测体带电;若是交流电压,则氖泡两极发光。使用时应注意:

① 使用试电笔前,一定要在有电的电源上检查试电笔氖管能否正常发光,确保试电笔无损方可使用。② 在明亮的光线下测试时不易看清氖管是否发光,应遮光检测。③ 测试电压低于 60 V 时,氖泡不发光。④ 试电笔的金属笔尖往往制成螺丝刀形状,但只能承受很小的扭矩,不要当旋具使用。

(2) 高压验电器:又称高压测电器,用来检查高压供电线路是否有电。图 2-10 所示为10 kV 高压验电器外形图,它由金属钩、氖管、氖管窗、固紧螺钉、护环和握柄等组成。高压验电器的检查对象为高压电路,操作时应注意以下几点:

① 验电器在使用前,要进行检查,证明验电器确实良好,方可使用。② 使用高压验电器时,手应握握柄,不得超过护环,如图 2-10 所示。③ 操作高压验电器时,必须有操作员和监护

员,操作人员必须戴符合耐压要求的绝缘手套才能进行操作,监护员必须在身旁监护,切不可一人单独操作。④ 检测时,人体与带电体应保持足够的安全距离,检测 10 kV 电压时安全距离为 0.7 m 以上。验电时,验电器应逐渐靠近被测线路,氖管发亮,说明线路有电;氖管不亮,才可与被测线路直接接触。⑤ 在室外使用高压验电器时应注意气候条件,在雪、雨、雾及湿度较大的情况下不能使用,以防发生危险。

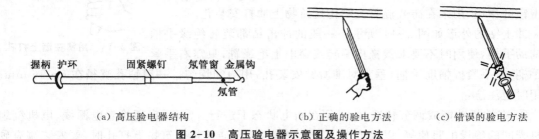

（a）高压验电器结构　　　　（b）正确的验电方法　　　（c）错误的验电方法

图 2-10　高压验电器示意图及操作方法

6) 电工包和电工工具套

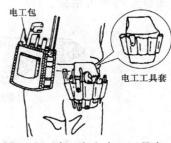

电工包和电工工具套用来放置随身携带的常用工具或零星电工器材(如灯头、开关、螺丝、保险丝和胶布等)及辅助工具(如铁锤、钢锯)等。

使用时应注意:电工工具套可用皮带系结在腰间,置于人的臀部,将常用工具插入工具套中,便于随手取用。电工包横跨在左侧,内有零星电工器材和辅助工具,以备外出使用,如图 2-11 所示。

图 2-11　电工包和电工工具套

2.1.2　施工工具

1) 电工用凿

电工用凿按用途主要分为麻线凿、小扁凿、大扁凿和长凿等几种,如图 2-12 所示。其作用主要用来在建筑物上打孔,以便安装输线管或安装架线木桩。

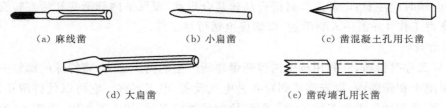

（a）麻线凿　　　　　（b）小扁凿　　　　　（c）凿混凝土孔用长凿

（d）大扁凿　　　　　　　（e）凿砖墙孔用长凿

图 2-12　电工用凿

(1) 麻线凿:主要用来凿制混凝土建筑物上的安装孔。电工常用的麻线凿有 16 号(可凿直径为 8 mm 的孔洞)和 18 号(可凿直径为 6 mm 的孔洞)两种。

(2) 小扁凿:主要用来凿制砖结构建筑物上的安装孔。电工常用的小扁凿,其凿口宽度大多为12 mm。

(3) 大扁凿:主要用于在砖结构物上凿较大的安装孔,如角钢支架、吊挂螺栓等较大的预埋件孔。

(4) 长凿:主要用于较厚墙壁的凿孔,一般由实心中碳圆钢和无缝钢管制成。长凿直径有 19 mm、25 mm 和 30 mm 几种规格,长度有 300 mm、400 mm 和 500 mm 等多种。

在使用凿打洞时，应准确保持凿的位置，挥动铁锤力的方向与凿的中心线一致，如图2-13所示。

图2-13 用凿在墙上打孔

2）冲击电钻

冲击电钻简称冲击钻，它具有两种功能：当调节开关置于"钻"的位置，可以作为普通电钻使用；当调节开关置于"锤"的位置，它具有冲击锤的作用，用来在砖或混凝土结构建筑物上冲打安装孔。

冲击钻的外形如图2-14所示。一般的冲击钻都装有绝缘手柄和辅助手柄，使用时不要求戴橡皮手套或穿电工绝缘鞋，只需右手紧握手柄，左手紧握辅助手柄，垂直对准所钻安装孔，用力须均匀。一般钻孔直径在6～16 mm。使用时应注意：

① 在选择功能或调节转速时，必须在断电状态下进行。② 要定期检查电源线、电机绕组与机壳间的绝缘电阻值等，以保证安全。③ 在混凝土、砖结构建筑物上打孔时，要安装镶有硬质合金的冲击钻头。

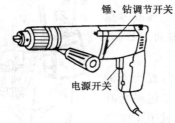

图2-14 冲击电钻示意图

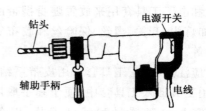

图2-15 电锤示意图

3）电锤

电锤是一种具有旋转、冲击复合运动机构的电动工具，如图2-15所示。其作用是用来在混凝土、砖石结构建筑物上钻孔、凿眼、开槽等。电锤冲击力比冲击钻大。常用电锤型号为ZIC，最大钻头直径有16 mm、22 mm、30 mm等规格。使用电锤时，握住两个手柄，垂直向下钻孔，无须用力；向其他方向钻孔也不能用力过大，稍加使劲就可以。

使用电锤时应注意：电锤工作时进行高速复合运动，要保证内部活塞和活塞转套之间良好润滑，通常每工作4 h需注入润滑油，以确保电锤可靠工作。

4）射钉枪

射钉枪又称射钉器，它利用枪管内弹药爆炸所产生的高压推力，将特殊的螺钉——射钉射入钢板、混凝土和砖墙内，以安装或固定各种电气设备、电工器件。它可以代替凿孔、预埋螺钉等手工劳动，是一种先进的安装工具。射钉枪的种类很多，结构大致相同，图2-16所示为其结构示意图。整个枪体由前、后枪身组成，中间可以扳折，扳折后，前枪身露出弹膛，用来装、退射钉。为使用安全和减少噪声，枪中设置了防护罩和消音装置。根据射入构件材料的不同，可选择使用不同规格的射钉，使用射钉枪时要特别注意安全，枪管内不可有杂物，装弹后若暂时不用，必须及时退出，不许拿下前护罩操作，枪管前方严禁有人。

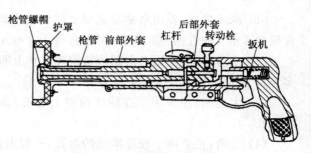

图2-16 射钉枪结构示意图

5) 收线器

收线器又名紧线器或收线钳,主要用来对室内外架空线路的安装中收紧将要固定在绝缘子上的导线,以便调整弧垂。常用收线器外形如图 2-17 所示。使用时,收线器的一端用直径 14～16 mm 的多股绞合钢丝绳绕于滑轮上拴牢,另一端固定在角钢支架、横担或被收紧导线端部附近紧固的部位,并用夹线钳夹紧待收导线,适当用力摇转手柄,使滑轮转动,将钢丝绳逐步卷入滑轮内,最后将架空线收紧到合适弧垂。值得注意的是:在收紧铝导线时,夹线钳和铝线接触部位应包上麻布或其他保护层,以免钳口夹伤导线。

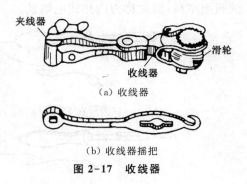

(a) 收线器

(b) 收线器摇把

图 2-17　收线器

6) 弯管器

弯管器是用于管道配线中将管道弯曲成型的专用工具。电工常用的有管弯器和滑轮弯管器两类。

(1) 管弯器:由钢管手柄和铸铁弯头组成,结构简单,操作方便,适于手工弯曲直径在50 mm及以下的线管(在给排水工程中亦经常使用)。弯管时先将管子要弯曲部分的前缘送入管弯器工作部分,然后操作者用脚踏住管子,手适当用力扳动管弯器手柄,使管子稍有弯曲,再逐点依次移动弯头,每移动一个位置,扳弯一个弧度,如图 2-18 所示,最后将管子弯成所需要的形状。

图 2-18　弯管器

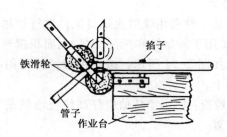

图 2-19　滑轮弯管器

(2) 滑轮弯管器:在钢管加工要求较高的场合,特别是弯曲批量曲率半径相同、直径 50～100 mm 的金属管道时,可采用滑轮弯管器,其结构如图 2-19 所示。操作时将钢管穿过两个滑轮之间的沟槽,扳动滑轮手柄,即可弯管。

使用时应注意:弯管时应尽量避开焊缝处,如果不能避开,应将焊缝置于弯曲方向的侧面,否则弯曲时容易造成焊接处裂口。

2.1.3　焊接工具

1) 电烙铁

维修电工在安装和维修过程中常常通过锡焊方法进行焊接,即利用受热熔化的焊锡,对合金、钢和镀锌薄钢板等材料进行焊接。电烙铁是焊接的主要工具,它由手柄、电热元件、烙铁头组成。铜头的受热方式有内热式和外热式两种,其中内热式电烙铁的热利用率高。

外热式电烙铁的结构如图 2-20(a)所示,由于烙铁头安装在烙铁芯的里面,故称为外热式电烙铁。

内热式电烙铁的结构如图 2-20(b)所示,由于烙铁芯安装在烙铁头里面,因而发热快,热的利用率高,因此称为内热式电烙铁。

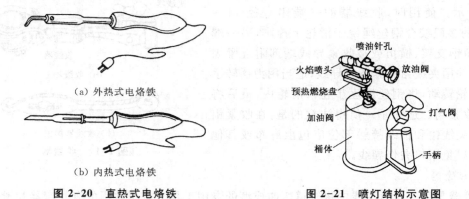

(a) 外热式电烙铁

(b) 内热式电烙铁

图 2-20　直热式电烙铁　　　　图 2-21　喷灯结构示意图

电烙铁的规格是以消耗的电功率来表示的,通常在 20～300 W 之间。应根据焊接对象选用适当功率的电烙铁。在装修电子控制线路时,焊接对象为电子元器件,一般选用 20～30 W 烙铁;在焊接较粗的多股铜芯线接头时,根据铜芯直径的大小,选用 75～150 W 电烙铁;对面积较大的工件进行搪锡处理时,要选用功率为 500 W 的电烙铁。焊接选用的助焊剂一般为松香,锡焊所用的材料一般由锡、铅和锑等元素组成的低熔点合金,熔点在 185～260 ℃ 之间。焊接时要及时清洁烙铁头的氧化物。

2) 喷灯

喷灯是一种利用喷射火焰对工件进行加热的工具。在电气维修过程中,喷灯作为钎焊的热源,主要用于对烙铁和工件加热、大面积铜导线的搪锡以及其他焊接表面防氧化镀锡等。喷灯的构造如图 2-21 所示。按使用燃料的不同,分煤油喷灯(MD)和汽油喷灯(QD)两种。使用方法如下:

(1) 检查:使用喷灯前应仔细检查油桶是否漏油、喷嘴是否畅通、旋扭是否可靠、丝扣处是否漏气等。

(2) 加油:经检查正常后,旋下加油螺塞,按喷灯所要求的燃料注入煤油或汽油。一般加油量不超过油桶的 3/4,注油后拧紧螺塞。

(3) 预热:加油后进行预热,即在点火碗内倒入汽油,点火将喷嘴加热,使燃油气化。

(4) 喷火:经预热后调节进油阀,点燃喷火。用手动泵打气 3～15 次,然后拧松放油阀,让油雾喷出着火,继续打气,直至火焰正常。

(5) 熄火:熄灭喷灯应先关闭进油阀,直到火焰熄灭,再慢慢旋松加油螺塞,放出油桶内的压缩空气。

使用时应注意:不得在煤油喷灯内注入汽油;在加汽油时周围不得有火;打气压力不可过高,喷灯能正常喷火即可;喷灯喷火时喷嘴前严禁站人;喷灯的加油、放油和修理等工作应在喷灯熄灭后进行。

2.1.4　钳工工具

维修电工在电气设备安装和维修过程中,经常使用钳工工具,对所用的材料和零部件进行加工。常用的钳工工具有以下几种:

1）手钢锯

手钢锯又称手锯，是一种锯割工具，由锯弓和锯条两部分组成，如图2-22所示。其作用是对金属或非金属原材料及工件进行分割处理。

常见的手锯为可调式手锯。锯条是一种有锯齿的薄钢条，根据锯齿牙距的大小，分粗齿、中齿和细齿3种；其长度规格有200 mm、250 mm、300 mm、500 mm等，其中300 mm的锯条最多。使用时应根据所锯材料正确选择锯条。通常，锯割材料较软或锯缝较长时，应选用粗齿锯条；锯割材料较硬或是薄板料、管料时，应选用细齿锯条。安装锯条时，先松开张紧螺帽，装上锯条，旋紧。需要注意的是：锯齿的齿尖要向前，锯条的绷紧程度要适当。锯条拉得太紧，容易崩断；锯条太松，也会因弯曲造成折断，且锯缝歪斜。锯割时拉送速度不要过快，压力不要过大，应有节奏地进行。

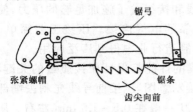

图 2-22 手钢锯示意图

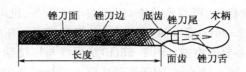

图 2-23 锉刀示意图

2）锉刀

锉刀是对工件进行锉削加工的工具。通常在工件完成錾削、锯割处理后，再用锉刀进行锉削加工，使工件达到图纸要求的尺寸、形状和表面光洁度。其结构如图2-23所示。

锉刀的工作面有齿纹，齿纹有单齿纹和双齿纹两种。单齿纹锉刀的锉削阻力较大，适用于加工软金属材料；双齿纹锉刀的齿纹是两个方面交叉排列的，锉屑呈碎粒状，适用于锉削硬脆金属材料。不同锉刀的齿纹间距不同，齿距大的适用于粗加工，齿距小的适用于精加工。锉刀的规格是以齿间距和锉刀长度来表示的。

3）套丝器具

钢管与钢管之间的连接，应先在连接处套丝（加工外螺纹），再用管接头连接。厚壁钢管套丝一般用管子绞板，电工常用的绞板规格有13～51 mm和64～101 mm两种，如图2-24(a)所示。若是电线管或硬塑料管套丝，常用圆板牙和圆板架，如图2-24(b)、(c)所示。

（1）钢管套丝：先将管子固定在龙门钳上，伸出龙门钳正面的一端是准备套丝部位，不要太长，然后将绞板丝牙套上伸出的管端，调整绞板活动刻度盘，使板牙内径与钢管外径配合，用固定螺丝将板牙锁紧，再调整绞板上的3个支持脚，使其卡住钢管，以保证套丝时板牙前进平稳，不套坏丝扣。绞板调整好后，握住手柄，平稳向前推进，同时向顺时针方向扳动，如图2-25所示。扳动手柄时用力要均匀。套完所需长度的丝扣后，退出板牙，并将板牙稍调小一点，重套一次，边转动边松开板牙，一方面清除毛刺，另一方面形成锥形丝扣，以便于套入管接头。

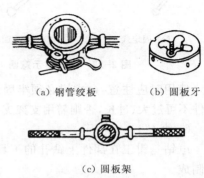

（a）钢管绞板　　（b）圆板牙

（c）圆板架

图 2-24 管子套丝绞板

（2）电线管或硬塑料管套丝：可用圆板牙，先选好与管子配套的圆板牙，固定在绞手套板架内，将管子固定后，平正地套上管端，边扳动手柄边平稳向前推进，就可套出所需丝扣。

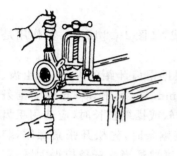

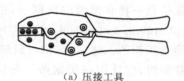

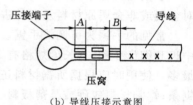

图 2-25　管子套丝示意图

（a）压接工具　　　　（b）导线压接示意图

图 2-26　压接装配示意图

4）压接钳

压接是用专门的工具——压接钳,在常温下对导线和接线端子施加足够的压力,使两种金属导体（导线与压接端子）产生塑性变形,从而达到可靠的电气连接。压接工艺简单,操作方便,质量稳定,可直观检查,因而在电子设备、机电产品制造行业中得到广泛应用。

图 2-26（a）是一种压接钳的外形示意图。压接工具的性能是保证压接质量的关键,使用前应做好必要的检查。图 2-26（b）是导线与压接端子压接示意图,压接前导线先剥去端部绝缘层并捻头,插入端子筒,端子筒两边露出的导线长度 A 和 B 一般在 0.5～1.5 mm 左右。压接后要进行外观检查,检查端子有无裂纹及其他损伤,必要时要抽样做接触电阻和耐拉力等性能检查。

5）台虎钳

台虎钳又称虎钳或台钳,是常用的夹持工具,用于配合锯、割、锤、削等工作,是维修电工常用工具。台虎钳分固定式和回转式两种,如图 2-27 所示。其规格以钳口宽度来表示,常用的有 100 mm、125 mm 和 150 mm 等多种。台虎钳安装在工作台上,应使钳身的工作面位于工作台之外,工作台高度一般为 800～900 mm。

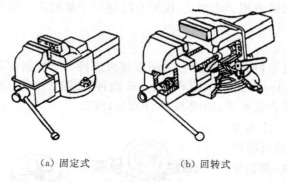

（a）固定式　　　　（b）回转式

图 2-27　台虎钳示意图

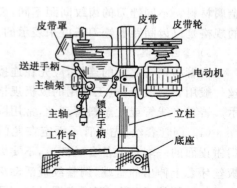

图 2-28　台钻结构示意图

使用时应注意:台虎钳必须牢固地固定在工作台上,活动部分要经常加油保持润滑;夹持工件不可过大、过长,否则需用支架支持;不可加长、接长摇柄,或用手锤敲击摇柄来加大夹持力。

6）电钻

电钻是钳工在部件上钻孔的工具。电钻分台钻和手电钻两种,钻孔的部件大多为金属材料制成。

（1）台钻:是一种小型钻床,通常安装在工作台上,适合对容易搬动的部件进行钻孔,孔径一般在 120 mm 以内。台钻设有调节开关,分 3 挡转速,变速时要先停车。钻孔时钻床主轴应作顺时针方向转动。使用台钻钻孔,台钻和加工部件都处于稳定状态,因此钻孔的位置准确,孔形标准。台钻外形如图 2-28 所示。

（2）手电钻：是一种手持方式工作的电钻，常用的是手枪式电钻。它的体积小，钻头最大直径有 6 mm、10 mm 和 13 mm 几种规格，使用电源为 220 V，也有 36 V 的。外形如图 2-29 所示。

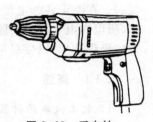

图 2-29　手电钻

手电钻的特点是灵活方便，不受地点限制，主要用于对固定设施或台钻不易加工的位置进行钻孔。手电钻由操作者直接手持钻孔，应特别注意安全。使用前要检查外壳接地是否可靠，通电检查外壳是否带电，在带电现场操作时应戴橡皮手套或穿电工鞋。在潮湿的环境中应采用36 V低压手电钻，以防触电。

2.2　电工常用防护用具

1）携带型接地线

携带型接地线常用的有绝缘柄固定在夹头螺栓上型、夹头可放松或夹紧型。接地线应使用裸软铜线，截面不小于 25 mm^2。其作用是防止在已停电设备上工作时，突然送电所带来的危险，或由于邻近高压线路而产生的感应电压触电的危险，是保证工作人员生命安全的用具。

操作步骤如下：

（1）使用接地线必须先用高压验电器确认设备无电后才能进行。

（2）装或拆接地线时，应填写倒闸操作表、戴绝缘手套。

（3）装设接地线时，应先装设接地线端，然后装接 3 根相线端；拆接地线时，先拆 3 根相线端，后拆接地线端。装或拆接地线时，要注意人体不要接触接地线。

（4）接地线不可使用外包绝缘物，不可用锡焊来连接导线或夹头。

（5）接地线应有固定存放地点。有多种接地线的，还必须分别编号，并应安装联锁装置。

2）高压绝缘棒

高压绝缘棒又称绝缘拉杆、拉闸杆、操作杆、令克棒等。通常按棒身的长短（节数），分为 6 kV、10 kV、35 kV 不同电压等级的高压绝缘棒，分别操作对应的高压隔离开关或高压跌落式熔断器。使用注意事项：

（1）使用前，应检查绝缘棒表面必须光滑、无裂痕、无损伤，棒身应垂直。

（2）使用时，应戴绝缘手套、穿绝缘服，无特殊防护装置不允许在下雨或下雪时进行户外操作。

（3）使用后，应将绝缘棒垂直放在支架上或吊挂在室内干燥场所，并按规程定期检查。

3）绝缘手套、绝缘靴、绝缘垫

绝缘手套、绝缘靴和绝缘垫是高压电气设备的防护用具。一般在进行电气设备外壳或手柄操作等场所使用，这是因为这些场所存在的漏电或感应带电，或存在的跨步电压可能产生触电危险。

（1）绝缘手套、绝缘靴、绝缘垫的种类：绝缘手套分为 1 kV 以下和 1 kV 以上两种；绝缘靴仅一种规格；绝缘垫，超过 1 kV 的装置，其厚度通常为 7～8 mm，不超过 1 kV 的装置，厚度为 3～5 mm。

（2）绝缘手套、绝缘靴、绝缘垫的检查：对绝缘手套和绝缘靴，在使用前必须进行外观检查，看其有无破裂、脱胶或其他损伤，如果发现有缺陷应停止使用。检查绝缘手套的方法，是将绝缘手套向手指方向卷过去，观察是否有漏气处。也不允许使用有破裂或损伤的绝缘垫。

（3）绝缘手套、绝缘靴、绝缘垫的保管：使用后应妥善保管存放，不得挪作他用，还应按规程规定进行定期检查试验。

2.3　电工常用仪表

电工常用仪表是指在电工技术中测量电流、电压、电阻、电能、电功率和功率因数等电量的仪表。在测量各种电量的过程中,由于测量方法和测量仪表的不同,会产生各种不同的测量误差,所以在电气测量中除了要合理选择和使用仪表外,还必须用正确的测量方法,掌握电气测量的操作技术,以便尽可能减小测量误差。

2.3.1 概述

1) 电工仪表的种类

电工仪表的种类很多,常见的分类方式有以下几种:

(1) 按仪表测量的量可分为电流表、电压表、功率表、电度表、欧姆表、兆欧表等。

(2) 按工作原理可分为磁电系、电磁系、电动系 3 类。其中磁电系仪表灵敏度和准确度最高,常用于直流电压和直流电流的测量;电磁系仪表结构简单,过载能力强、稳定性好、成本低,是交直流两用表;电动系仪表可用来做准确性高的交直流表和功率表、相位表和频率表。

(3) 按使用场所可分为开关板式仪表和便携式仪表。开关板式仪表又称安装式仪表,固定安装在开关板上或某一位置上,用于长时间的监测,这类仪表过载能力强、精度较低,价格便宜。便携式仪表便于携带,用于在车间、实验室进行一般检测。除此之外,在计量室或实验室备有计量标准电工仪表,这种仪表精度高、过载能力差、价格贵,用它作为标准表定期对其他仪表进行校准。

(4) 按误差等级可分为 0.1 级、0.2 级、0.5 级、1.0 级、1.5 级、2.5 级、4.0 级共 7 级。其误差等级是指仪表的引用相对误差(用百分数表示),其绝对误差是指相对误差乘以仪表的量程。

(5) 按被测电量的种类不同,电流表和电压表又分为直流表、交流表和交直流两用表。

(6) 按仪表的指示测量值方式不同,可分为指针式仪表和数字式仪表。指针式仪表利用指针偏转读出数值;数字式仪表采用电子电路,精度高、功能多,由数码管或液晶屏来显示,且多数具有保护功能,但价格比较贵,在电工测量中也开始广泛应用。

(7) 按仪表的使用条件可分为 A、A1、B、B1、C 等 5 组,各组的工作条件可查阅有关资料。

(8) 按防御外界磁场和电场的性能,可分为 Ⅰ、Ⅱ、Ⅲ、Ⅳ 等 4 个等级,工作时在磁场和电场的影响下,指示值分别允许改变 $\pm 0.5\%$、$\pm 1.0\%$、$\pm 2.5\%$、$\pm 5.0\%$。

2) 电工仪表的误差

仪表在进行测量时所产生的测量值,与被测的实际值之间的差值称为仪表的测量误差。测量误差越小,测量值越接近被测量的实际值,说明仪表的测量精度越高。

引起测量误差的原因有两方面:一是仪表本身结构设计和制造工艺不完善所造成的误差,如机械结构摩擦不一致引起的误差、标度尺刻度不精确引起的误差等,这种误差又称为系统误差(基本误差);二是仪表因外界因素的影响而产生的误差,如周围环境温度过高或过低、电源不稳、频率的波动及外界磁场干扰所引起测量误差,这种误差又称为随机误差。

根据引起误差的原因,将误差分为基本误差和附加误差。基本误差是指仪表在规定的正常使用条件下测量时所具有的误差;附加误差是指不在规定的条件下测量时除基本误差外,因外界的影响而产生的误差。误差主要有 3 种:

(1) 绝对误差:仪表测量的指示值与实际值的差值。

(2) 相对误差:绝对误差与实际值之比的百分数。

(3) 引入误差:仪表在规定的工作条件下,测量时的最大绝对误差与仪表的测量上限的比值百分数。

3) 电工仪表常用的面板符号

电工仪表的面板上,标注了许多表明该仪表的有关技术特性的符号。这些符号表明了该仪表的使用工作条件,所测有关电量的电气范围、结构和精度等级,也表明各种旋扭的功能、使用方法,或各种端子的连接方式,为该仪表的选择和使用提供了依据。

常用的电工仪表的面板符号如表 2-1 所示。

表 2-1　电工仪表面板常用符号

符　号	名　称	符　号	名　称	符　号	名　称
测量单位符号		电表与附件工作原理符号		绝缘等级符号	
A	安[培]	磁电式仪表		☆(○)	不进行绝缘耐压试验
mA	毫安				
μA	微安	磁电式比率表		☆	绝缘强度试验电压为 500 V
kV	千伏				
V	伏[特]			☆(2)	绝缘强度试验电压为 2 kV
mV	毫伏	电磁式仪表			
kW	千瓦			端钮、转换开关、调零和止动钮符号	
W	瓦[特]				
kvar	千乏	电磁式比率表		正端钮	
var	乏				
kHz	千赫	电动式仪表		负端钮	
Hz	赫[兹]				
MΩ	兆欧	电动式比率表		公共端钮(变量限或复用表用)	
kΩ	千欧				
Ω	欧[姆]	铁磁电动式仪表		交流端钮	
cos φ	功率因数				
电流种类及额定值标准符号		铁磁电动式比率表		接地端钮(螺丝和螺杆)	
—	直流				
～	交流	感应式仪表		调零钮	
≃	交直流				
3N～	三相交流	静电式仪表		止动方向	
$u_{max}=1.5 u_H$	最大容许电压为额定电压值的1.5倍			按外界使用条件分组的符号	
$I_{max}=2I_H$	最大容许电流为额定电流值的2倍	工作位置符号		Ⅰ级防外磁场(如磁电式)	
R_d	定值导线				
$\dfrac{I_1}{I_2}=\dfrac{500}{5}$	接电流互感器 500 A:5 A	标度尺位置为垂直		Ⅱ级防外磁场及电场	
$\dfrac{u_1}{u_2}=\dfrac{3\ 000}{100}$	接电压互感器 3 000 V:100 V	标度尺位置为水平		Ⅲ级防外磁场及电场	
精度符号					
1.5	以标度尺量程百分数表示的精度等级,例如1.5级	标度尺与水平倾角为60°		Ⅰ级防外电场(如静电式)	
(1.5)	以指示值的百分数表示的精确度等级,例如1.5级				

2.3.2　万用表

万用表是维修电工常用仪表之一。它能测量直流电压、交流电压、直流电流、交流电流、电阻、音频电平和晶体管放大倍数等。

1）MF-47 模拟万用表

（1）外形结构与面板刻度及符号说明：
MF-47 型万用表的外形结构如图 2-30 所示，面板刻度如图 2-31 所示。

（2）测量原理：万用表的基本原理是利用一只灵敏的磁电式直流电流表（微安表）做

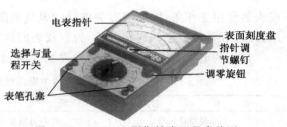

图 2-30　MF-47 型指针式万用表外形

表头。当微小电流通过表头，电表指针就会偏转，电流越大，指针偏转的角度越大。但表头不能通过大电流，所以，必须在表头上并联与串联一些电阻进行分流或降压，从而测出电路中的电流、电压和电阻。

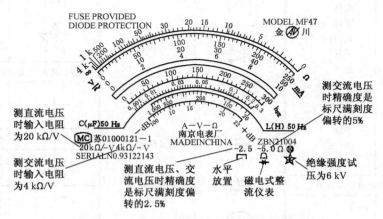

图 2-31　MF-47 型指针式万用表面板刻度及符号

① 测直流电流的原理：如图 2-32（a）所示，在表头上并联一个适当的电阻（称为分流电阻）进行分流，就可以扩展电流量程。改变分流电阻的阻值，就能改变电流测量范围，因为对于一个表头，指针偏转的最大角度所需的电流是一个定值。

② 测直流电压的原理：如图 2-32（b）所示，在表头上串联一个适当的电阻（称为倍增电阻）进行降压，就可以扩展电压量程。改变倍增电阻的阻值，就能改变电压的测量范围。

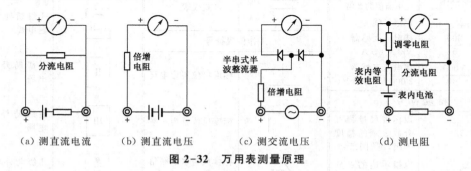

（a）测直流电流　　（b）测直流电压　　（c）测交流电压　　（d）测电阻

图 2-32　万用表测量原理

③ 测交流电压的原理：如图 2-32（c）所示，因为表头是直流表，所以测量交流时，需加装一个半串式整流电路，将交流进行整流，变成直流后再通过表头，这样就可以根据直流电的大小来测量交流电压。扩展交流电压量程的方法与直流电压量程相似。

④ 测电阻的原理：如图 2-32（d）所示，在表头上并联和串联适当的电阻，同时串接一节电

池,使电流通过被测电阻,根据电流的大小,就可测量出电阻值。改变分流电阻的阻值,就能改变电阻的量程。

(3) 测量范围和指标:MF-47 型万用表各个测量项目的测量范围和指标如表 2-2 所示。

表 2-2　MF-47 型万用表的测量范围和指标

测量项目	量 程 范 围	灵敏度及电压降	准确度等级
直流电流	0～0.05 mA～0.5 mA～5 mA～50 mA～500 mA	0.3V	2.5
直流电压	0～1 V～2.5 V～10 V～50 V～250 V～ 500 V～1 000 V～2 500 V	2 000 V	2.5
交流电压	0～10 V～50 V～250 V～500 V～1 000 V ～2 500 V(45～65 Hz)	4 000 V	5
直流电阻	R×1,R×10,R×100, R×1k,R×10k	R×1 中心刻度为 16.5	2.5, 10
音频电平	10～22 dB	0 dB=1 mW, 600 Ω	
晶体管直流放大倍数	0～300		

(4) 使用方法:通过转换开关的旋钮来改变测量项目和测量量程。机械调零旋钮用来保持指针静止处于左零位。"Ω"调零旋钮是用来测量电阻时使指针对准右零位,以保证测量数值准确。

① 直流电阻的测量:首先选择合适的量程范围,如 R×100 挡,再将红黑两表棒搭在一起使其短路,这时指针向右偏转,随即调整"Ω"调零旋钮,使指针恰好指到 0 Ω。然后将两根表棒分别接触被测电阻(或电路)两端,读出指针在欧姆刻度线(第 1 条线)上的读数,再乘以该挡标的数字,就是所测电阻的阻值。例如用 R×100 挡测量电阻,指针指在 80,则所测得的电阻值为 80×100＝8 kΩ。由于"Ω"刻度线左部读数较密,难以看准,所以测量时应选择适当的欧姆挡,使指针在刻度线的中部偏右位置为最佳(有效读数区为 10%～90%),这样读数比较清楚准确。每次换挡,都应重新将两根表棒短接,重新调整指针到零位,才能测准。

② 直流电压的测量:首先估计一下被测电压的大小,然后将转换开关拨至适当的 V 量程(在不知道被测电压的范围时,尽量把量程打得大一些),将正表棒(红表棒)接被测电压"＋"端,负表棒(黑表棒)接被测量电压"－"端。然后根据该挡量程数字与标称直流符号"DC－"刻度线(第 2 条线)上的指针所指数字,来读出被测电压的大小。如用 V250 伏挡测量,可以直接读 0～250 的指示数值;如用 V25 伏挡测量,只需将刻度线上 250 这个数字去掉一个"0",看成是 25,再依次把 200、100 等数字看成是 20、10 即可直接读出指针指示数值。

③ 测量直流电流:先估计一下被测电流的大小(在不知道被测电流的范围时,尽量把量程打得大一些),然后将转换开关拨至合适的 mA 量程,再把万用表串接在电路中。观察标有直流符号"DC"的刻度线,如电流量程选在 5 mA 挡,这时,应把表面刻度线上 500 的数字去掉两个"0",看成 5,又依次把 200、100 看成是 2、1,这样就可以读出被测电流数值,如直流 5 mA 挡测量直流电流,指针在 100,则电流为 1 mA。

④ 测量交流电压:测交流电压的方法与测量直流电压相似,所不同的是因交流电没有正、负之分,所以测量交流时,表棒也就不需分正、负极。读数方法与上述测量直流电压的方法一样,只是数字应看标有交流符号"AC"的刻度线上的指针位置。

(5) 使用注意事项:万用表是比较精密的仪器,如果使用不当,会造成测量不准且极易损坏电表。但是,只要掌握万用表的使用方法和注意事项,谨慎从事,万用表就能经久耐用。

使用万用表时应注意如下事项：

①　测量电流与电压不能选错挡位。如果误用电阻挡或电流挡去测电压，就极易烧坏电表。万用表不用时，最好将挡位放在交流电压最高挡，避免因使用不当而损坏。

②　测量直流电压和直流电流时，注意"＋""－"极性，不要接错。如发现指针反转，应立即调换表棒，以免损坏表头。

③　如果不知道被测电压或电流的大小，应先用最高挡，而后再选用合适的挡位来测试，以免表针偏转过度而损坏表头。所选用的挡位越靠近被测值，测量的数值就越准确。

④　测量电阻时，不要用手触及元件裸体的两端（或两支表棒的金属部分），以免人体电阻与被测电阻并联，使测量结果不准确。

⑤　测量电阻时，如将两支表棒短接，调"零欧姆"旋钮至最大，指针仍然达不到 0 点，这种现象通常是由于表内电池电压不足造成的，应更换新电池方能准确测量。

⑥　万用表不用时，不要旋在电阻挡，因为内有电池，如不小心易使两根表棒相碰短路，不仅耗费电池，严重时甚至会损坏表头。

2）优利德 UNI-T 数字万用表

数字万用表是采用集成电路芯片制作而成的，它具有可靠性高、测量稳定和量程多等特点，在维修电工中经常使用。

（1）面板结构及主要量程：优利德 UNI-T 数字万用表的外形如图 2-33 所示。

优利德 UNI-T 数字万用表的主要性能参数如表 2-3 所示。

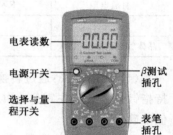

电表读数

电源开关

选择与量程开关

β测试插孔

表笔插孔

图 2-33　优利德 UNI-T 数字万用表外形

表 2-3　优利德 UNI-T 数字万用表的主要性能参数

项　目	量　程	基本精度
直流电压	200 mV～2 V～20 V～200 V～1 000 V	±（0.05％＋3）
交流电压	2 V～20 V～200 V～1 000 V	±（0.5％＋10）
直流电流	2 mA～200 mA～20 A	±（0.5％＋5）
交流电流	20 mA～200 mA～20 A	±（0.8％＋10）
电　阻	200 Ω～2 kΩ～20 kΩ～2 MΩ～200 MΩ	±（0.3％＋1）
频　率	20 kHz	±（1.5％＋5）
电　容	2 nF～20 nF～2 mF～20 mF	±（3％＋40）
摄氏温度	－40 ℃～1 000 ℃	±（1％＋30）
全符号显示		√
输入端口提示		√
二极管测试		√
三极管测试		√
通断蜂鸣		√
电池不足提示		√
电压测量输入阻抗	10 MΩ/V	
数据保持		√
最大显示	19999	√
显示器尺寸	60 mm×54 mm	√
自动关机		√

项　　目	量　　程	基本精度
电源	9V电池(6F22)	√
机身颜色	红色＋铁灰	
机身重量	351 g	
机身尺寸	179 mm×88 mm×39 mm	
标准配件	表笔,点式温度探头,电池,转换头,说明书,保修卡,表笔灯(UT-TL),带灯表笔(UT-L1/L2)	

(2) 使用方法

① 使用前

• 要检查开关是否良好,显示器是否显示数字或符号,是否出现电池图标(表示电池电压低,需更换,否则显示的读数不准确)。

• 表笔要插入到万用表的相应插孔中,黑表笔插在"COM",而红表笔插在"V/Ω/Hz"孔,或者插到"mA""20 A"插孔中。

② 测量中

• 选择挡位首先要选择"测试项目",不能选错。在选定"测试项目"后,要选在相应挡位,若不清楚挡位,须从高到低依次选择;显示器显示为"1"时,说明量程选择偏低,应更换更高挡位。

• 在测量高压时,应注意人身安全。转换挡位,要注意测量项目,一定要仔细检查,正确无误后,才能转换。

• 注意各挡位不要超过其最大值。

• 测量二极管或三极管的好坏时,一般要选用"带二极管图标的"挡位,测得的数值是 PN 结的电压降。

• 在测量电容时,大电容的极性不必考虑,读容量数值时要等待一定时间,否则读数不准。

③ 使用后

• 将万用表的电源开关关掉。一般数字万用表在一个挡位停留一定时间或长时间不用时,会自动关闭。

• 关闭万用表时,应将挡位置于电压最高挡,防止下次开始测量时易烧坏万用表。

• 长期不用的万用表应将电池取出,防止电池漏液损坏仪表。

• 平时万用表要保持干燥、清洁,严禁震动和机械冲击。

3) 模拟万用表与数字万用表比较

模拟万用表与数字万用表比较如表 2-4 所示。

表 2-4　模拟万用表与数字万用表比较

项　目	模拟万用表	数字万用表	结　　论
表　笔	使用内电池时,黑表笔为"＋",红表笔为"－",测外电路时,正好相反	无须区分,红表笔始终为"＋",黑表笔始终为"－"	模拟万用表需区分表笔的正负极,否则会损坏万用表
内　阻	较低,一般测直流电压时为 20 kΩ/V,测交流电压时为 4 kΩ/V,	较高,一般约 20 MΩ/V	测量时,数字表的引入误差小,而模拟万用表引入误差大
输出电流	约为 1 mA	约几十微安	数字表不宜测量含 PN 结的元器件阻值,而模拟万用表宜测量含 PN 结的元器件阻值

项　　目	模拟万用表	数字万用表	结　　论
测量类型	宜测量动态电压和模拟电路的电压	宜测量静态电压和 MOS 电路的电压	
测量电压频率	45～1 000 Hz	45～500 Hz	都不宜测量高频电压

2.3.3　钳形表

钳形表又称卡表,常用的有交流钳形电流表和交直流两用钳形电流表两种。新型钳形电流表采用数字显示。钳形电流表在不能断开低压电路的情况下测量电流的场合使用。交流钳形电流表只能测量交流电流,它可以通过改变电流互感器的变比来变换电流表的量程。有的钳形电流表还有测量交流电压的功能。

1）结构和工作原理

钳形电流表主要是由一只电磁式的电流表和穿心电流互感器(外形为可张合的活动铁芯)组成,结构如图 2-34 所示。工作原理是将被测载流导线置于穿心式电流互感器的中间,当被测导线中有交变电流通过时,交流电流的磁通在互感器副边绕组中感应出电流,该电流通过电磁式电流表中的线圈,指针发生偏转,在表盘标度尺上显示被测电流值。

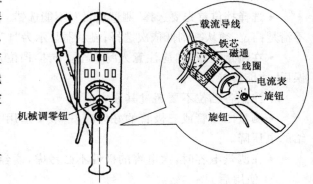

图 2-34　钳形电流表结构

2）使用方法

(1)调零:使用前,应用小螺丝刀调节"机械调零钮",使指针回到"0"的位置。

(2)清洁:测量前,应检查钳口的开合情况及钳口有无污物,如有,应清洁干净。

(3)选择量程:根据所测电流数据大小,选择合适的量程。

(4)测量数值:紧握钳形电流表的手柄和扳手,按动扳手,打开钳口,使被测线路的一根导线置于钳口中心,再松开扳手,使两钳口紧贴,拿平,读数。

(5)收表:测量完毕,退出被测导线,将量程置于最高挡位,以免下次使用时损坏仪表。

3）型号及性能

常用钳形表的型号及性能如表 2-5 所示。

表 2-5　常用钳形表的型号及性能

型　　号	量　程　范　围	精　　度
MG4-AV 型交流钳形表	电流:0～10 A～30 A～100 A～300 A～1 000 A 电压:0～150 V～300 V～600 V	2.5
MG25 型袖珍三用钳形表	电流:0～5 A～25 A～50 A～100 A～250 A 电压:0～300 V～600 V 电阻:0～5 kΩ	2.5

型 号	量 程 范 围	精 度
MG28 型交直流多用钳形表	交流电流：0～5 A～25 A～50 A～100 A～250 A～500 A 交流电压：0～50 V～250 V～500 V 直流电压：0～50 V～250 V～500 V 直流电流：0～0.5 mA～10 mA～100 mA 电　阻：0～1 kΩ～10 kΩ～100 kΩ	
T-302 型交流钳形表	电流：0～10 A～50 A～250 A～1 000 A 电压：0～250 V～350 V～500 V～600 V	2.5

4）钳形表实例

优利德 UNI-T 交直流钳表 UT221 外形如图 2-35 所示。其主要性能指标如表 2-6 所示。

5）使用注意事项

使用钳形电流表时，要与带电部件保持足够距离，操作人员要穿戴好必要的安全防护用具。根据被测对象正确选择电流表类型，设置的量程挡位应大于被测电流的数值，不能用小量程挡测量大电流。测量时，钳口必须闭紧，把被测量导线置于钳口中部，测量过程中不允许变换量程，变换量程时，必须先将钳口打开，不可在绝缘不良或裸露的电线上测量，不允许用钳形电流表测量高压电路的电流。

图 2-35　交直流钳表 UT221 外形

表 2-6　UT221 交直流钳表主要性能指标

项　目	量　程	基本精度
直流电压	400 mV～4 V～40 V～400 V～600 V	±(0.7%＋2)
交流电压	400 mV～4 V～40 V～400 V～600 V	±(1.5%＋5)
直流电流	400 A, 600 A	±(1.5%＋7)
交流电流	400 A, 600 A	±(1.9%＋7)
电　阻	400 Ω～4 kΩ～40 kΩ～400 kΩ～4 MΩ～40 MΩ	±(0.9%＋3)
音响通断		√
数据保持		√
峰值保持		√
自动调零	直流电流	√
自动关机		√
600 V 过载保护		√
钳口最大开口	45 mm	√
电　源	9 V 电池(6F22)	√
机身颜色	灰色	
机身重量	360 g	
机身尺寸	208 mm×82 mm×41 mm	
标准配件	表笔，电池，说明书，工具箱，保修卡	
标准内包装	彩盒	

2.3.4　兆欧表

兆欧表又称高阻表、摇表。有手摇发电机式兆欧表和晶体管兆欧表两种。手摇直流发电机和磁电式比率表组成的兆欧表,其规格按发出电压的高、低分为100 V、250 V、500 V、1 000 V、2 500 V等多种,按绝缘电阻的测量范围划分为100 MΩ、500 MΩ、1 000 MΩ、2 000 MΩ、3 000 MΩ、10 000 MΩ等多种。晶体管兆欧表可制成5 000 V的规格。

1) 外形结构

兆欧表的外形如图2-36所示。它主要由手摇直流发电机、磁电式流比计和接线柱等3部分组成。

2) 使用方法

(1) 使用前

① 将兆欧表平稳地放置,以免在手柄摇动时因机身抖动和倾斜而产生测量误差。

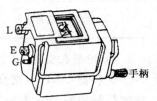

图2-36　兆欧表外形

② 开路试验:先将兆欧表的两接线端分开,摇动手柄,正常时兆欧表的指针应指向"∞",如图2-37(a)所示。

③ 短路试验:先将兆欧表的两接线端短接,摇动手柄,正常时兆欧表的指针应指向"0",如图2-37(b)所示。

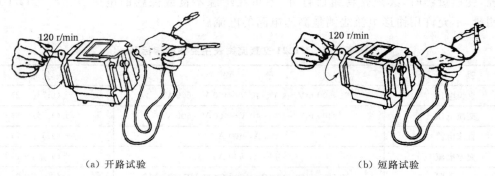

(a) 开路试验　　　　　　　　　　　(b) 短路试验

图2-37　兆欧表使用前的试验

(2) 使用中

① 设备对地绝缘性能测定:用单股线将"L"端和设备(电动机)的待测部位连接,"E"端接设备外壳,才能判断绝缘性能,如图2-38(a)所示。

② 设备绕组间的绝缘性能测定:用单股线将"L"端和"E"端分别接在设备(电动机)的待测部位(两绕组间)的接线端,才能判断绕组间的绝缘性能,如图2-38(b)所示。

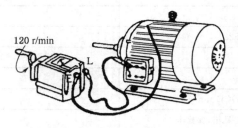
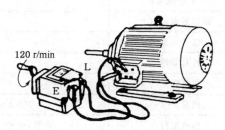

(a) 设备对地绝缘测定　　　　　　　　(b) 设备绕组间绝缘测定

图2-38　兆欧表的绝缘测定

③ 导线的测量：接线时，兆欧表的"L"端钮接被测设备的火线（相线），"E"端钮接被测设备的地线，"G"端钮接在屏蔽线上。测量时应匀速摇动手柄并保持在 120 r/min 额定转速，读取 1 min 的读数。读数后先将"L"端钮连接线断开，再减速直至停止摇动。在没有停止摇动兆欧表，或被测设备没有放电之前，不要用手去触及被测设备的测量部分或拆除导线。

（3）使用后

将"L"和"E"端两导线短接，对兆欧表进行充分放电，以免发生触电事故。

3）常用兆欧表的型号及性能

常用兆欧表的型号及性能如表 2-7 所示。

表 2-7　常用兆欧表的型号及性能

型号	额定电压	量　　程	精　　度
ZC-7	100 V	0～200 MΩ	1.0
	250 V	0～500 MΩ	1.0
	500 V	1～500 MΩ	1.0
	1 000 V	2～2 000 MΩ	1.0
	2 500 V	5～5 000 MΩ	1.5
ZC-11-1	100 V	0～500 MΩ	
ZC-11-2	250 V	0～1 000 MΩ	
ZC-11-3	500 V	0～2 000 MΩ	1.0
ZC-11-4	1 000 V	0～5 000 MΩ	
ZC-11-5	2 500 V	0～10 000 MΩ	
ZC-25-1	100 V	0～100 MΩ	
ZC-25-2	250 V	0～250 MΩ	
ZC-25-3	500 V	0～500 MΩ	1.0
ZC-25-4	1 000 V	0～1 000 MΩ	

4）常用兆欧表的选择

常用兆欧表的选择如表 2-8 所示。

表 2-8　常用兆欧表的选择

被测设备	被测设备的额定电压	所选兆欧表的电压
线圈绝缘电阻	500 V 以下	500 V
线圈绝缘电阻	500 V 以上	1 000 V
发电机线圈绝缘电阻	380 V 以下	1 000 V
变压器、电动机线圈绝缘电阻	580 V 以上	1 000～2 500 V
低压电器绝缘电阻	500 V 以下	500～1 000 V
高压电器绝缘电阻	500 V 以上	2 500 V
瓷瓶、高压电缆和刀闸绝缘电阻	—	2 500～5 000 V

5）兆欧表举例

KD2676 指针式兆欧表外形结构如图 2-39 所示。工作环境要求和主要性能指标如表 2-9、2-10 所示。

图 2-39 KD2676 指针式兆欧表外形

表 2-9 KD2676 指针式兆欧表工作环境要求

指 标	要 求
耐 压	AC 5 kV, 50 Hz, 1 min
工作温度及湿度	-10 ℃～ +50 ℃时 <85％RH
电 源	1.5 V(R6, AA)电池, 8 只
尺 寸	260 mm(L)×135 mm(W)×70 mm(D)
重 量	≈1 kg

表 2-10 KD2676 指针式兆欧表主要性能指标

指 标	型 号			
	2676C1	2676D1	2676F1	2676G1
额定电压	2 500 V	5 000 V	5 000 V 2 500 V	2 500 V 1 000 V 500 V
测量范围上限值	200 GΩ 200 MΩ	500 GΩ 500 MΩ	500 GΩ 250 GΩ	40 GΩ 20 GΩ 10 GΩ
主要测量范围	0.01～50 GΩ 1～50 MΩ	0.02～100 GΩ 2～100 MΩ	0.02～100 GΩ 0.01～50 MΩ	2 MΩ～10 GΩ 1 MΩ～5 GΩ 0.5 MΩ～2.5 GΩ
其他测量范围	0.005～0.1 GΩ 50～200 GΩ 0.5～1 MΩ 50～200 MΩ	0.01～0.02 GΩ 100～500 GΩ 1～2 MΩ 100～500 MΩ	0.01～0.02 GΩ 100～500 GΩ 0.005～0.01 MΩ 50～250 MΩ	1～2 MΩ 10～40 GΩ 0.5～1 MΩ 5～10 GΩ 0.25～5 MΩ 2.5～10 GΩ
最大误差	主测量范围:±5%;其他测量范围:±10%			
工作电压	电压比率×(1±10%)			
输出短路电流	≥1 mA			

2.3.5 电能表

电能表是用来测量用户的用电量的仪表,单位为千瓦时(kW·h),俗称为"度",是电工应用最广泛的仪表。

1) 数字电能表的外形和主要性能参数

DDS3 系列电子式单相电能表采用专用大规模集成电路以及 SMT 技术,由步进电机驱动计数器,停电数据不丢失,是新型的电能计量产品之一;双向计度,具有防窃电功能;采用光电隔离技术输出电能脉冲信号,发光二极管指示用电;体积小、重量轻、精度高、功耗低、负荷宽、安装方便。数字电能表的外形如图 2-40 所示。

图 2-40 DDS3 数字电能表外形

DDS3 的主要性能指标如下:

① 额定电压:220 V。② 额定电流:2.5(10)A/5(20)A/10(40)A/15(60)A。③ 准确度等级:1.0 级,2.0 级。④ 脉冲常数:按照铭牌标注。

⑤ 功耗：低于 2 W 和 10 W。⑥ 设计寿命：10 年。

三相电能表与单相电能表在结构安排和接线上有所区别。

2）电能表的选用

（1）使用时要正确选择符合测量要求的电能表类型和准确度等级，要根据负载的电压和电流的大小来选定电能表的规格。电能表的额定电压应等于负载电压，额定电流应大于等于负载电流。如果被测电路的电流或电压，超过电能表电流线圈或电压线圈的额定值时，应通过电流互感器或电压互感器后再接入电能表。

（2）计量 220 V 小电流的单相交流电路的电能，可用单相电能表直接接在电路上，从电能表直接读出实际电度数。

（3）计量低电压的三相四线制交流电路的电能，应选用三相 380 V 四线有功电能表（三相三元件有功电能表）。对大电流电路，还应通过低压电流互感器，把一次侧大电流变为二次侧 5 A 电流传输给电能表。这时电能表读出电度数乘以电流互感器变比即为实际耗电度数。

（4）计量高压电路的电能，通常通过电压互感器，把一次侧高电压变为二次侧 100 V，用电流互感器把高压一次侧大电流变为二次侧 5A 电流传输给电能表。这时电能表读出的电度数乘以电压互感器变比和电流互感器的变比后，即为实际耗电度数。一般高压电路选用 100 V、5 A 三相三线有功或无功电能表。

（5）计量配电所的电能，对 35 kV 变配电所，选用电流互感器和电压互感器的准确度为0.2 级，有功电能表的准确度为 0.5 级，无功电能表为 2 级；对 10 kV 变配电所，选用电流互感器和电压互感器的准确度为 0.5 级，有功电能表为 1 级，无功电能表为 2 级；对 380V 供电的配电所，选用电流互感器的准确度为 0.5 级，有功电能表为 2 级，无功电能表为 3 级。

3）电能表的接线

电能表的接线原则是电流线圈与负载串联，电压线圈与负载并联。

单相电能表有 4 个接线端，其排列形式有两种：一是跳入式接线方式，如图 2-41（a）所示；二是顺入式接线方式，如图 2-41（b）所示。通常，电能表说明书附有接线图，接线端有明确标记，按图把进线和出线依次对号接在电能表接线端上。一般规律是采用跳入式接线方式，"1、3 进，2、4 出"，且"1"接线端必须接火线。

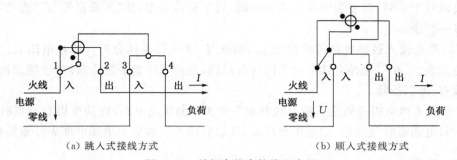

（a）跳入式接线方式　　　　　　　（b）顺入式接线方式

图 2-41　单相电能表接线示意图

三相两元件电能表用于三相三线供电电路中，图 2-42（a）所示为其接线图。电能表的读数直接反映三相消耗的总电能。此外，也可用两只单相电能表来测定，消耗总电能等于两个电能表读数之和。三相三元件有功电能表用于三相四线供电电路中，图 2-42（b）为其接线图。同样，也可用 3 只单相电能表来测定各相消耗的电能，3 只表的读数相加即为消耗的总电能。

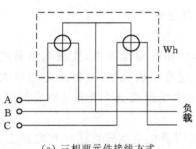

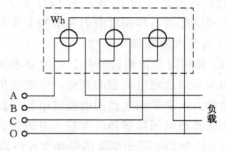

（a）三相两元件接线方式　　　　　　　　　（b）三相三元件接线方式

图 2-42　三相有功电能表接线示意图

总之，电能表在接线时，必须在电路断电情况下进行。接线要根据说明书上的接线图或电能表铭牌上的接线图，把进线和出线依次对号接在电能表的接线端子上，电流线圈与负载串联，电压线圈与负载并联；要注意电源的相序、电流和电压线圈的极性。接线后要反复核对无误，才能送电使用。

4）电能表的接线端判断

判断单相电能表接线端，可根据电压线圈电阻值大、电流线圈电阻值小的特点，用万用表来确定它的内部接线。通常，电压线圈的一端和电流线圈的一端接在一起为接线端"1"。测量时，一支表笔与接线端"1"相接，另一支表笔依次接触"2""3""4"接线端。测量电阻值近似为 0 的是电流线圈的另一接线端；电阻值大的，在 1 kΩ 以上的是电压线圈的另一接线端。

三相两元件、三相三元件有功电能表的接线判断与单相电能表的接线基本相同。

5）使用注意事项

（1）有电压互感器和电流互感器进行变换传输的电能表，计量的读数需乘以一个系数，才是电路实际消耗的电度数，这个系数称为电度表的倍率。

（2）单相电能表的火线和零线不能颠倒接线。火线和零线颠倒可能造成电能表测量不准确，更重要的是增加了不安全因素，容易造成人身触电事故。

（3）被测电路在额定电压下空载时，电能表转盘应静止不动。否则必须检查线路，找出原因。在负载等于 0 时，电度表转盘仍稍有转动，属于正常现象，称"无载自转"或"潜动"，但转动不应超过一整圈。

（4）电能表接入被测电路时转盘发生反转现象，要进行具体分析。单相电能表、三相两元件有功电能表、三相三元件有功电能表的转盘反转，是由于电能表发生故障，或错误接线所致，要认真检查，加以排除。

（5）采用单相电能表测量三相三线制或三相四线制供电电路，在功率因数过低时，可能会使其中一只电能表转盘反转，这是正常现象，其总有功电度数应为单相电度表计量的代数和。

2.3.6　电桥

直流电桥只能测量电阻，电容、电感的测量需采用交流电桥。实际测量中，由于被测电容器、电感器都不是理想元件，它们除了有电容、电感外，还有电阻，所以交流电桥除了要测出电容量 C 和电感量 L，还要测出表征电阻影响的参数——电容的介质损耗 $\tan \delta$ 和电感器的品质因数 Q。

交流电桥原理图如图 2-43 所示，其电源为信号发生器产生的正弦交流电压，验流计为交流指零仪，4个桥臂为交流阻抗 Z_x、Z_2、Z_3 和 Z_4。

当交流电桥平衡时，指零仪指零。此时，电桥中有：

$$\dot{Z}_x \dot{Z}_3 = \dot{Z}_2 \dot{Z}_4$$

即：相对桥臂的交流阻抗乘积相等，此为交流电桥的平衡条件。

上式中的每个交流阻抗都包含阻抗的数值 Z 和阻抗角 φ 两部分。所以，电桥平衡条件也可以表示为：

$$|\dot{Z}_x| \cdot |\dot{Z}_3| = |\dot{Z}_2| \cdot |\dot{Z}_4|$$
$$\varphi_x + \varphi_3 = \varphi_2 + \varphi_4$$

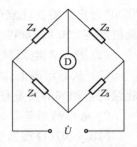

图 2-43　交流电桥原理图

上两式分别表示的是阻抗数值之间的关系，成为幅值平衡条件，以及表示的是阻抗角之间的关系，成为相位平衡条件。只有在这两个条件同时满足时，交流电桥才能平衡。所以，交流电桥的平衡条件比较麻烦。

由于被测阻抗 Z_x 中包含电容 C 或电感 L，所以根据交流电桥平衡条件，可用它来测电容和电感。

实际电容器有串联和并联两种等效形式，应分别采用串联电容电桥和并联电容电桥进行测量。串联电容电桥适用于测量介质损耗较小的电容器；并联电容电桥适用于测量介质损耗较大的电容器。实际的电感器一般等效为理想电感和电阻串联，根据电感器品质因数的高低，可以分别采用高品质因数电桥和低品质因数电桥进行测量。

交流电桥除了测电容、电感外，还能测量互感、频率的参数。有一种万用电桥（QS-18A 型万用电桥）结合了惠斯顿电桥、电容电桥和电感电桥的测量线路，通过切换开关的切换，使电桥既可测电阻又可测电容、电感，方便了使用。

上述模拟式电桥调节复杂、测量速度慢、体积较大且不便携带。随着电子技术的迅速发展，出现了新型的手持式数字电桥。它克服了模拟式电桥的缺点，使用起来十分方便。

MIC-4070D 型数字电桥是一种多种阻抗参数的测试仪表，其面板如图 2-44 所示。它可以测量电阻（1 MΩ～20 MΩ）、电容（0.1 pF～20 000 μF）、电感（0.1 μH～200 H）以及损耗系数（电容介质损耗和电感品质因数）。该电桥采用三位半液晶显示，显示数值从 0 000～1 999。

图 2-44　MIC-4070D 型数字电桥

1）电阻的测量

MIC-4070D 型数字电桥具有 2 Ω、20 Ω、200 Ω、2 kΩ、20 kΩ、200 kΩ、2 MΩ 和 20 MΩ 共 8 个电阻量程挡。其中，2 Ω 量程挡的测量准确度为 ±（读数的 1％＋5 个字）；20 Ω～200 kΩ 量程挡的测量准确度为 ±（读数的 1％＋1 个字）；2 MΩ 和 20 MΩ 量程挡的测量准确度为 ±（读数的 2％＋2 个字）。测量电阻的方法如下：

（1）打开电源，并将"LCR/D"位置方式开关置于"LCR"位置。

（2）将量程旋钮旋至合适的电阻量程挡上。当被测电阻值未知时，选择 2 Ω 的量程。

（3）将输入端短接调零。短接输入端，可以采用一短金属线插入到两测试槽中，或者直接将带有鳄鱼夹的测试线短接。短接后，慢慢旋动黄色的"0Adj"调零装置，直至显示屏显示

"000"为止。需要注意的是,在 2 MΩ 和 20 MΩ 量程挡上,是不可能调到零的,这时应将量程旋钮旋至 200 kΩ 量程上进行调零。在其他各量程挡上,每次测量之前都需单独调零。

(4) 将被测电阻器插入两测试插槽中进行测量。

(5) 从显示屏上读取电阻值。如果显示屏显示"1—",表示被测电阻超出量程,应将量程旋钮旋至相邻的高量程上,重复测试后,读取被测电阻值。

2) 电感的测量

MIC-4070D 型数字电桥具有 200 μH、2 mH、20 mH、200 mH、2 H、20 H 和 200 H 共 7 个电感量程挡。由于一个实际的电感器可以等效为理想电感与电阻的串联(串联方式——LS 方式)或者为理想电感与电阻的并联(并联方式——LP 方式),所以用该数字电桥测电感时也有两种方式——LS 方式和 LP 方式。前者的测量结果为电感器的串联等效电感值及其品质因数,后者的测量结果为电感器的并联等效电感值及其品质因数。在 7 个电感量程中,200 μH～200 mH(小电感)量程挡为 LS 测量方式,2 H～200 H(大电感)量程挡为 LP 测量方式。电感量程的测量准确度为±(读数的 1%～3%＋2 个字)。测量电感的方法如下:

(1) 打开电源,并将"LCR/D"位置方式开关置于"LCR"位置,进行电感值的测量。

(2) 将量程旋钮旋至合适的电感量程挡上。当被测电感值未知时,选择 200 μH 的量程。

(3) 用电阻挡一样的方法和步骤,将输入端短接并调零。这里要注意的是:LP 方式下的 3 个量程 2 H、20 H 和 200 H 必须在 200 mH 的量程挡上进行调零,使用其余各量程时,在每次测量之前均须单独调零。

(4) 将被测电感器插入两测试插槽中,测量电感值的方法与测电阻相同。

(5) 电感值测试完毕后,将"LCR/D"位置方式开关置于"D"位置,测量电感器的品质因数 Q。这时,显示屏显示的数值是电感器的损耗系数 D,它和品质因数 Q 互为倒数关系。

3) 电容的测量

MIC-4070D 型数字电桥具有 200 pF、2 nF、20 nF、200 nF、2 μF、20 μF、200 μF、2 mF、20 mF 共 9 个电容量程挡。其中,200 pF～2 μF(小电容)量程挡为电容的并联测量方式——CP 方式,20 μF～20 mF(大电容)量程挡为电容的串联测量方式——CS 方式。CP 方式测得的是电容器的并联等效值,CS 方式测得的是电容器的串联等效值。200 pF～200 μF 量程挡的测量准确度为±(读数的 1%＋2 个字);2 mF 和 20 mF 量程挡的测量准确度为±(读数的 2%＋10 个字)。测量电容的方法如下:

(1) 打开电源,并将"LCR/D"位置方式开关置于"LCR"位置,进行电容值的测量。

(2) 将量程旋钮旋至合适的电容量程挡上。当被测电容值未知时,选择 200 pF 的量程。

(3) 慢慢旋动黄色的"0Adj"调零装置,直至显示屏显示"000"为止。需要注意的是,对电容量程进行调零时,无须短接输入端。另外,在 CS 方式下,2 μF、20 μF、200 μF、2 mF 和 20 mF 量程挡的调零应在 2 μF 量程挡上进行,使用其余各量程挡时,在每次测量之前都需单独调零。

(4) 将被测电容器插入两测试插槽中,测量电容值的方法与测电阻、电感相同。注意在测量前,应先将电容放电。

(5) 将"LCR/D"位置方式开关置于"D"位置,测量电容器的介质损耗,这时显示屏显示的数值就是电容器的介质损耗值。

需要说明的是,对于元件的阻抗参数,在并联等效电路和串联等效电路中,其参数是不同的。也就是说,对于同一个电容器(电感器),并联方式下测量的电容值(电感值)与串联方式下测量的结果是不同的,但是它们之间可以按一定的关系进行转换。例如,在 1 000 Hz 的频率下,测得某电容器的并联等效值为 1 000 pF,损耗系数为 0.5,则该电容器的串联等效值为:

$$C_S = (1 + D^2)C_P = 1 250 \text{ pF}$$

2.3.7 接地电阻测试仪

接地电阻测试仪是用来测量交流电网供电的电气设备(如家用电器、电动工具、医用电气设备和试验室用电气设备等)的可触及金属壳体与该设备引出的安全保护接地端(线)之间导通电阻(接地电阻)的仪器,它所反映的是电气设备的各处外露可导电部分与电气设备的总接地端子之间的(接触)电阻。

CS2678 型接地电阻测试仪是按照 GB、IEC、ISO、BS、UL、JIS 等国内外安全标准要求而设计的。接地电阻的指标是衡量各种电器设备安全性能的重要指标之一,它是在大电流(25 A 或 10 A)的情况下对接地回路的电阻进行测量,同时也对接地回路承受大电流指标进行测试,以避免在绝缘性能下降(或损坏)时对人身造成伤害。

1) CS2678X 型接地电阻测试仪的面板结构及功能说明

CS2678X 型接地电阻测试仪面板结构如图 2-45 所示,各位置标识功能说明如表 2-11 所示。

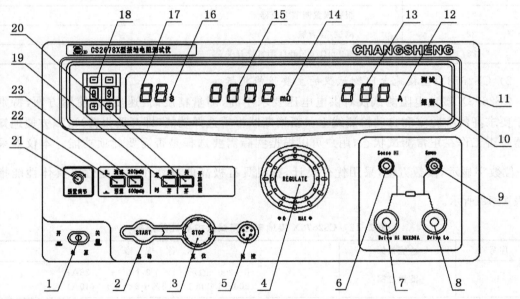

图 2-45 CS2678X 型接地电阻测试仪的面板图

表 2-11 CS2678X 接地电阻测试仪的面板功能

位置标识	功 能 描 述
1	电源开关,用来控制是否接通电源
2	启动钮:按下时,测试灯亮,此时仪器工作
3	复位钮

位置标识	功　能　描　述
4	电流调节钮:调节此钮使电流输出为 5～30 A
5	遥控接口:接遥控测试枪(按用户要求进行配备)
6	电阻检测端
7	电流输出端,若用遥控测试枪,此端接测试枪电流端(粗线端)
8	电流输出端,若用遥控测试枪,此端接测试枪电流端
9	电阻检测端,若用遥控测试枪,此端接测试枪电阻端
10	超阻和过流报警指示灯
11	测试灯:该灯亮,表示电流已输出,灯灭则电流断开
12	电流显示单位 A
13	电流显示(0～30 A)
14	电阻显示单位 mΩ
15	电阻显示:0～199.9 mΩ(25A)/0～600 mΩ(10A)
16	时间显示单位 s
17	时间显示:1～99 s 倒计时
18	时间预置拨盘:可设定所需测试时间值
19	定时开关
20	开路报警开关:按下具有开路报警功能,弹出时没有开路报警功能
21	报警预置调节电位器
22	测试/预置键
23	200 mΩ/600 mΩ 挡选择开关

2) CS2678X 型接地电阻测试仪的主要性能指标

CS2678X 接地电阻测试仪对供电电压要求不高,测量精度高、速度快、使用方便,特别适用于要求高的实验室和自动检测线上。新增断线报警选择功能(即开路报警)可以方便地知道仪器是否工作在正常测试状态,用户可以根据实际需要选择是否需要此项功能。本仪器采用 $3\frac{1}{2}$ 位数字显示,读数方便,采用优化设计,整机具有极高的可靠性和稳定性。具体性能指标如表 2-12 所示。

表 2-12　CS2678X 接地电阻测试仪主要性能指标

序号	性能指标	标　称　规　格
1	测量范围	(0～200 mΩ)±(5%+2 个字)　　(25A) (200～600 mΩ)±(5%+2 个字)　(10A)
2	测试时间	0～99 s(连续可调)
3	测试电压	AC　9 V/6 V
4	测试电流	AC　(5～30 A)±5%
5	过流报警	AC　>30 A
6	报警电阻值	(0～200 mΩ)±(5%+2 个字)(AC 25A)连续可调 (200～600 mΩ)±(5%+2 个字)(AC 10A)连续可调
7	供电电源	AC　220 V±10%　50 Hz

3）CS2678X 接地电阻测试仪的工作原理

接地电阻测试仪是由测试电源、测试电路、显示仪表和报警电路组成，如图 2-46 所示。测试电源产生测量电流，测试电路将电流信号和流经被测电阻上电流所产生的电压信号进行处理，完成交直流转换，进行除法运算，显示仪表显示电流值和电阻值，若被测电阻大于设定的报警值，仪器发出断续的声光报警；若测试电流大于 30 A，则发出连续的声光报警，并切断测试电流，以保证被测电器的安全。

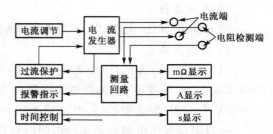

图 2-46　接地电阻测试仪的原理框图

接地电阻测试仪为了消除接触电阻对测试的影响，采用了 4 端测量法，即在被测电器的外露可导电部分和总接地端子之间加上电流（一般为 25 A 左右），然后再测量这两端的电压，算出其电阻值。

4）CS2678X 型接地电阻测试仪的使用方法

（1）复位钮：按下时，测试灯灭或超阻报警、过流报警停止，此时无电流输出。

（2）超阻和过流报警指示灯：当被测电阻超过设定报警值时，此灯闪烁，同时蜂鸣器断续讯响；当出现过流时，此灯连续亮，蜂鸣器持续讯响。

（3）报警预置调节电位器：在预置状态下调节此电位器，可设置报警电阻值。

（4）测试/预置键：按下时，在启动并调节电流调节旋钮到规定输出电流时，可设置并显示报警电阻值；弹出时，为正常测试状态。

（5）200 mΩ/600 mΩ 挡选择开关：按下时为 600 mΩ 挡，测量范围为 0～600 mΩ，报警值为 0～600 mΩ；弹出时为 200 mΩ 挡，测量范围为 0～199.9 mΩ，报警值为 0～200 mΩ。

（6）定时开关："开"时为定时测试，测试时间在 1～99 s 内任意设定；"关"时为手动测试。

5）注意事项

（1）操作人员一定要熟悉该测试仪的操作程序方可使用。

（2）在整个测试过程中，不能随意调节其他按钮。

（3）测试电流需大于 5 A 才能报警。

（4）为保证测试稳定，建议使用交流稳压电源。

（5）测试完毕后，必须处于"复位"状态，方可取下接线。

（6）本机电流输出端子上短接的短路片是用来设置报警电阻时用的，测量时要将其取下。

（7）本仪器采用除法器的原理测量低电阻，即 $R = U/I$。当仪器处于"复位"状态时，因 $I = 0$，所以仪器电阻显示窗口显示为不定态，为正常现象。

2.4　实　训

2.4.1　用兆欧表测量照明线路和电机的对地电阻

1）实训目的

掌握用兆欧表测量照明线路和电机的对地电阻方法。

2）实训器材

20 m 照明导线、电机、20 m 电缆和兆欧表等。

3）实训步骤

（1）兆欧表的选用：测量额定电压在 500 V 以下的设备或线路的绝缘电阻时，可选用 500 V 或 1 000 V 兆欧表；测量额定电压在 500 V 以上的设备或线路的绝缘电阻应选用1 000～ 2 500 V 兆欧表；测量瓷瓶时，应选用 2 500～5 000 V 兆欧表。

一般测量低压电器设备绝缘电阻时可选用 0～200 MΩ 量程的兆欧表。

（2）兆欧表的接线和测量方法：兆欧表有 3 个接线柱，其中 2 个较大的接线柱上分别有 "接地"（E）和"线路"（L），另一个较小的接线柱上标有"保护环"（G）。

① 测量照明或电力线路的对地绝缘电阻时，将兆欧表接线柱的 E 端可靠地接地，L 端接 到被测线路上，如图 2-47（a）所示。线路接好后，可按顺时针方向摇动兆欧表的发电机摇把， 转速由慢到快，一般约 120 r/min，待发电机速度稳定时，表针也稳定下来，这时表针指示的数 值就是所测得的绝缘电阻值。② 测量电机的绝缘电阻时，将兆欧表接线柱的 E 端接机壳，L 端接到电动机绕组上，如图 2-47（b）所示。③ 测量电缆的绝缘电阻、电缆的导线芯线与电缆 外壳的绝缘电阻时，除将被测两端分别接 E 和 L 两接线柱外，还需将 G 接线柱引线接到电缆 壳芯之间的绝缘层上，如图 2-47（c）所示。④ 每种材料测量 3 次，求出平均值。

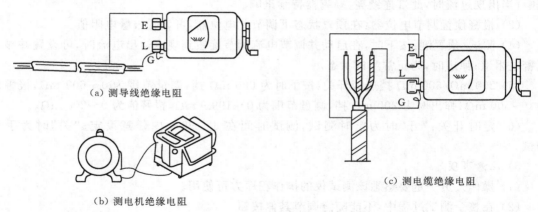

（a）测导线绝缘电阻

（c）测电缆绝缘电阻

（b）测电机绝缘电阻

图 2-47　兆欧表的接线

4）注意事项

（1）测量电气设备的绝缘电阻时，必须先切断电源，然后将设备进行放电，以保证人身安 全和测量准确。

（2）测量时兆欧表应水平放置，未接线前先转动兆欧表进行开路试验，指针是否指在"∞" 处，再将 L 和 E 两个接线柱短接，慢慢地转动摇把，看指针是否指在"0"位，若能指在"0"位，说 明兆欧表是好的。

（3）兆欧表接线柱上引出线使用多股软线，且要有良好的绝缘，两根引线切忌绞在一起， 以免造成测量数据的不准确。

（4）兆欧表测量完后应立即使被测物放电，在兆欧表的摇把未停止转动和被测物未放电 前，不可用手触及被测物的测量部位或进行拆除导线，以防触电。

5）实训报告

（1）写出用兆欧表测量各种导线电阻的步骤。

（2）将所测电阻值填入表 2-13。

表 2-13　用兆欧表测得的各种导线的电阻值

名　　称	第 1 次（MΩ）	第 2 次（MΩ）	第 3 次（MΩ）	平均值（MΩ）
照明线路				
电机				
电缆				

2.4.2　钳形表的使用方法

1）实训目的

熟练掌握钳形表的使用方法。

2）实训器材

通有 220 V 交流电压的照明线和钳形表等。

3）实训步骤

将钳形表的量程开关转到合适量程，手持钳形表，用食指勾紧铁芯开关，以便打开铁心，将通有 220 V 交流电压的照明线从铁芯开口引入到铁芯中央，然后放松铁芯开关的食指，铁芯自动闭合，被测导线的电流就在铁芯中产生交变磁力线，表上就感应出电流，这时可直接读取电流的数据。

4）注意事项

（1）钳形表不能用来测高压线路的电流，被测线路的电压不能超过钳形表所规定的使用电压，以防绝缘击穿，触电伤人。

（2）测量前应估计被测电流的大小，选择适当的量程，不可用小电流量程去测量大电流，宜先置于高挡，逐渐下调切换至指针指在刻度中间为止。

（3）每一次测量只钳入一根导线，测量时应将被测导线置于钳口中央部位，以提高测量准确度。测量结束后应将量程调节开关调到最大量程挡位，以便下次安全使用。

5）实训报告

（1）写出用钳形表的测量步骤。

（2）将所测电流填入表 2-14。

表 2-14　钳形表测量照明导线中的电流值

名　　称	第 1 次（A）	第 2 次（A）	第 3 次（A）	平均值（A）
照明线（火线）				
照明线（零线）				

2.4.3　电工工具的操作训练

1）实训目的

初步掌握电工工具的使用方法。

2）实训器材

低压验电笔、大螺钉旋具、小螺钉旋具、钢丝钳、尖嘴钳、电工刀、电工凿、冲击锤和万用表等。

3）实训步骤

（1）用低压验电笔进行测试操作

① 区别火线（相线）与零线：在交流电路中，当验电器触及导线时，氖管发光的即是火线。正常情况下，零线是不会使氖管发光的。

② 区别电压的高低：测试时可根据氖管发光的强弱来估计电压的高低。

③ 区别直流电与交流电：交流电通过验电笔时，氖管里的两个极同时发光；直流电通过验电笔时，氖管里两个极只有一个极发光。

④ 区别直流电的正负极：把验电笔连接在直流电的正负极之间，短暂发光的一端即为直流电的负极。

（2）螺钉旋具的基本练习

① 大螺钉旋具的使用：大螺钉旋具一般用来紧固较大的螺钉。使用时除大拇指、食指和中指要夹住握柄外，手掌还要顶住柄的末端，这样就可以防止旋转时滑脱，操作时请教师指导。

② 小螺钉旋具的使用：小螺钉旋具一般用来紧固电气装置线桩头上的小螺钉。使用时可用大拇指和中指夹着握柄，用食指顶住柄的末端捻旋，操作时请教师指导。

（3）钢丝钳练习

① 进行弯绞导线练习。

② 进行剪切导线练习。

③ 进行侧切钢丝练习。

④ 进行扳旋螺母练习。

（4）尖嘴钳的练习：将直径为 1～2 mm 的单股导线弯成直径 4～5 mm 的圆弧接线鼻子，练习在狭小的工作空间的操作。

（5）电工刀的练习：用电工刀对各种废旧塑料单芯硬线作剖削练习（要求做到不剖伤芯线）。

（6）断线、剥线练习：用断线钳、剥线钳进行断线和剥线的练习。

（7）电工凿和冲击钻的练习

① 用电工凿进行凿孔洞的练习。

② 用冲击钻、普通电钻进行钻孔练习。

③ 用冲击钻进行冲打废砖墙练习和冲打水泥墙的练习。

（8）万用表测量练习：用万用表测量交流 380 V、220 V、36 V 和直流 3 V、6 V 电压练习，测量若干直流电阻。

2.4.4　计算机机箱的接地电阻性能测试

1）实训目的

熟悉掌握 CS2678X 型接地电阻测试仪的使用方法。

2）实训器材

CS2678X 型接地电阻测试仪、计算机机箱等。

3）测试准备

（1）接通电源，开启电源开关，显示屏数码管点亮。

（2）按需要选择测试量程开关 200 mΩ 或 600 mΩ。当"开关"按下时为 600 mΩ 量程，此时显示电阻测量范围为 $0 \sim 600 \ \mathrm{m\Omega}$；当"开关"弹出时为 $200 \ \mathrm{m\Omega}$ 量程,此时显示电阻测量范围 $0 \sim 199.9 \ \mathrm{m\Omega}$。

（3）将电流调节旋钮逆时针旋至零位。

（4）将两组测量线的夹子端相互短路。

（5）实训步骤:测试线路和仪器连接如图 2-48 所示。

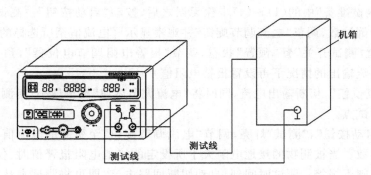

图 2-48　接地电阻测试连接图

4）实训步骤

如图 2-48 所示接线,将测试夹一个夹在机器总接地端,另一个接在机器可触及金属部分,按如下步骤进行测试:

（1）将"定时开关"置"关"状态。

（2）检查"测试准备"中的（1）～（4）步骤无误之后,按动"启动按钮","测试"灯亮,调节"电流调节旋钮"并观察显示屏电流值至所选择的电流值。

（3）将"预置/测试开关"置"预置"状态,调节"报警电阻调节电位器",预置报警电阻值（注:必须在有电流输出的情况下设置报警电阻值）。

（4）按动"复位按钮",切断输出电流,同时将"电流调节旋钮"旋至最小;将测试夹分开,分别接到被测物的测试点。

（5）检查无误之后,按动"启动按钮","测试"灯亮,调节"电流调节旋钮"至所需的电流值,然后读下显示屏显示的电阻读数,当被测物的接地区域电阻大于所设定的电阻报警值,仪器即发出断续声光报警;反之,则不报警。

（6）停止测试,按动"复位按钮","测试"灯熄灭,回路电流切断,将测试夹从被测物上取下,以备下次测量。

5）测量报告（记录与数据处理）

将计算机机箱接地电阻测试报告填入表 2-15 中。

表 2-15　计算机机箱接地电阻测试报告

项目名称		被测产品名称		检验人员	
产品编号		发布日期			
测试项目	测试认证标准要求		结　果		结　论
接地电阻	如果被测电路的电流额定值小于或等于 16 A,则试验电流为被测电路电流额定值的 1.5 倍,试验电压不应超过 12 V,试验时间为 60 s,电阻要求小于等于 0.1 Ω。		1. 电流值:_____A 2. 电压值:_____V 3. 接地电阻值:_____Ω		

6）补充说明

本仪器除了可以在"手动"方式下对接地电阻进行测试之外,还可以在"定时"方式下进行测试。其主要步骤如下:

（1）仪器处于"复位"状态。

（2）按下"定时开关"至"开"位置,根据需要预置所需的测试时间。

（3）检查"测试准备"中的（1）～（4）步骤无误之后,按动"启动按钮","测试"灯亮,显示屏时间计数器开始倒计数,调节"电流调节旋钮"并观察显示屏电流值至所选择的电流值。

（4）将"预置/测试开关"置"预置"状态,调节"报警电阻调节电位器",预置报警电阻值。（注:必须在有电流输出的情况下再设置报警电阻值）

（5）按动"复位钮",切断输出电流,同时将"电流调节旋钮"旋至最小;将测试夹分开,分别接到被测物的测试点。

（6）按动"启动按钮","测试"灯亮,调节"电流调节旋钮"至所需的电流值,然后读下显示屏显示的电阻读数。当被测物的接地电阻大于所设定的接地电阻报警值时,仪器即发出断续声光报警,反之,则不报警。测试时间到,自动切断回路电流,即可将测试夹从被测物上取下,以备下次测量。

习题 2

（1）常用的电工工具有哪些?

（2）使用电工工具时应注意哪些事项?

（3）万用表的使用要注意哪些问题?

（4）高压验电笔的操作步骤分哪几步?

（5）常用的钳工工具有哪些?

（6）电工仪表的误差有哪几类?请分别叙述。

（7）试述喷灯的操作步骤。

（8）怎样使用钳形表?

（9）怎样正确使用兆欧表?

（10）试述电能表的安装。

（11）在测量交流电压时,万用表的交流电压挡和晶体管毫伏表各适用于何种场合?

（12）一般照明电路采用三相供电,供电中应采用何种接法?为什么?

（13）为什么在工程实践中,三相四线制或三相五线制中的中线不能安装开关或熔断器?两种供电线路有何不同?请说明。

（14）简述 CS2678X 型接地电阻测试仪的使用方法。

（15）说明 CS2678X 型接地电阻测试仪使用时的注意事项。

3 电工材料与低压电器

[主要内容与要求]

(1) 电工常用的材料分为导电材料、绝缘材料和磁性材料3大类。

(2) 电器是指在电能的产生、输送、分配与应用中起开关、控制、保护和调节作用的电工设备。低压电器通常是指工作在交流电压1000 V或直流电压1200 V以下的电器。低压电器按其在电气线路中的地位和作用可分为低压配电器和低压控制电器。

(3) 低压配电器包括自动开关和熔断器等。

(4) 低压控制电器包括主令电器、接触器和各种继电器、控制器等。

(5) 拆装各种电器时,要了解它们的结构和工作原理,注意记住拆装时的顺序,不要拆坏或丢失电器。

(6) 常用低压电器的故障包括电磁线开路、机械装置变形、触点脱焊和灭弧装置损坏。检查时要从电磁系统、触点系统和灭弧装置3方面工作情况来分析。

了解和掌握电工材料和低压电器是维修电工的必备知识。

常用的电工材料种类繁多,按材料的性质可分为绝缘材料、导电材料、磁性材料和安装材料。

常用的低压电器主要有低压断路器、低压熔断器、主令电器、交流接触器、电磁铁和继电器等。

3.1 常用电工材料

3.1.1 常用线材

常用的线材主要有电线、电缆。主要可分为裸线、电磁线、绝缘电线、电缆线4大类。其选用标准为芯线材料、绝缘层材料、横截面积或电流等参数。

1) 裸线

裸线就是没有绝缘层的电线,按其形状与结构分为单线、绞合线、特殊导线和型线等几种。单线主要作为电线电缆的芯线,绞合线主要用于连接电气设备。

2) 电磁线

电磁线是一种具有绝缘层的导电金属电线,用以绕制电工产品的线圈或绕组,故又称为绕组线。其作用是通过电流产生磁场,或切割磁力线产生电流,实现电能和磁能的相互转换。电磁线常用做电机绕组、变压器、电器线圈的材料。

按照绝缘层的特点和用途,电磁线可分为漆包线、绕包线、无机绝缘电磁线和特种电磁线4大类。

（1）漆包线：其绝缘层是漆膜，在导电线芯上涂覆绝缘漆后烘干形成。其特点是：漆膜均匀、光滑，有利于线圈的自动绕制。

（2）绕包线：用天然丝、玻璃丝、绝缘纸或合成树脂薄膜等紧密绕包在导电线芯上，形成绝缘层。一般绕包线的绝缘层较漆包线厚，组合绝缘，电性能较高，能较好地承受过高电压与过载负荷。

3）绝缘电线

绝缘电线分为橡皮绝缘电线、聚氯乙烯绝缘电线、聚氯乙烯绝缘软线和聚氯乙烯绝缘屏蔽线等，其中聚氯乙烯绝缘电线、聚氯乙烯绝缘软线广泛应用于电子产品中。

绝缘电线由线芯和绝缘层组成。其线芯有铜芯、铝芯；有单根线、多根线；绝缘层为包在线芯外面的聚氯乙烯材料（注：聚氯乙烯绝缘软线只有多股线）。

4）电缆线

电缆线是指在绝缘护套内装有多根相互绝缘芯线的电线，除了具有导电性能好、芯线之间有足够的绝缘强度、不易发生短路故障等优点外，其绝缘护套还有一定的抗拉、抗压和耐磨特性。

电缆线按其结构可分为普通电缆线和屏蔽电缆线两大类；按其用途主要分为电力电缆、控制电缆、船用电缆、通信电缆、矿用电缆等类型。

5）光缆

光缆是由若干根光纤（几芯到几千芯）构成的缆芯和外护套组成。光缆的特点是传输容量大、衰耗小、传输距离长、无电磁干扰、成本低。光缆主要分为生态光缆、全介质自承式光缆、海底光缆、浅水光缆、微型光缆等。由于信息技术的飞速发展，带动了光缆技术的发展，采用纳米材料制作光缆的研究工作已经展开，目前处于试用阶段。

3.1.2 绝缘材料

绝缘材料是指电阻率在 $10^9 \sim 10^{22}\ \Omega \cdot cm$ 范围内的材料。绝缘材料在电工产品中占有极其重要的地位，其主要作用是隔离带电的或不同电位的导体。

绝缘材料的品种很多，如陶瓷、云母、石棉、玻璃、硅胶、橡胶、塑料和木材等，在电气设备中，较常用的还有绝缘漆、绝缘胶、绝缘油和绝缘制品等。

1）陶瓷

陶瓷主要用于架空线的安装。电工用陶瓷是以黏土、石英及长石为原料，经碾磨、捏炼、成型、干燥、焙烧等工序制成。电工用陶瓷按其用途和性能可分为装置陶瓷、电容陶瓷及多孔陶瓷。

2）云母

云母在电工绝缘材料中占有极其重要地位。

（1）云母带：在室温时较柔软，适用于电机、电器绕组（线圈）和连接线的绝缘。常用的有6434 醇酸玻璃云母带和 5438 环氧玻璃粉云母带。后者厚度均匀、柔软，其电气和力学性能良好，目前大力推广使用，但它需要低温保存。

（2）衬垫云母板：适宜做电机、电器的绝缘衬垫，常用的有 5730 醇酸衬垫云母板和5737-1环氧衬垫粉云母板。

3）绝缘漆和绝缘胶

（1）浸渍漆：主要用来浸渍电机、电器和变压器的线圈和绝缘零部件，以填充其间隙和微孔，提高其电气和力学性能。常用的有 1030 醇酸浸渍漆、1032 三聚氰胺醇酸浸渍漆。这两种都是烘干漆,都具有较好的耐油性和绝缘性,漆膜平滑而有光泽。

（2）覆盖漆和瓷漆：用来涂覆经浸渍处理后的线圈和绝缘零部件,在其表面形成连续而均匀的漆膜,作为绝缘保护层,以防止机械损伤和大气、润滑油和化学药品的侵蚀。如常用的1231醇酸晾干漆,干燥快,硬度高并有弹性,电气性能较好。

（3）电缆浇注胶：用来浇注电缆中间接线盒和终端盒,常用的有1811或1812沥青电缆胶和环氧电缆胶,适用于10 kV以下的电缆,前者耐潮性较好,后者密封性好;1810电缆胶用于10 kV及以上电缆。

4）浸渍纤维制品

（1）玻璃纤维漆布（带）：主要用作电机、电器的衬垫和绕组的绝缘。常用2432醇酸玻璃漆布（带）的电气性能、耐油性和耐潮性都比较好,机械强度较高,并具有一定的防霉性能,可用于油浸变压器、油断路器等绕组（线圈）的绝缘。

（2）漆管：主要用做电机、电器和仪表的引出线或连接线的绝缘套管。常用的2730醇酸玻璃漆管,有良好的电气性能,耐油性、耐潮性较好,但弹性较差。

（3）绑扎带：主要用于绑扎变压器铁芯和代替合金钢丝绑扎电机转子绕组端部。常用B17玻璃纤维胶带。

5）层压制品

层压制品适宜做电机、电器的绝缘结构零件,它们具有很高的机械强度和电气性能,耐油性、耐潮性较好,加工方便。常用的有3240环氧酚醛层压玻璃布板、3640环氧酚醛玻璃布管。

6）电工用塑料

常用的有4013酚醛塑料和4330酚醛玻璃纤维塑料两种。它们都具有良好的电气性能和防潮、防毒性能,尺寸稳定,机械强度高,适宜做电机、电器、仪表的绝缘零部件。

7）其他绝缘材料

其他绝缘材料是指在电机、电器中起补强、衬垫、包扎及保护等作用的辅助绝缘材料。这类绝缘材料品种多,规格杂,没有统一的型号。常用的品种有以下几种：

（1）绝缘纸和绝缘纸板：可以在变压器油中使用,主要用作绝缘保护材料和耐震绝缘零部件。

（2）黑胶布带：又称黑包布,用于低压电线、电缆接头的绝缘包扎。

（3）聚氯乙烯带：通常制成多种颜色,所以又称相色带,其绝缘性能、耐潮性和耐蚀性较好,主要用于包扎导线和电缆的接头。

（4）自粘性丁基橡胶带：绝缘性能和防水性能较好,用于潜水电机电缆和低压电力电缆的连接和端头的包扎绝缘。

3.1.3 磁性材料

磁性材料按其特性、结构和用途通常分为软磁性材料、永磁性材料两大类。

1）软磁性材料

软磁性材料的磁性能的主要特点是磁导率高,矫顽力低。属于软磁性材料的品种有电工用纯铁、硅钢片、铁镍合金、铁铝合金、软磁铁氧体、铁钴合金等,主要是作为传递和转换能量的磁性零部件或器件。

（1）电工用纯铁：纯铁的主要特点是具有较高的磁感应强度和磁导率,而矫顽力较低,缺点是电阻率低,涡流损耗大,存在磁老化现象,主要应用在直流或低频电路中。

（2）硅钢片：硅钢片又称为电工钢片，是在铁中加入硅制成的。在铁中加入硅后可以提高磁导率，降低矫顽力和铁损耗，但硅含量增加，硬度和脆性加大，导热系数降低，不利于机械加工和散热，一般硅含量要小于 4.5%。通常，电机在工业中大量使用的硅钢片厚度为 0.35 mm 和 0.5 mm，在电子工业中，由于频率高、涡流损耗大，硅钢片的厚度为 0.05～0.2 mm。

2）永磁性材料

永磁性材料也称为硬磁性材料。它是将所加的磁化磁场去掉以后，仍能在较长时间内保持强和稳定磁性的一种材料。永磁性材料主要的特点是矫顽力高，适合于制造永久磁铁，被广泛应用于磁电式测量仪表、扬声器、永磁发电机和通信设备中。常用的永久磁性材料是硬磁铁氧体。

硬磁铁氧体在高频的工作环境中电磁性能好，所以广泛应用于电视机的部件、微波器件等。

3）电碳制品

电碳制品中的碳与石墨能导电，导热系数高，耐高温，化学性能稳定，自润滑性好，一般用于制作电机的电刷、电力机车和无轨电车馈电用碳滑板和碳滑块，电力开关、分配器和继电器的触头，弧光照明、碳弧气刨的电极，通信用的碳素零件及各种碳电阻，石墨电热元件，电池用的碳棒等。

3.2 常用低压电器的种类

低压电器是指在交流电压 1 000 V 及直流电压 1 200 V 以下的电力线路中起保护、控制或调节等作用的电器元件。低压电器的种类繁多，但就其控制的对象可分为两大类：

（1）低压配电电器：这类电器包括自动开关、熔断器、转换开关、保护开关和断路器等，主要用于低压配电系统中，要求在系统发生故障时动作准确、工作可靠，有足够的热稳定性和动稳定性。

（2）低压控制电器：是用来对生产设备进行自动控制的电器，如行程开关、时间继电器等。这类电器主要用于电力传动系统中，要求寿命长、体积小、重量轻和工作可靠。

低压电器按用途分类如表 3-1 所示。

表 3-1　常用低压电器的名称与用途

低压电器名称		主要品种	用途
配电电器	转换开关	组合开关 换向开关	用于两种以上电源或负载的转换、接通或分断电路
	自动开关	塑壳式自动开关 框架式自动开关 限流式自动开关 漏电保护自动开关	用于线路过载、短路或欠压保护，也可用于不频繁接通和分断电路
	熔断器	无填料熔断器 有填料熔断器 快速熔断器 自动熔断器	用于线路或电器设备的过载和短路保护

低压电器名称		主要品种	用　　途
控制电器	接触器	交流接触器 直流接触器	主要用于远距离频繁启动或控制电动机或接通和分断正常工作的电路
	继电器	热继电器 中间继电器 时间继电器 电流继电器 速度继电器 电压继电器	主要用于控制系统中控制其他电器或主电路的保护
	起动器	磁力起动器 降压起动器	主要用于电动机的启动和正反转控制
	控制器	凸轮控制器 平面控制器	主要用于电器控制设备中转换主回路或励磁回路的接法,以实现电动机启动时的换向和调速
	主令电器	按钮 限位开关 万能转换开关 微动开关	主要用于接通和分断控制电路
	电阻器	铁基合金电阻	主要用于改变电路的电压、电流等参数或变电能为热能
	变阻器	励磁变阻器 起动变阻器 频敏变阻器	主要用于发动机的调压及电动机减压启动和调速
	电磁铁	起重电磁铁 牵引电磁铁 制动电磁铁	用于起重、操纵或牵引机械装置

3.3 几种常用低压电器

3.3.1 转换开关

转换开关是供两种或两种以上电源或负载转换用的电器。在控制、测量系统中经常需要电路转换,如电源的切换、电动机的反向运转,测量回路中电压和电流的换相等。转换开关的优点是体积小、结构简单、操作方便、灭弧性能较好,使控制回路或测量回路线路简化,并避免操作上的失误和差错,多用于机床控制电路。其额定电压为 380 V,额定电流有 6 A、10 A、15 A、25 A、60 A、100 A 等多种。

1) 转换开关的结构

转换开关的结构如图 3-1 所示。内部有 3 对静触点分别用 3 层绝缘板相隔,各自附有连接线路的接线桩,3 个动触点互相绝缘,与各自的静触点对应,套在共同的绝缘杆上,绝缘杆的一端装有操作手柄,转动手柄,即可完成 3 组触点之间的开合或切换。开关内装有速断弹簧,用以加速开关的分断速度。

2) 转换开关的选用

选用转换开关时,应根据用电设备的耐压等级、容量和极数等综合考虑,用于控制小型电动机不频繁全压启动时,容量应大于电动机额定电流的 2.5 倍,切换次数不宜超过 20 次/h;如果用于控制电动机正反转,在从正转切换到反转的过程中,必须先经过停止位置,待电动机停止后,再切换到反转位置;用于控制照明或电热设备时,其额定电流应等于或大于被控制电路中各负载电流之和。常用的 HZ10 系列转换开关的技术参数如表 3-2 所示。

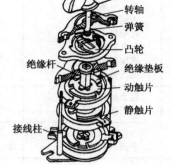

手柄
转轴
弹簧
凸轮
绝缘杆   绝缘垫板
动触片
静触片
接线柱

(a) 转换开关外形   (b) 转换开关结构示意图

图 3-1 转换开关

表 3-2 HZ10 系列转换开关的技术参数

型　号	极　数	电流(A)	电压(V)	
HZ10-10	2(3)	6(10)	直流 220	交流 380
HZ10-25	2(3)	25	直流 220	交流 380
HZ10-60	2(3)	60	直流 220	交流 380
HZ10-100	2(3)	100	直流 220	交流 380

3) 转换开关的安装运行和维护

(1) 选择转换开关时,应注意检查转换各挡是否灵活、可靠,有无转换不良的现象。如有问题,应修理或更换。

(2) 各触点容易受电弧损坏,要经常检查。如果触点氧化,可用砂纸打磨,去除氧化层。

(3) 按产品使用说明书规定的分断负载能力使用,避免过载、损坏电器或危及人身安全。

3.3.2 自动空气开关

自动空气开关又称自动空气断路器,俗称自动跳闸,是一种可以自动切断故障线路的保护电器,即当线路发生短路、过载、失压等不正常现象时,能自动切断电路。在低压电路中,自动空气开关通常用作电源开关,有时用作电动机的不频繁启动、停止控制和保护。当电路发生过载、短路或失压等故障时,它自动切断电路,保护用电设备的安全。

常用自动空气开关因结构不同分为装置式和万能式两类。它的保护动作参数可以根据用电设备的要求人为调整,使用方便可靠。本节主要介绍装置式自动开关。万能式自动开关的原理与装置式自动开关基本相同。

1) 装置式自动空气开关的结构

装置式自动空气开关又称塑壳式自动开关。它的外形如图 3-2 所示,其主要部分由触点系统、灭弧装置、自动操作机构、电磁脱扣器(用作短路保护)、热脱扣器(用作过载保护)、手动操作机构及外壳等部分组成。

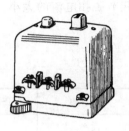 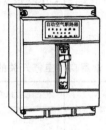 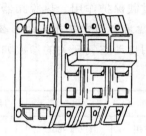

(a) ZD5 型外形　　　　　(b) ZD10 型外形　　　　　(c) ZD12 型外形

图 3-2　常用装置式自动开关

2）装置式自动空气开关的原理

装置式自动空气开关由手动操作机构和主要保护装置组成,其结构如图 3-3 所示。手动操作机构采用连杆机构,它由绝缘支架与触点系统连接而成;主要保护装置是欠压脱扣器和过流脱扣器,有的还有热脱扣器。正常工作时,装置式自动开关的各部件状态如图 3-4 所示。

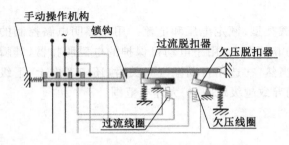 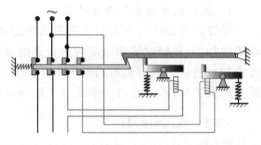

图 3-3　装置式自动空气开关示意图　　　**图 3-4　装置式自动空气开关工作状态示意图**

（1）欠压脱扣器:欠压脱扣器的线圈并联在主电路中。若电源电路欠压,则动作机构欠压线圈端的磁力减弱,而动作机构的另一端弹力不变,使动作机构动作,欠压脱扣器脱钩,断开主触点,分断主电路而起路保护作用,如图 3-5 所示。

（2）过流脱扣器:过流脱扣器的线圈串联在主电路中。若电路或设备短路,则主电路电流增大,动作机构的过流线圈磁场增强,吸动磁铁,使操作机构动作,过流脱扣器脱钩,断开主触点,切断主电路而起过载保护作用,如图 3-6 所示。过流脱扣器也有调节螺钉,可以根据需要调节脱扣电流的大小。

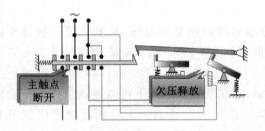 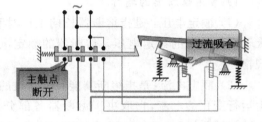

图 3-5　装置式自动空气开关欠压脱扣示意图　　　**图 3-6　装置式自动空气开关过流脱扣示意图**

热脱扣器是一个双金属片热继电器,它的发热元件串联在主电路中。当电路过载时,过载电流使发热元件温度升高,双金属片受热弯曲,顶动自动操作机构动作,断开主触点,切断主电路而起过载保护作用。热脱扣器也有调节螺钉,可以根据需要调节脱扣电流的大小。

3) 常用自动空气开关的参数

常用自动空气开关的参数如表 3-3 所示。

表 3-3　常用自动空气开关的参数

型　　号		额定电压(V)	分断能力(A)	产　地	备　注
小型家用 塑 壳 型	DZ47-60C C45-C6/1P	230/400 230/400	6 000 600	国产 梅兰日兰公司	每种自动空气 开关具有多种极 数和多种等级,其 分断电流的能力 不同,用途也不同
普通塑壳型	DZ10 T0、TG 系列 H 系列	交流 380/直流 220 660 直流 250/交流 380	≤42 000 600 ≤3 000	国产 日本寺崎公司 美国西屋公司	
万 能 型	DW10 DW16	交流 380/直流 440 660	≤4 000 630	国产 国产	

4) 装置式自动空气开关的选用

装置式自动空气开关的选用重点考虑负载类型、额定电压和电流。用于照明电路控制的电磁脱扣器,其瞬时脱扣电流应为负载电流的 6 倍左右;用于电动机保护的电磁脱扣器,其瞬时脱扣电流应为电动机启动电流的 1.7 倍。当然,在选用自动空气开关时,还应考虑上、下级开关的保护特性,不允许因本级开关的失灵而导致越级跳闸,扩大停电范围。

3.3.3　低压熔断器

熔断器俗称保险丝,是借助于熔体在电流超出限定值时熔化、分断电流的一种用于过载和短路保护的电器。熔断器结构简单,体积小,重量轻,使用、维护方便,故无论在强电系统或弱电系统中都得到了广泛应用。

熔断器主要由熔断体(简称熔体,有的熔体装在具有灭弧作用的绝缘管中)、触头插座和绝缘底板组成。熔体是核心部分,常做成丝状或片状。制造熔体的金属材料有两类:低熔点材料(如铅锡合金、锌等)、高熔点材料(如银、铜、铝等)。

熔断器接入电路时,熔体串联在电路中,负载电流流过熔体,由于电流热效应而使温度上升。当电路发生过载或短路时,电流大于熔体允许的正常发热电流,使熔体温度急剧上升,超过其熔点而熔断,即断开电路,从而保护了电路和设备。

1) 常用熔断器的指标

(1) 额定电压:是指熔断器长期工作时和分断后能够承受的电压,其电压值一般等于或大于电气设备的额定电压。熔断器的额定电压值有 220 V、380 V、500 V、600 V、1 140 V 等规格。

(2) 额定电流:是指熔断器能长期通过的电流,即在规定的条件下可以连续工作而不会发生运行变化的电流,它取决于熔断器各部分长期工作时的允许温升。熔断器额定电流值有 2 A、4 A、6 A、8 A、10 A、12 A、16 A、20 A、25 A、32 A、40 A、50 A、63 A、80 A、100 A、125 A、160 A、200 A、215 A、315 A、400 A、500 A、630 A、800 A、1 000 A、1 250 A 等规格。

(3) 额定功率损耗:是指熔断器通过额定电流时的功率损耗,不同类型的熔断器都规定了最大功率损耗值。

（4）分断能力：通常是指熔断器在额定电压及一定的功率因数下切断的最大短路电流。

2）常用的低压熔断器

（1）瓷插式熔断器：瓷插式熔断器又称瓷插保险，如图 3-7 所示。它是 RC1A 型熔断器，由瓷底座、瓷盖、静触头、动触头及熔丝 5 部分组成。熔丝装在瓷盖上两个动触头之间，电源和负载线可分别接在瓷底座两端的静触头上，瓷底座中有一个空腔，与瓷盖突出部分构成灭弧室。RC1A 型熔断器的断流能力小，适用于 500 V、60 A 以下的线路中。这种熔断器价格便宜，熔丝更换比较方便，广泛用于照明和小容量电动机的短路保护。

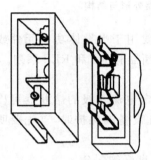

图 3-7　瓷插式（RC1A 系列）熔断器外形

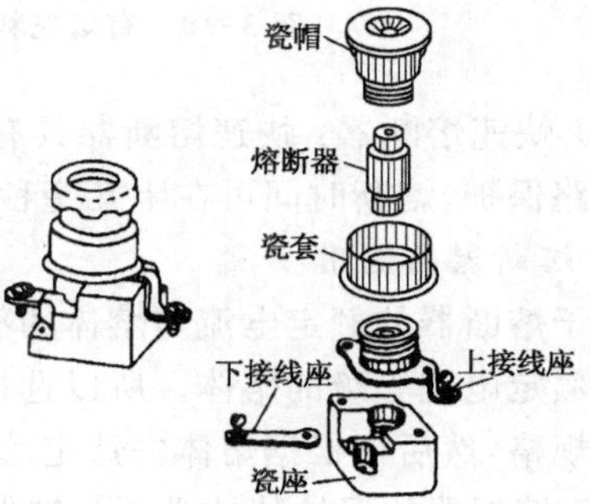

图 3-8　螺旋式（RL1 系列）熔断器外形与结构

（2）螺旋式熔断器：图 3-8 所示是螺旋式熔断器，主要由瓷帽、熔断管、插座组成，熔断管中除装有熔丝外，熔丝周围还填满了石英砂，做灭弧用，熔断管的上盖中心装有红色指示器，当熔丝熔断后，红色指示器自动脱落，表明熔丝已熔断。安装时，熔断管有红色指示器的一端插入瓷帽，然后一起旋入插座。

电气设备的连接线应接到金属螺纹壳的上段线端，电源线接到插座座底触点的下段线端，以保证在更换熔管时，瓷帽旋出后螺纹壳上不带电。

螺旋式熔断器可用于工作电压 500 V、电流 200 A 以下的交流电路中。它的优点是断流能力强，安装面积小，更换熔管方便，安全可靠。

（3）管式熔断器：管式熔断器有两种：一种是无填料封闭管式熔断器，有 RM2、RM3 和 RM10 等系列；另一种是有填充料封闭管式熔断器，有 RTO 系列。图 3-9 所示为无填充料封闭管式熔断器的外形图。图 3-10 所示为有填充料封闭管式熔断器的外形图。

图 3-9　无填充料封闭管式（RM7 系列）熔断器外形与结构

无填充料封闭管式熔断器断流能力大，保护性好，主要用于交流电压 500 V、直流电压 400 V 以内的电力网和成套配电设备中，作为短路保护和防止连续过载使用。

有填充料封闭管式熔断器比无填充料封闭管式熔断器断流能力大，可达 50 kA，主要用于具有较大短路电流的低压配电网。

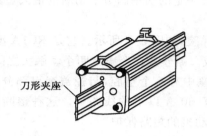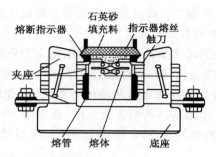

图 3-10　有填充料封闭管(RTO 系列)熔断器外形与结构

(4) 快速熔断器：快速熔断器具有快速熔断的特性，主要用于半导体功率元件或变流装置的短路保护，熔断时间可在十几毫秒以内。常用的快速熔断器有 RS 和 RLS 系列。

3) 熔断器的选用

由于熔断器的额定电流与熔体的额定电流不同，某一额定电流等级的熔断器可以装入几个不同额定电流等级的熔体。所以选择熔断器用于做线路和设备的保护时，首先要明确选用熔体的规格，然后再根据熔体去选定熔断器。

(1) 熔断器的保护特性必须与被保护对象的过载特性有良好的配合。

(2) 熔断器的极限分断电流应大于或等于所保护电路可能出现的短路冲击电流的有效值，否则就不能获得可靠的短路保护。

(3) 在接有多个熔断器的配电系统中，一般要求前一级熔体比后一级熔体的额定电流大 2～3 倍，这样才能避免因发生超载动作而扩大停电范围。

(4) 熔断器只能对要求不高的电动机进行过载和短路保护，对要求较高的过载保护一般采用热继电器。

4) 熔断器的安装和维护

(1) 安装熔体时必须保证接触良好，并应经常检查，否则若有一相断路，会使电动机单相运行而烧毁。

(2) 拆换熔断器时，要检查新熔体的规格和形状是否与更换的熔体一致。

(3) 安装熔体时，不能有机械损伤，否则相当于截面变小，电阻增加，保护特性变坏。

(4) 熔断器周围温度应与被保护对象的周围温度基本一致，若相差太大，也会使保护动作产生误差。

3.3.4　主令电器

主令电器主要用于切换控制电路，通过它来发出指令或信号，以便控制电力拖动系统及其他控制对象的启动、运转、停止或状态的改变。根据被控线路的多少和电流的大小，主令电器可以直接控制，也可以通过中间继电器进行间接控制，故称这类电器为"主令电器"。

对主令电器的基本要求主要在电气性能和机械性能两方面。

(1) 电气性能要求

① 在控制线路中，主令电器主要用来控制电磁开关(继电器、接触器等)的电磁线圈与电源的接通、分断。因此，主要要求是接触良好，动作可靠，耐电弧和抗机械磨损。

② 技术数据明确，如额定电压、额定电流、通断能力、允许操作频率、电气和机械寿命以及控制触点的编组和关合顺序等。

（2）机械性能要求

① 操作力和运动行程的大小要合适。

② 操作部位（钮、手柄等）应明显、灵活、方便，不易造成误动作或误操作。

③ 开关动作及工作位置都应明确，操作指示符号应明显、正确。

主令电器按其功能分为5类：控制按钮、行程开关、接近开关、万能转换开关、主令控制器。

1）控制按钮

控制按钮有时也称为按钮，是主令电器中结构最简单、应用最广泛的一种。主要用于远距离操作接触器、启动器、继电器等具有控制线圈的电器，或用于发出信号及电器连锁的线路中。

（1）控制按钮的结构与图形符号：控制按钮一般由按钮帽、复位弹簧、动断触点、接线柱及外壳组成。控制按钮的触点一般允许通过的电流较小，最多不超过5 A。其结构与图形符号如表3-4所示。

表 3-4　控制按钮的结构与图形符号

项　目	常闭按钮（停止按钮）	常开按钮（启动按钮）	复合按钮
文字符号	SB	SB	SB
图形符号			
名　称	常闭按钮（停止按钮）	常开按钮（启动按钮）	复合按钮
结构			

（2）控制按钮的种类：控制按钮按操作方式、防护方式和结构特点可分为开启式、防水式、防爆式和带灯式等。

按触点的结构位置可分为以下3种：

① 常开按钮：又称启动按钮，操作前手指未按下时触点是断开的，当手指按下时触点接通，手指放松后按钮自动复位。

② 常闭按钮：又称停止按钮，操作前触点是闭合的，手指按下时触点断开，手指放开后按钮自动复位。

③ 复合按钮：又称常开常闭组合按钮，它设有两组触点，操作前有一组触点是闭合的，另一组触点是断开的，手指按下时，闭合的触点断开，而断开的触点闭合，手指放松后，两组触点全部自动复位。

按控制回路的数量可分为以下4种：

① 单钮：只能控制回路的一种状态，即常开或常闭，如常开按钮、常闭按钮。

② 双钮：由2只单钮组装在同一外壳中，可实现启动和停止。

③ 三钮：由3只单钮组装在同一外壳中，可实现正、反、停或向前、向后、停。

④ 多钮：可根据需要采用积木式按钮进行多单元组合，有多个常开常闭触头。

按颜色可分为以下3种：

① 红色：一般用于停止。

② 黑色或绿色：用来表示启动或通电。

③ 黄色透明带灯：多用来表示显示工作或间歇状态。

（3）常用控制按钮的结构和参数

常用的控制按钮外形结构如图3-11所示,其型号和基本技术参数如表3-5所示。

表 3-5　常用的控制按钮的基本技术参数

型　号	额定电压（V）	额定电流（A）	结构形式	触点对数		按钮数	按钮颜色
				常开	常闭		
LA2	400	5	元件	1	1	1	黑、红、绿
LA10-3K	500	5	开启式	3	3	3	黑、红、绿
LA10-3H	500	5	保护式	3	3	3	黑、红、绿
LA18-22Y	500	5	元件（钥匙式）	2	2	1	黑
LA18-22J	500	5	元件（紧急式）	2	2	1	红
LA19-11J	500	5	元件（紧急式）	1	1	1	红

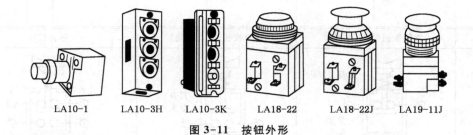

LA10-1　　LA10-3H　　LA10-3K　　LA18-22　　LA18-22J　　LA19-11J

图 3-11　按钮外形

2）行程开关

行程开关又称限位开关或位置开关。它属于主令电器的另一种类型,其作用与控制按钮相同,都是向继电器、接触器发出电信号指令,实现对生产机械的控制,不同的是控制按钮靠手动操作,行程开关则是靠生产机械的某些运动部件与它的传动部位发生碰撞,令其内部触点动作,分断或切断电路,从而限制生产机械的行程、位置或改变其运动状态,指令生产机械停车、反转、变速运动或自行往返运动等。

（1）行程开关的结构与图形符号：行程开关一般是由微动开关、操作机构及外壳3部分组成,其结构与图形符号如表3-6所示。

（2）常用行程开关的种类：常用的行程开关一般分为两类,即一般用途行程开关和设备用行程开关。

① 一般用途行程开关：主要用于机床、自动生产线的限位及程序控制,可分为直动式、转动式（自动复位及非自动复位、单轮和双轮）、组合式3种。外壳有金属的和塑料的两种,基座为塑料压制的,壳内装有滚轮连杆及操纵机构,有一对常开触头和一对常闭触头,它们可组成单轮、双轮及径向传动杆等形式。这类行程开关使用时与机械碰撞或摩擦,故只适合在低速运动机械上使用。因此,为了保证触头能可靠动作,并且不致很快被电弧烧损,必须有使触头在运动时产生速动的机构。

表 3-6   行程开关的结构与图形符号

项　目	直动式（按钮式）	单滚轮式（旋转式）	双滚轮式
文字符号	SQ	SQ	SQ
图形符号	SQ 常开触点	SQ 常闭触点	SQ 复合触点
结构			

② 设备用行程开关：用于限制起重机、行车及各种类似设备的机械行程。

（3）常用的行程开关：行程开关的结构和动作原理如图 3-12 所示，当生产机械撞块碰撞行程开关滚轮时，使传动杠杆和转轴一起转动，转轴上的凸轮推动推杆使微动开关动作，接通动合触点，分断动断触点，指令生产机械停车、反转或变速。

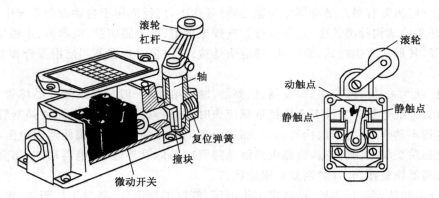

图 3-12   机床行程开关示意图

常用的行程开关有单滚轮自动复位行程开关和双滚轮行程开关两类。

① 单滚轮自动复位行程开关：只要生产机械撞块脱离滚轮后，复位弹簧能将已动作的部分恢复到动作前的位置，为下一次动作做好准备。

② 双滚轮行程开关：在生产机械碰撞第 1 只滚轮时，内部微动开关动作，发出信号指令，但生产机械撞块离开滚轮后不能自动复位，必须在生产机械撞块碰撞第 2 个滚轮后，已动作的部分方能复位。

常用的行程开关的基本技术参数如表 3-7 所示。

行程开关的选用，应根据被控制电路的特点、要求及生产现场条件和触点数等因素考虑。

行程开关安装时，注意滚轮方向不能装反，与生产机械撞块碰撞位置应符合线路要求，滚轮固定应恰当，以利于生产机械经过预定位置或行程时能较准确地实现行程控制。

表 3-7　常用的行程开关的基本技术参数

型　号	额定电压(V)	额定电流(A)	结　构　特　点	触点对数	
				常开	常闭
LX19K	380	5	元件	1	1
LX19-001	380	5	无滚轮,仅有径向转动杆	1	1
LX19-111	380	5	内侧单轮,自动复位	1	1
LX19-121	380	5	外侧单轮,自动复位	1	1
LX19-131	380	5	内外侧单轮,自动复位	1	1
LX19-212	380	5	内侧双轮,不能自动复位	1	1
JLXK1	380	5	快速行程开关(瞬间)		
LX22-1	380	20	外侧单轮,自动复位		
LX22-2	380	20	内侧单轮,自动复位		

3) 接近开关

接近开关用于机床及自动生产线的定位计数及信号输出,是一种近代发展的与有触点相对应的"无触点行程开关",由于它的使用精度高(感应面距离可小到几十微米)、操作频率高(每秒几十至几百次)、寿命长(半永久性,无接触磨损)、耐冲击振动、耐潮湿(通常做成全封闭式)、体积小(但另需有触点继电器作为输出器)等优点,广泛应用于自动控制系统中。

接近开关的结构种类较多,通常可分为高频振荡型、电磁感应型、电容型、永磁型、光电型、超声波型等,其形式有插接式、螺纹式、感应头外接式等,主要根据不同使用场合和安装方式来确定。

一般接近开关是由感应头、振荡器、检测器、输出电路(一般是晶闸管或晶体管)和电源电路组成,负载是继电器。当没有金属接近感应头时,振荡器振荡,检测电路使晶闸管或晶体管截止,继电器不动作;当有金属接近感应头时,由于电磁体的作用,振荡回路因电阻增大,能耗增加,导致振荡变弱,直到停振,检测电路使晶闸管或晶体管导通,继电器动作;当金属脱离感应头时,振荡器恢复振荡,开关恢复到原始状态。

接近开关的技术指标主要有:额定工作电压、额定工作电流、额定工作距离、重复精度、操作频率和位行程。一般还需要考虑输出的匹配电阻,如 LJ1-24 的匹配电阻为 $250 \sim 500 \ \Omega$。在使用时负载严禁短接。

4) 万能转换开关

万能转换开关是多种配电设备的远距离控制开关。它的挡位多、触点多,所以可控制多个电路,更适用于控制复杂线路,故有"万能"之称。一般用于小容量电动机的启动、正反转、制动、调速和停车的控制,也可用做电压表、电流表的换向开关。

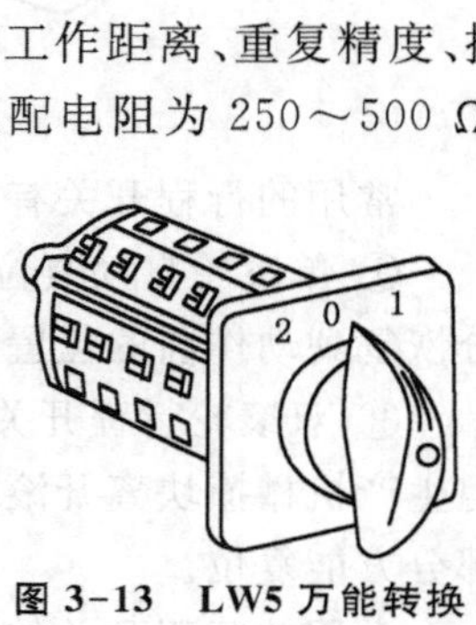

常用的万能转换开关有 LW5 和 LW6 两个系列。图 3-13 为 LW5 的外形图,工作有 3 挡,可分别接通不同的触点。

图 3-13　LW5 万能转换开关外形

万能转换开关的主要技术指标有额定电压、额定电流、操作频率、机械寿命和电气寿命等。如表 3-8 所示。

表 3-8　万能转换开关的主要技术指标

型号	额定电压（V）	额定电流（A）	操作频率（次/h）	机械寿命（万次）	电气寿命（万次）	结构特点及主要用途
LW2	AC 220 DC 220	10	120	100	20	挡数1～8，面板为圆形或方形，可用于各种远距离配电设备的控制、电动机换向等
LW5	AC 500 DC 220	15				
LW8	AC 380 DC 220	10				可用于各种远距离配电设备的控制、控制电路的转换、小型电机的控制与换向
LW12	AC 380 DC 220	16	120	100	20	小型开关，用于仪表、微电机及电磁阀的控制
LWX1B	AC 380 DC 220	5				强电小型开关，主要用于控制电路的转换

5）主令控制器

主令控制器是用来频繁地按顺序操纵多个控制回路的主令电器，有时也称主令开关。由它发出控制命令，通过接触器来实现对电力驱动装置的控制，常用于电动机的启动、制动、调速和反转。

主令控制器在结构上与万能转换开关大致相同，也是借助于不同形状的凸轮使其触点按一定的顺序接通和分断。主令控制器主要用于控制线路，其触点是按小电流来设计的。主令控制器有手动和电动机驱动两种形式。

常用主令控制器的技术参数如表 3-9 所示。

表 3-9　常用主令控制器的技术参数

型号	额定电压（V）	额定电流（A）	控制电路数	结构与用途
LK4	AC 380 DC 440	15	2, 4, 6, 8, 16, 24	有保护式、防水式，可根据操作机械的进程，产生一定的顺序触点转移
LK5	AC 380 DC 440	10	2, 4, 8, 10	手柄可直接频繁操作，可自动复位，主要用于矿山、冶金系统的电气自动控制
LK14	AC 380 DC 440	15	6, 8, 10, 12	触点采用积木式双排布置，主要与POR系列起重机控制屏配套使用
LK18	AC 220, 380 DC 110, 220	AC 2.5, 0.5 DC 0.4, 0.8		有开启式、防护式，在电力传动控制中做转换电路用

3.3.5　接触器

接触器是电气控制设备中的主要电气设备，主要用于电力拖动与自动控制。它利用电磁力的吸合与反向弹簧力使触点闭合和分断，是一种自动控制开关，可以实现远距离频繁接通和断开交直流主电路及大容量的控制电路，同时具有欠压释放保护和零压保护、工作可靠、寿命长、性能稳定、维修方便等特点，因此在自动控制系统中应用非常广泛。

接触器根据其主触点通过电流的种类可分为交流接触器和直流接触器，其中使用较多的是交流接触器。主要控制对象是电动机，也可以用于控制其他负载，如电焊机、电热装置、照明设备等。

1）交流接触器的结构与工作原理

交流接触器的结构如图 3-14 所示，主要由触头系统、灭弧系统、电磁系统、辅助系统及外壳组成。

（1）各部分的功能

① 触头系统：由动、静触头和触头弹簧支持件、导电板和固定连接用螺钉等组成，来完成主电路的接通和分断功能。

② 灭弧系统：主要是指带有起灭弧作用的金属栅片及起冷却电弧、限制弧焰范围的灭弧罩，也

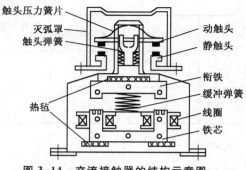

图 3-14　交流接触器的结构示意图

包括其他灭弧、限弧范围的装置。其功能都是保证可靠分断电路，使电路在瞬间分断时，触头产生的电弧能迅速熄灭，并且不会与其他金属或带电体接触。

③ 电磁系统：由做直线、旋转或合拍运动的衔铁与磁轭（铁芯）以及套在磁轭上的电磁线圈、缓冲件等构成电磁系统，它是完成接触器接通、分断操作功能的主要部件，兼有失压保护作用。

④ 辅助触头：通常由两对以上常开（接触器不带电时是断开状态）和两对以上常闭（接触器不带电时是闭合状态）辅助触头组成，主要用于"启动按钮"断开后，由并联一对常开辅助触头来代替按钮闭合控制回路，使线圈保持带电、发送信号或与其他电器联锁等。辅助触头与主触头是联动的，同时要求主触头闭合前辅助常开触头应提前闭合，辅助常闭触头应滞后分断。主触头分断时，辅助常开触头应同时或提前分断，辅助常闭触头应同时或稍滞后闭合。

辅助触头与灭弧系统通常在产品上要分开安装，防止电弧弧焰的危害。电磁系统则可根据产品的结构形式安放在触头系统的上方（倒装直动式）、下方（正装直动式）、侧方（旋转式或旋转直动式）。

⑤ 外壳：包括各部件间的连接、固定、支持及传动部分，使接触器构成一个整体，要求有足够的强度，能对内部部件起到保护作用并达到一定的寿命。

（2）工作原理：交流接触器的工作结构示意图如图 3-15 所示。当交流电流流过交流接触器的电磁线圈时，电磁线圈产生磁场，铁芯与衔铁磁化，使两者之间产生足够的吸引力，衔铁克服弹簧反作用力向铁芯运动，使动合主触点和常开辅助触点闭合，常闭辅助触点分断。于是主触点接通主电路，常开辅助触点接通有关的二次电路，常闭辅助触点分断另外的二次电路，如图 3-16 所示。

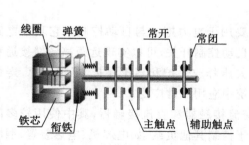

图 3-15　交流接触器的工作结构示意图

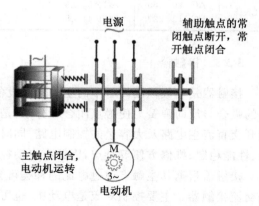

图 3-16　交流接触器的工作过程示意图

如果电磁线圈断电,磁场消失,铁芯与衔铁之间的引力消失,衔铁在复位弹簧的作用下复位,断开主触点和常开辅助触点,分断主电路和有关的二次电路。在较简单的控制电路中,有的常开和常闭辅助触点有时空着不用。

2)常用交流接触器的技术参数

常用交流接触器的技术参数如表 3-10 所示。

表 3-10　常用交流接触器的技术参数

型　号	主　触　点			控制触点			线　圈		可控制三相异步电动机的最大功率(kW)		额定操作频率(次/h)
	对数	额定电压(V)	额定电流(A)	对数	额定电压(V)	额定电流(A)	电压(V)	功率(W)			
CJ0-10	3	380	10	2-常开,2-常闭	380	5	36,110,127,220,380	14	2.5	4	≤600
CJ0-20			20					33	5.5	10	
CJ0-40			40					33	11	20	
CJ0-75			75					55	22	40	
CJ10-10			10					11	2.2	4	
CJ10-20			20					22	5.5	10	
CJ10-40			40					32	11	20	
CJ10-60			60					70	17	30	

3)常用交流接触器的选用

(1)根据所控制的电动机及负载电流类别选用接触器的类型。

(2)接触器的主触点额定电压应大于等于负载回路额定电压。

(3)接触器的主触点额定电流应大于等于负载回路额定电流。

(4)根据吸引线圈的额定电压选用不同种类接触器。接触器吸引线圈分交流线圈(36 V,110 V,127 V,220 V,380 V)和直流线圈(24 V,48 V,110 V,220 V,440 V)两类。

3.3.6　继电器

继电器是一种小信号控制电器,它利用电流、电压、时间、速度、温度等信号来接通和分断小电流电路,广泛应用于电动机或线路的保护及各种生产机械的自动控制。由于继电器一般都不用来控制主电路,而是通过接触器和其他开关设备对主电路进行控制,因此继电器载流容量小,不需灭弧装置。继电器有体积小、重量轻、结构简单等优点,但对其动作的灵敏度和准确性要求较高。常用继电器有热继电器、中间继电器、时间继电器、速度继电器和过电流继电器等。

1)热继电器

热继电器是依靠负载电流通过发热元件时即产生热量,当负载电流超过允许值,所产生的热量增大到使动作机构随之而动作的一种保护电器,主要用途是保护电动机的过载及对其他发热电气设备发热状态的控制。

(1)热继电器的种类:按热继电器的结构可分为两种:

① 双金属片式热继电器:利用两种热膨胀系数不同的金属,通常为锰、镍、铜板轧制而

成,当其受热而弯曲,从而推动动作机构使触头闭合。

② 热敏电阻式热继电器:利用某种材料的电阻值随温度变化而变化的物理性能而制成的热继电器。

热继电器按额定电流等级分为 10 A、40 A、100 A 和 160 A 等 4 种,按极数分为 2 极、3 极(3 极中有带断相保护和不带断相保护的)两种。

(2)热继电器的结构与工作原理:热继电器是对电动机和其他用电设备进行过载保护的控制电器。热继电器的外形如图 3-17(a)所示,内部结构如图 3-17(b)所示,其主要部分由发热元件、常闭触点、杠杆、复位按钮和整定电流调节装置等组成。它正常工作状态各部件的相对关系如图 3-17(c)所示,热继电器的常闭触点串联在被保护的二次电路中,它的发热元件由电阻值不高的电热丝或电阻片绕成,靠近发热元件的双金属片是用两种膨胀系数差异较大的金属片叠压在一起。发热元件串联在电动机或其他用电设备的主电路中。如果电路或设备工作正常,通过发热元件的电流未超过允许值,则发热元件温度不高,不会使双金属片产生过大的弯曲,热继电器处于正常工作状态,线路导通。一旦电路过载,有较大电流通过发热元件,发热元件烤热双金属片,双金属片因上层膨胀系数小、下层膨胀系数大而向上弯曲,使杠杆在弹簧拉力作用下带动绝缘牵引板分断常闭触点,切断主电路,从而起到过流保护作用,如图3-17(d)所示。热继电器动作后,一般不能立即自动复位,待电流恢复正常、双金属片复原后,再按动复位按钮,才能使常闭触点回到闭合状态。

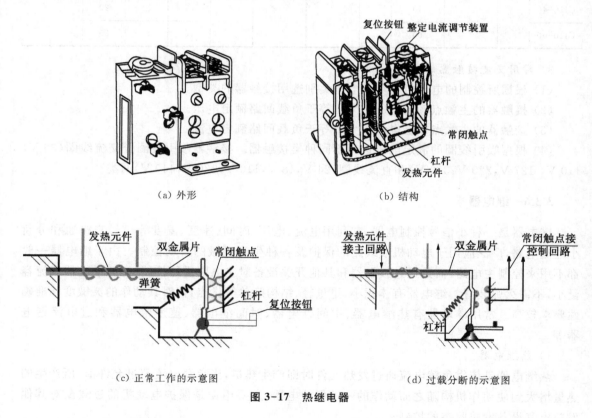

（a）外形　　　　　　　　　　　　　（b）结构

（c）正常工作的示意图　　　　　　　　（d）过载分断的示意图

图 3-17　热继电器

(3)常用热继电器的基本技术参数:常用热继电器的基本技术参数如表 3-11 所示。

表 3-11 常用热继电器的基本技术参数

型　号	额定电流(A)	热元件等级	
		额定电流(A)	整定电流调节范围(A)
JB0-20/3	20，40	0.72，1.10	0.45～0.72，0.68～1.10
JB0-16/3D	20，40	7.20，11.00	4.50～7.20，6.80～11.00
JB0-40/3	40	2.50，4.00	4.00～6.40，6.40～10.00
JB16-40/3D	40	6.40，10.00	10.0～160，16.0～25.0

（4）热继电器的选用

① 在选用热继电器时，其额定电流或热元件整定电流均应大于电动机或被保护电路的额定电流。

② 在用作相保护时，对 Y 接法一般使用普通（不带断相保护装置）的两相或三相热继电器；而对△接法，必须选用带断相保护装置的热继电器。

③ 若热继电器用于频繁启动、正反转、启动时间长的电动机和带有较大冲击电流的负载电路中，热继电器的整定电流应取额定电流的 1.10～1.15 倍。

④ 选用热继电器时，还要充分考虑电流-时间特性（安秒特性）。这是表征热继电器动作时间与通过电流之间的关系特性。当过载的电流与额定电流的比值越大时，相应的热继电器动作时间越短，而在动作时间内，被保护电动机的过载不应超过允许值。为了充分利用电动机的过载能力，热继电器的动作时间不应远小于电动机允许发热的过载时间，这样还能够使电动机直接启动而不受短时过载电流的影响而造成误动作。

2）时间继电器

时间继电器是利用电磁原理或机械动作原理实现触点延迟闭合或延迟断开的自动控制电器，即从得到输入信号（线圈的通电或断电）开始，经过一定的延迟后才输出信号（触头的闭合或断开）。

时间继电器的种类很多，常用的有空气阻尼式、半导体式等。本节主要介绍空气阻尼式时间继电器。

（1）空气阻尼式时间继电器的结构：空气阻尼式时间继电器是由电磁系统、工作触点、气室和传动机械组成。其外形和结构如图 3-18 所示。

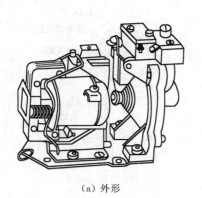

（a）外形　　　　　　　　　　　　（b）结构

图 3-18 空气阻尼式时间继电器

空气阻尼式时间继电器的延迟方式有两种：一是通电延时，即接受输入信号后延迟一定的时间，输出状态才发生变化，当输入信号消失后，输出瞬间复原；二是继电延时，即接收输入信号时，输出瞬时变成新态，输入信号消失后，延迟一段时间，输出状态才复原。

其工作原理如下：

① 断电延时原理：当电路通电后，电磁线圈的静铁芯产生磁场力，使衔铁克服弹簧的反作用力而被吸合，与衔铁相连的推板向右运动，推动推杆，压缩宝塔弹簧，使气室内橡皮膜和活塞缓慢向右移动，通过弹簧片使瞬时触点动作，同时也通过杠杆使延时触点做好动作准备。线圈断电后，衔铁在反作用弹簧的作用下被释放，瞬时触点复位，推杆在宝塔弹簧作用下，带动橡皮膜和活塞向左移动，移动速度由气室进气口的气流程度决定，其气流程度可用调节螺丝完成。这样经过一段时间间隔后，推杆和活塞到达最左端，使延时触点动作。

② 通电延时原理：将时间继电器的电磁线圈翻转180°安装，即可将断电延时时间继电器改装成通电延时时间继电器。其工作原理与断电延时原理相似。

（2）常用空气阻尼式时间继电器的基本技术参数：基本技术参数如表3-12所示。

表3-12 常用空气阻尼式时间继电器的基本技术参数

型　号	瞬时动作触点数量		延迟动作触点数量				触点额定电压、电流	线圈电压（V）	延迟范围（s）	额定操作频率（次/h）
			通电延迟		断电延迟					
	常开	常闭	常开	常闭	常开	常闭				
JS7-1A	—	—	1	1			380 V，5A	24，36，110，127，220，380	0.4～60，0.4～18	600
JS7-2A	1	1	1	1						
JS7-3A	—	—			1	1				
JS7-4A	1	1			1	1				

3）速度继电器

速度继电器又称反接自动继电器，用来对电动机的运行状态实现反接制动控制，广泛应用于电动机控制机床电路中。常用速度继电器有JY1和JFZ0两个系列。

（1）速度继电器的基本结构与工作原理：速度继电器的基本结构如图3-19所示。它主要由用永久磁铁制成的转子、用硅钢片叠成的铸有笼形绕组的定子、外环、胶木摆杆和触点系统等组成，其中转子与被控制电动机的转轴相接。

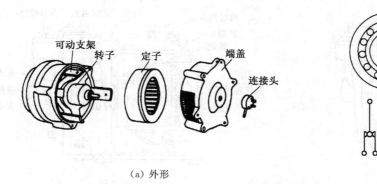

（a）外形　　　　　　　　　　　　　　　　（b）结构示意图

图3-19 速度继电器

其工作原理是：使用时，速度继电器的轴与电动机的主轴相连，被控制电动机带动速度继电器转子转动,转子的旋转磁场在速度继电器定子绕组中感应出电动势和电流,感应电流的大小与电动机的速度有关,当速度达到一定大小时,感应电流产生的磁场力使外环转动,外环的胶木摆杆连着的顶块推动簧片(端部有动触点)断开动断触点,接通动合触点,切断电动机正转电路,接通电动机反转电路而完成反接制动。当电动机的速度下降到电磁力不能维持推动簧片时,电动机的电源又接通。这样就将电动机的速度限定在某个范围。

（2）常用速度继电器的基本技术参数：基本技术参数如表 3-13 所示。

表 3-13　常用速度继电器的基本技术参数

型号	触点额定电压（V）	触点额定电流（A）	触点数量		额定工作转速（r/min）	允许操作频率（次/h）
			正转时动作	反转时动作		
JY1	380	2	1 对	1 对	100～3 600	<30
JFZ0	380	2	1 对	1 对	300～3 600	<30

4）过电流继电器

过电流继电器又称为过流继电器,对负载电路起过载电流保护作用。它主要由线圈、圆柱形静铁芯、衔铁、反作用弹簧和触点系统组成,其基本结构如图 3-20 所示。

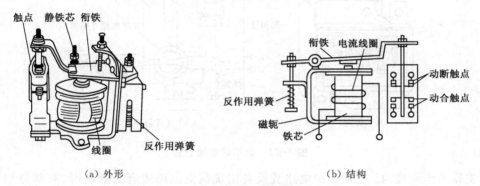

（a）外形　　　　　　　　　　（b）结构

图 3-20　过电流继电器

当过电流继电器接入主电路的线圈电路为额定值时,它所产生的电磁引力不能克服反作用弹簧的作用力,继电器不动作,动断触点保持闭合,维持电路正常工作。当流过过电流继电器线圈的电流超过整定值,线圈电磁引力将大于弹簧反作用力,静铁芯吸引衔铁使其动作,分断动断触点,切断控制回路,从而分断主电路,保护了电路和负载。

常用过电流继电器主要有 JT4 系列和 JT12 系列。

3.3.7　漏电保护器

漏电保护器通常被称为漏电保护开关,也称漏电断路器,是为了防止低压电网中触电或漏电造成火灾等事故而研制的一种新型电器,在漏电或人身触电时迅速断开电路。

漏电保护器有很多类型。按其动作原理,可分为电压动作型和电流动作型两种。因电压动作型漏电保护器的结构复杂、检测性能差、动作特性不稳定、易误动作等,目前已趋于淘汰,现在大多使用电流动作型漏电保护器(剩余电流动作保护器)。按电源的不同分为单相和三相漏电保护器;按极数分有 2、3、4 极;按其内部动作结构分为电磁式和电子式,其中电子式可以灵活地实现各种要求和具有各种保护性能。

1) 漏电保护器的工作原理

(1) 三相漏电保护器：基本原理与结构如图 3-21 所示，由主回路断路器(含跳闸脱扣器)和零序电流互感器、放大器 3 个主要部件组成。

当电路正常工作时，主电路电流的相量和为 0，零序电流互感器的铁芯无磁通，其二次绕组没有感应电压输出，开关保持闭合状态。当被保护的电路中有漏电或有人触电时，漏电电流通过大地回到变压器中性点，从而使三相电流的相量和不等于 0，零序电流互感器的二次绕组中就产生感应电流，当该电流达到一定的值并经放大器放大后就可以使脱扣器动作，使断路器在很短的时间内动作而切断电路。

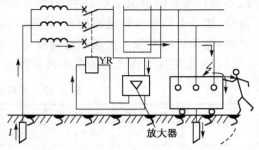

图 3-21　三相漏电保护器的工作原理示意图

(2) 单相电子式漏电保护器：家用单相电子式漏电保护器的外形及动作原理如图 3-22 所示。

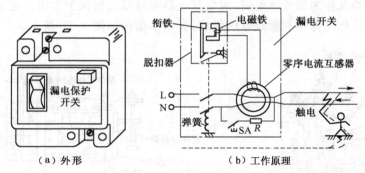

（a）外形　　　　　　（b）工作原理

图 3-22　单相漏电保护器

其主要工作原理为：当被保护电路或设备出现漏电故障或有人触电时，有部分相线电流经过人或设备直接流入地线而不经零线返回，此电流则称为漏电电流(或剩余电流)，它由漏电流检测电路取样后进行放大，在其值达到漏电保护器的预设值时，将驱动控制电路开关动作，迅速断开被保护电路的供电电源，从而达到防止漏电或触电事故的目的。若电路无漏电或漏电电流小于预设值时，电路的控制开关将不动作，即漏电保护器不动作，系统正常供电。

漏电保护器的主要型号有：DE - 20L、DZ15L 系列、DZL - 16、DZL18 - 20 等，其中 DZL18-20 型由于放大器采用了集成电路，体积更小、动作更灵敏、工作更可靠。

2) 漏电保护器的选用

(1) 应根据所保护的线路或设备的电压等级、工作电流及其正常泄漏电流的大小来选择。在选用漏电保护器时，首先应使其额定电压和额定电流值大于或等于线路的额定电压和负荷工作电流，脱扣器的额定电流亦大于或等于线路负荷工作电流。

(2) 其极限通断能力应大于或等于线路最大短路电流，线路末端单相对地短路电流与脱扣器的整定电流之比应大于或等于 1.25。

(3) 对于用于防触电为目的的漏电保护器，如用于家用电器配电线路，宜选用动作时间为 0.1 s 以内、动作电流在 30 mA 以下的漏电保护器。对于特殊场合，如 220 V 以上电压、潮湿环境且接地有困难，或发生人身触电会造成二次伤害时，供电回路中应选择动作电流小于

15 mA、动作时间在 0.1 s 以内的漏电保护器。

（4）选择漏电保护器时应考虑灵敏度与动作可靠性的统一。漏电保护器的动作电流选得越低，安全保护的灵敏度就越高，但由于供电回路设备都有一定的泄漏电流，容易造成保护器经常性误动作，或不能投入运行，破坏供电的可靠性。

3）漏电保护器的安装

（1）漏电保护器应安装在进户线截面较小的配电盘上或照明配电箱内。安装在电度表之后，熔断器（或胶盖刀闸）之前。对于电磁式漏电保护器，也可装于熔断器之后。

（2）所有照明线路导线（包括中性线在内），均需通过漏电保护器，且中性线必须与地绝缘。

（3）电源进线必须接在漏电保护器的正上方，即外壳上标有"电源"或"进线"端；出线均接在下方，即标有"负荷"或"出线"端。倘若把进线、出线接反了，将会导致保护器动作后烧毁线圈或影响保护器的接通、分断能力。

（4）安装漏电保护器后，不能拆除熔体。

（5）漏电保护器安装后若是始终合不上闸，说明用户线路对地漏电超过了额定漏电动作电流值，应该对线路进行整修，合格后才能送电。安装后漏电保护器应先带负荷分、合开关3次，不得出现误动作；再用试验按钮试验 3 次，应能正确动作（即自动跳闸，负荷断电）。按动试验按钮时间不要太长，以免烧坏保护器，然后用试验电阻接地试验一次，应能正确动作，自动切断负荷端的电源。方法是：取一只 7 kΩ（220 V/30 mA＝7.3 kΩ）的试验电阻，一端接漏电保护器的相线输出端，另一端接触一下良好的接地装置（如水管），保护器应立即动作，否则，此保护器为不合格产品，不能使用。严禁用相线（火线）直接碰触接地装置试验。

（6）运行中的漏电保护器，每月至少用试验按钮试验一次，以检查保护器的动作性能是否正常。

4）使用注意事项

（1）漏电保护器的保护范围应是独立回路，不能与其他线路有电气上的连接。一台漏电保护器容量不够时，不能两台并联使用，应选用容量符合要求的漏电保护器。

（2）安装漏电保护器后，不能撤掉或降低对线路、设备的接地或接零保护要求及措施，安装时应注意区分线路的工作零线和保护零线。工作零线应接入漏电保护器，并应穿过漏电保护器的零序电流互感器。经过漏电保护器的工作零线不得作为保护零线，不得重复接地或接设备的外壳。线路的保护零线不得接入漏电保护器。

（3）在潮湿、高温、金属占有系数大的场所及其他导电良好的场所，必须设置独立的漏电保护器，不得用一台漏电保护器同时保护两台以上的设备（或工具）。

（4）安装不带过电流保护的漏电保护器时，应另外安装过电流保护装置。采用熔断器作为短路保护时，熔断器的安秒特性与漏电保护器的通断能力应满足选择性要求。

（5）安装时应按产品上所标示的电源端和负荷端接线，不能接反。使用前应操作试验按钮，看是否能正常动作，经试验正常后方可投入使用。

（6）有漏电动作后，应查明原因并予以排除，然后按试验按钮，正常动作后方可使用。

3.4　常用低压电器的故障分析与检修

低压电器，由于长期使用或存放、使用不当，不可避免地会出现故障。首先要根据故障现象分析故障原因,其次要根据故障原因查找故障部位,然后排除故障。

3.4.1 常用低压电器的故障分析

从前面所学知识可知,大多数低压电器都是由电磁系统、触点系统和灭弧装置 3 部分组成的。下面分别加以讨论。

1) 电磁系统故障分析

电磁系统一般包括电磁线圈和铁芯。它们产生的故障现象主要表现在不动作、吸合不良、机械振动或有较大的噪声。

(1) 电磁线开路:这是低压电器最常见的故障。

① 故障现象:通电后该动作的电器不动作。

② 故障原因:线圈因长期存放受潮霉断或在使用中被电流烧断。

③ 检查与排除方法:可用万用表测量线圈两端的电阻,若电阻趋近于无穷大,则表明线圈已断路。拆开线圈,若线圈没有发霉或烧糊现象,可检查线圈连接处的焊点,一般是线圈发热产生了脱焊,重新焊接即可排除。若焊接点良好,只有重绕新线或整体更换线圈。

(2) 电磁线短路:电磁线短路的故障在低压电器中较为常见,它包括匝间短路和对地(对铁芯)短路两种。

① 故障现象:衔铁不能被吸合或吸合不良,并伴有较强烈的振动。

② 故障原因:可能是线圈受大电流冲击,发高热损坏了漆包线绝缘层;也可能因机械损伤导致部分漆包线绝缘层损坏;也可能因线圈严重受潮,降低绝缘性能,通电时被电压击穿短路。

③ 检查与排除方法:对地(铁芯)用测电笔检查铁芯是否带电,若带电,则应仔细检查电磁线的绝缘层,对破损部位进行绝缘处理;也可以用万用表测量线圈的一端对铁芯电阻进行判断。对线圈匝间的短路,用万用表测得的电阻与理论值进行比较,若比理论值小得较多,一般存在匝间短路,需更换。

(3) 动、静铁芯结合面不平整或衔铁歪斜

① 故障现象:铁芯吸合不良,发生较强的振动和噪声。

② 故障原因:铁芯结合面上有锈斑、油污或氧化物,引起吸合面接触不紧密而振动,发出噪声;或是动、静铁芯吸合时,多次撞击,发生变形和磨损。对这类故障,应立即处理,否则由于吸合面接触不良减小电磁线圈交流阻抗,使电流增大,线圈过热甚至烧毁。

③ 检查与排除方法:铁芯结合面有锈斑、油污或氧化物,只要清除即可。如果铁芯结合面凸凹不平或歪斜不严重,可进行修理校正,严重变形或歪斜,只有更换。

(4) 机械传动部分

① 故障现象:机械传动部分造成衔铁吸合不良,产生振动和噪声。

② 故障原因:动铁芯或其他传动部分因机械阻力发生阻滞与卡塞、触点弹簧压力过大,使动铁芯吸合受阻,造成衔铁吸合不良;有短路环的低压电器在工作时,动、静铁芯多次吸合撞击,短路环可能发生断裂或从铁芯上脱出,不能减振,使电器的振动和噪声变大。

③ 检查与排除方法:对机械部分有变形或磨损严重的元件,应更换,排除传动机构的阻碍因素,调换压力较小的触点压力弹簧,并通电试验,直至传动部分灵活、动作自如为止;对短路环的断裂,可进行修复,一般损坏部位发生在铁芯槽外的转角部分和槽口部分,可焊牢断口,再用粘合剂粘牢在铁芯上;对从铁芯上易脱出的短路环,可用钢锯刮毛槽壁,用粘合剂粘牢。

2) 触点系统故障分析

触点系统故障主要表现在熔焊和磨损两方面。

(1) 触点熔焊

① 故障现象：动、静触点之间发热而使触点表面氧化、歪斜，甚至熔化，将两者焊接在一起且不能分断，造成振动、噪声或者不动作。

② 故障原因

• 由于长期使用、多次开合、电弧高温等原因，触点和触点压力弹簧会退火、疲劳、变形、弹性减弱或失去弹性，造成触点压力不足，接触电阻增大、触点温度升高。在触点多次开合撞击下，发生磨损，使厚度变薄，接触部位歪斜，机械强度变差；触点之间不断产生短电弧，其温度高达 3 000～6 000 ℃，如果时间稍长，即可把触点烧伤或熔化，并使动、静触点熔合。

• 触点接触面有氧化层或污物，增大了触点之间的接触电阻。

• 线路电流太大，超过触点额定容量 10 倍左右。

• 触点压力弹簧严重疲劳或损坏，使触点压力减小，无法分断所致。

③ 检查与排除方法

• 接触部位歪斜、烧毛和有氧化物的触点，检修时，只需用电工刀或细纹锉刀清除毛刺即可。注意：锉削要适度，如果锉削过多，会影响使用寿命；在清除毛刺或氧化物时，不要把接触面修整得过于光滑；一般不用砂纸或砂布，否则在摩擦过程中有砂粒嵌进触点表面，表面太光滑会增大接触电阻。

• 对于银或银合金制成的触点，氧化层可不必除去，因为银和银的氧化物电阻率相近，何况银的氧化物遇热时可还原成银。但对铜触点，较厚的氧化层则应除去。如果接触面有油污或尘垢，可用溶剂清洗擦干。

• 检查弹簧的压力，若弹簧压力不够应调整。检查的方法，可将 0.1 mm 厚、宽度比触点稍宽的纸条，夹在闭合的动、静触点之间，向上拉动纸条，在正常情况，对于小容量电器，稍用点力，纸条应能被完整拉出；对较大容量的电器，纸条拉出时应有撕裂现象。如果纸条轻易被拉出，说明触点压力太小；如果纸条一拉就断，则触点压力过大。如果系触点磨损过度或触点压力弹簧失去弹性，调整后仍达不到要求时，应更换触点或弹簧。

• 若低压电器满足不了线路载流量的要求，应更换触点容量大的电器；若电器本身与线路载流量配套正确，是电路本身故障造成电流增大，应设法检修电路和设备。

(2) 触点磨损

① 故障现象：动、静触点之间接触不良。

② 故障原因：包括电磨损和机械磨损两种。电磨损是指由于触点之间电弧的烧蚀、金属气化蒸发使触点耗损；机械磨损是指触点在多次开合中受到撞击，在触点的接触面间产生滑动摩擦所造成的磨损。

③ 检查与排除方法：若触点磨损不太严重，还可将就使用。若表面出现较严重的不平，可用与前述排除触点烧毛故障相同的方法修理。若因磨损使触点厚度减小到原有厚度的 1/2～2/3 时，就应当更换新触点，并先查明触点消耗过快的原因。

3) 灭弧装置

(1) 故障现象：表现为灭弧性能降低或失去灭弧功能。

(2) 故障原因：造成这种故障的可能原因是灭弧罩受潮、碳化或破碎，磁吹线圈局部短路，或灭弧栅片脱落等。

（3）检查与排除方法：检查时,可贴近电器倾听触点分断时的声音。如有软弱无力的
"卜、卜"声,则是灭弧时间延长的现象,可拆开灭弧装置检查。若灭弧罩受潮,可用烘烤驱除潮
气;若灭弧罩碳化,轻者可刮除碳化层,严重时应更换灭弧罩;若磁吹线圈短路,可按线圈短路
故障进行检修;若灭弧角或灭弧栅片脱落,可以重新固定;若灭弧栅片烧坏,应更换。

3.4.2 常用低压电器的故障检修

1）自动空气开关故障检修

自动空气开关是最容易出现故障的低压电器,在检修时要理解各种故障现象所发生的部位,
才能达到事半功倍的效果。自动空气开关的故障现象及所对应的故障部位如表 3-14 所示。

表 3-14 自动空气开关的故障现象及所对应的故障部位

故障现象	故障部位	故障检修
手动操作不能合闸	失压脱扣器线圈开路 脱扣机构动作欠灵活 线圈引线接触不良 贮能弹簧变形或线路无电	用万用表检查失压脱扣器线圈与线圈引线 更换或修理贮能弹簧 检测线路上有无额定电压
电动操作不能合闸	操作电源不合要求 电磁铁损坏或行程不够 操作电动机损坏或电动机定位开关失灵	调整或更换操作电源 修理电磁铁或调整电磁铁拉杆行程 排除操作电动机故障或修理电动机定位开关
失压脱扣器不能使自动开关分闸	弹簧反作用力太大或贮能弹簧作用力太小 传动机构卡死,不能动作	调整更换有关弹簧 检查传动机构,排除卡塞故障
启动电动机时自动掉闸	过载脱扣装置瞬时动作整定电流调得太小	重新调大
工作一段时间后自动掉闸	过载脱扣装置长延时整定值调得太短 可能是热元件或延时电路元件损坏	重调 检查更换
触点动作不同步	某相触点传动机构损坏或失灵	检查调整该触点的传动机构
辅助触点不能闭合	动触点桥卡死或脱出 传动机构卡死或损坏	检修动触点桥或动触点传动机械

2）热继电器故障检修

热继电器也是容易发生故障的低压电器,其故障现象主要是不动作和误动作。热继电器
的故障现象及所对应的故障部位如表 3-15 所示。

表 3-15 热继电器的故障现象及所对应的故障部位

故障现象	故障部位	故障检修
热继电器不动作	电流整定值调得过大 热元件烧断或脱焊 动作机构卡死或脱落	根据负载容量恰当调整整定电流 检修热元件或动作机构
热继电器误动作	电流整定值调得过小,热继电器与负载不配套 电动机启动时间过长或连续启动次数太多 线路或负载漏电、短路 热继电器受强烈冲击或振动等	查明原因,合理调整整定电流,或调换与负载配套的热继电器 若系电动机或线路故障,应检修电动机和供电线路 环境振动过大,应配用有防振装置的热继电器

3）交流接触器故障检修

交流接触器的故障类型较多,在检修时,要仔细区分。交流接触器的故障现象及所对应的故障部位如表 3-16 所示。

表 3-16　交流接触器的故障现象及所对应的故障部位

故 障 现 象	故 障 部 位	故 障 检 修
振动声音大	触点之间电弧的烧蚀 多次开合中受到撞击、变形 触点的接触面间有氧化物	用电工刀或细纹锉刀清除氧化物 　若因磨损使触点厚度减小到原有厚度的 1/2～2/3 时,就应当更换新触点,并先查明触点消耗过快的原因
一相线主触点 不能闭合	某一相主触点损坏、接触不良 连接螺钉、卡簧松脱	由于动作时只有两相主触点闭合送电,缺相运行,这样很容易烧坏电动机,应立即断电,检修有故障的主触点
相间短路	多发生在用两个交流接触器控制电动机做可逆运转的电路上,联锁电路有故障,动作失灵或误动作,使两只交流接触器同时吸合,即发生相间短路,如果电路保护装置反应迟,故障电流可迅速将触点烧毁、线路烧坏,造成严重后果 　电动机在正反转中由于切换时间太短,动作过快,使相间拉电弧造成短路	可采用在控制线路上加装按钮或辅助触点双重联锁进行保护 　选用动作时间长的交流接触器,以延长正反转的切换时间
通电后不动作	电磁线圈开路或与线圈电源接触不良 启动按钮动合触点接触不良 动触点传动机构卡死,转轴生锈或歪斜	可按低压电器零部件故障排除法检修 应修理启动按钮 应修理传动机构

4）空气阻尼式时间继电器故障检修

空气阻尼式时间继电器的故障现象及所对应的故障部位如表 3-17 所示。

表 3-17　空气阻尼式时间继电器的故障现象及所对应的故障部位

故 障 现 象	故 障 部 位	故 障 检 修
延时时间自行加长	气室不清洁,空气通道不通畅,气流被阻滞	清洁气室和空气通道
自行缩短或不能延时	气室密封不严 橡皮膜漏气	改善气室的密封程度 更换橡皮膜

3.5　实　训

3.5.1　常用继电器的拆装与检测

1）实训目的

熟悉常用继电器(热继电器、速度继电器、时间继电器)的基本结构、拆装及检测。

2）实训器材

大螺钉旋具、小螺钉旋具、钢丝钳、尖嘴钳、活动扳手、万用表、热继电器、速度继电器和时间继电器等。

3）实训步骤

（1）在教师的指导下进行继电器的拆装。

（2）在教师的指导下认识继电器中的主要部件。

（3）在教师的指导下对继电器的各部分进行检测。

4）实训报告

根据所做实训内容，填写表 3-18。

表 3-18　继电器的拆装与检测

名称	型号	规格	功能	拆卸步骤	主要部件	检测
热继电器						
速度继电器						
时间继电器						

3.5.2　交流接触器的拆装与检测

1）实训目的

熟悉交流接触器的基本结构、拆装及检测。

2）实训器材

大螺钉旋具、小螺钉旋具、钢丝钳、尖嘴钳、活动扳手、万用表、交流接触器等。

3）实训步骤

（1）在教师的指导下进行交流接触器的拆装。

（2）在教师的指导下认识交流接触器中的主要部件。

（3）在教师的指导下对交流接触器的各部分进行检测。

4）实训报告

根据所做实训内容，填写表 3-19。

表 3-19　交流接触器的拆装与检测

型号	规格	容量(A)	生产厂家	拆卸步骤	主要部件	检测
触点对数						
主	辅	动合	动断			
触点电阻						
动作前	动作后	动作前	动作后			
电磁线圈						
线径	匝数	工作电压	直流电阻			

习题 3

(1) 常用线材有哪几种？其用途有哪些？

(2) 常用聚氯乙烯绝缘电线的主要性能参数有哪些？

(3) 陶瓷、云母、绝缘漆、环氧树脂和硅胶有哪些作用？

(4) 软磁性材料有哪些？各有什么特点？

(5) 粘合剂的作用是什么？

(6) 简述常用的几种熔断器的基本结构及各部分的作用。

(7) 控制按钮的作用是什么？它主要由哪几部分组成？

(8) 试述怎样根据线路负荷选用熔断器。

(9) 简述交流接触器的选用原则。

(10) 为什么热继电器不能对电路进行短路保护？

(11) 位置开关主要由哪几部分组成？它是怎样控制生产机械行程的？

(12) 低压电器中"灭弧装置"损坏,有哪种故障现象？怎样维修？

4 维修电工的基本操作技能

[主要内容与要求]

(1) 电工用图是用规定的图形符号、带注释的框图或简化外形来说明系统或设备中各组成部分之间相互关系及其连接关系,同时规定了图纸的代号、线条的画法。

(2) 电工用图的图形符号和文字符号是国家标准局参照 IEC 规定而制定的。

(3) 电工读图要掌握读图的基本知识和读图的步骤,并要掌握分析方法。

(4) 电工用图主要有系统图、电器控制原理图和电器接线图。

(5) 导线的连接包括导线的剖削、各种连接方式、接头的封端和绝缘层的恢复。

(6) 焊接方式有电烙铁焊接和手工电弧焊接,掌握焊接方法和注意事项。

(7) 紧固件的埋设有预埋法和打孔埋设法。

电工用图是指电路和电气设备的设计、安装、调试和维修中常用的设计文件和工艺文件。掌握电工用图,是检修电工的基本技能。

4.1 电工用图的绘制标准

电工用图是用规定的图形符号、带注释的框图或简化外形来说明系统或设备中各组成部分之间相互关系及其连接关系。在国家标准中属于简图的图种。电工常用的电气图有系统图(或框图)、电路图和接线图(或接线表)。

4.1.1 电工用图的要求

1) 图纸的代号

国家标准 GB/T 14689—93《技术图纸》,规定了电工用图分为 5 种,即:0 号、1 号、2 号、3 号和 4 号,它们分别用 A0、A1、A2、A3 和 A4 表示。代号及幅度尺寸如表 4-1 所示。

表 4-1　图纸代号及幅度尺寸　　　　　　　　　　　　　　　mm

代　号	A0	A1	A2	A3	A4
种　类	0 号	1 号	2 号	3 号	4 号
宽×长	841×1 189	594×841	420×594	279×420	210×297
边　宽	10			5	
装订边宽	25				

少数情况下,可根据规定加大幅面。

2) 图纸的格式

图纸的格式如图 4-1 所示。

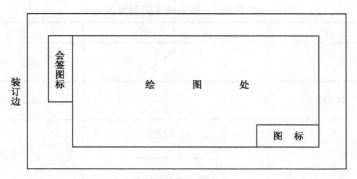

图 4-1 图纸的格式

（1）图标：又称为标题栏，一般在图纸的右下角，主要标注图名，图号，工程名称，设计单位，设计、制图及描图者，审核及批准人，还有绘画比例、绘图单位、日期等。

（2）会签图标：一般位于左上角绘画处外侧，主要标注各相关专业的设计人员会审的签名与日期。

3）图纸的画法

（1）比例：是指图样中图形尺寸和实物尺寸之比。电工图纸规定比例为 1:10、1:20、1:50、1:100、1:200、1:500 等系列，有时要画制与实物相同大小或放大的图纸，也可用 1:1 或 10:1 的比例。

（2）图线：电气图常用的线型有实线、虚线、点划线和双点划线。线宽有 0.2 mm、0.35 mm、0.5 mm、0.7 mm、1.0 mm 和 1.4 mm 等，通常图纸中只选粗线和细线两种，但有时也用 3 种。常用线型的代号与含义如表 4-2 所示。

表 4-2 常用线型的代号与含义

线　型	代　号	含　　义
粗实线	A	可见导线与轮廓线，主要表示主回路
细实线	B	可见导线与轮廓线，主要表示控制回路和一般线路
虚　线	F	主要用作辅助线、屏蔽线和机械连接线，也可表示不可见导线与轮廓线以及计划扩展内容等用线
点划线	G	常用作分界线、结构框线、功能与分组围框线
双点划线	K	常用作辅助围框线

（3）箭头：箭头在图纸中往往表示信号的流向和必要的注释，可分为实心箭头和开口箭头，其含义如表 4-3 所示。

表 4-3 箭头的含义

箭头	图　例	含　　义
实心箭头	———➤	主要表示可变物理量、力或运动方向，也可表示指引线方向
开口箭头	———➢	电气能量、电气信号的传递方向

（4）指引线：在电气图中用来注释某一元器件或某一部分的指向线，统称为指引线，其类型与含义如表 4-4 所示。

表 4-4　指引线类型与含义

类　　型	图　　例	含　　义
带黑点的指引线	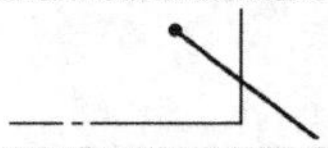	表示在轮廓线以内
带实心箭头的指引线	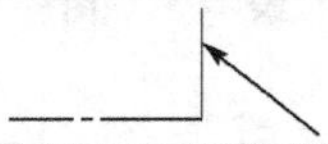	表示在轮廓线上
带短线的指引线	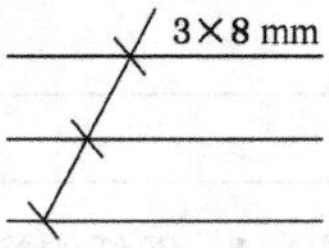 3×8 mm	表示在回路线上

4.1.2　常用电器的图形符号与文字符号

电工用图是电气工程技术的通用语言。为了便于信息交流与沟通,在电工用图的控制电路中,各种电器元件的图形符号和文字符号必须统一,即符合国家强制执行的国家标准。我国为了便于与国际接轨,国家标准局参照 IEC(国际电工委员会)有关文件,颁布了 GB 4728—84《电气图用图形符号》和 GB 6988《电气制图》及 GB 7159—87《电气技术文字符号制订通则》,规定从 1990 年 1 月 1 日施行。因此,电气控制线路中的图形和文字符号必须符合国家标准。

表 4-5 列出了部分常用电器的图形与文字符号,表 4-6 列出了辅助文字符号,更详细的可查阅国家标准。

表 4-5　常用电器的图形与文字符号

类　别	名　称	文字符号	图形符号	类别	名　称	文字符号	图形符号
开关	单极控制开关	SA	 或	位置开关	常开触头	SQ	
	手动开关	SA	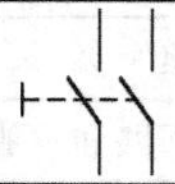		常闭触头	SQ	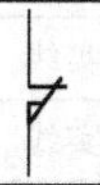
	三极控制开关	QS	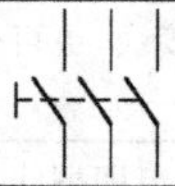		复合触头	SQ	
	三极隔离开关	QS	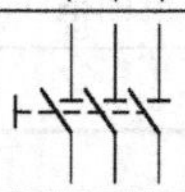		常开按钮	SB	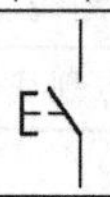 E-\
	三极负荷开关	QS	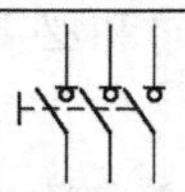	控制按钮	常闭按钮	SB	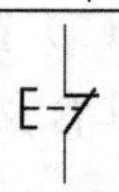 E-7
	组合旋钮开关	QS	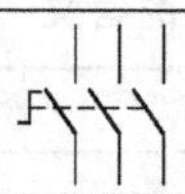		复合按钮	SB	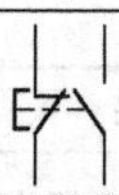
	低压断路器	QF	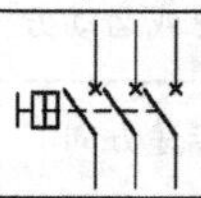		急停按钮	SB	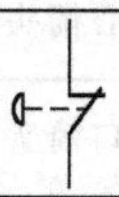
	控制器或操作开关	SA	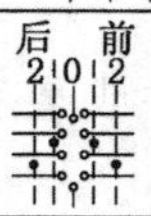 后　前 2 1 0 1 2		钥匙操作式按钮	SB	

类 别	名 称	文字符号	图形符号	类 别	名 称	文字符号	图形符号
接触器	线圈操作器件	KM		电流继电器	过电流线圈	KA	$I>$
	常开主触头	KM			欠电流线圈	KA	$I<$
	常开辅助触头	KM			常开触头	KA	
	常闭辅助触头	KM			常闭触头	KA	
热继电器	热元件	FR		非电量控制继电器	速度继电器	KS	n
	常闭触头	FR			压力继电器	KP	p
时间继电器	通电延时(缓吸)线圈	KT		电压继电器	过电压线圈	KV	$U>$
	断时延时(缓放)线圈	KT			欠电压线圈	KV	$U<$
	瞬时闭合式常开触头	KT			常开触头	KV	
	瞬时断开式常闭触头	KT			常闭触头	KV	
	延时闭合式常开触头	KT	或	发电机	发电机	G	G
	延时断开式常闭触头	KT	或		直流测速发电机	TG	TG
	延时闭合式常闭触头	KT	或	变压器	单相变压器	TG	
	延时断开式常开触头	KT	或		三相变压器	TM	

类　别	名　称	文字符号	图形符号	类　别	名　称	文字符号	图形符号
中间继电器	线　圈	KA		互感器	电流互感器	TA	
	常开触头	KA			电压互感器	TV	
	常闭触头	KA		灯	信号灯（指示灯）	EL	
熔断器	熔断器	FU			照明灯	FL	
电磁操作器	电磁铁	YA	或	电动机	三相笼形异步电动机	M	
	电磁吸盘	YH			三相绕线转子异步电动机	M	
	电磁离合器	YC			他励式直流电动机	M	
	电磁制动器	YB			并励直流电动机	M	
	电磁阀	YV			串励直流电机动	M	
接插器	插头与插座	EL	或	电抗器	电抗器	L	

表 4-6　电气线路常用辅助文字符号

名　称	新符号	旧　符　号		名　称	新符号	旧　符　号	
		单符号	多符号			单符号	多符号
高	H	G	G	直流	DC	ZL	Z
低	L	D	D	交流	AC	JL	Y
升	U	S	S	电流	A	L	L
降	D	J	J	时间	T	S	S
主	M	Z	Z	闭合	ON	BH	B
辅	AUX	F	F	断开	OFF	DK	D

| 名 称 | 新符号 | 旧 符 号 | | 名 称 | 新符号 | 旧 符 号 | |
		单符号	多符号			单符号	多符号
中	M	Z	Z	附加	ADD	F	F
正	FW	Z	Z	异步	ASY	Y	Y
反	R	F	F	同步	SYN	T	T
红	RD	H	H	自动	AUT	Z	Z
绿	GN	L	L	手动	MAN	S	S
黄	YF	U	U	启动	ST	Q	Q
白	WH	B	B	停止	STP	T	T
蓝	BL	A	A	控制	C	K	K
				信号	S	X	X

4.2 电工用图的识读

电工用图种类很多,通常有电气原理图、电气安装图、电气系统图、方框图、展开接线图、电器元件平面布置图或系统图。本节着重讨论电气图。

常用的电气图通常分为 3 类,即系统图、电路图和接线图。

系统图用于表示系统、分系统、成套装置或电气设备主回路的组成及其连接方式等,只提供了解对象的组成概况、相互关系和主要特征。

电路图过去常称原理图或原理接线图,它是按工作顺序排列,用图形符号表示电路、设备或成套装置的全部组成和各个回路的动作原理及其连接关系,是按照各个回路的动作原理用展开的方式绘制出来的。

接线图表示各组成单元的相对位置和接线位置及成套设备或装置的连接关系。

4.2.1 识读电工用图的基本原则

识读电工用图,要求在弄清电气制图的规则,熟悉电气图中的常用符号、文字符号和项目代号以及电气图的构成、特点和接线方式后,就可根据元件结构和工作原理、电路的工作原理和绘制特点来进行。

1) 识图的基本知识

(1) 结合电工基础知识:电工用图是根据电工要求绘制而成,没有电工知识做保证,是不可能读懂的。如电工中各种电路的串、并联设计及计算,电力拖动中常用的笼形异步电动机的正、反转控制,Y-△启动等,都是电工的基础。

(2) 结合电器元件的结构和工作原理:电工用图由各种元器件、设备、装置组成,如果对各种元器件、设备、装置的运行不清楚,那就无从谈起。如对于控制开关、时间继电器要了解其动作原理(如时间继电器的延时闭合或延时断开)及相互关系,才能弄清楚什么时候工作在什么状态,才能识图。

(3) 结合典型电路:典型电路和基本电路是识图的基础,不管多么复杂的电工用图,总是由这些基本单元组成。如电力拖动系统尽管很复杂,但电路中的启动、制动、正反转控制电路,都是基本电路,而整流、放大、振荡等电路,则是典型电路。

（4）结合电气图的绘制特点：电工用图是根据一定的规律绘制的，掌握电气图的主要特点及绘制电气图的一般规则以及主辅电路的位置、电气触头的画法、电气图与其他专业技术图的关系等，对识图是大有帮助的。

2）识图的过程

尽管各种电气项目类别（如供配电、电力拖动、电子技术等）及其规模大小不同，电气图的种类及数量很多，但基本的读图方法是相同的。

（1）看标题栏和技术说明：看标题栏和技术说明有助于抓住识图的重点内容。

（2）看电源与负载：弄清由什么样的电源输入，最终控制的负载是什么，有助于了解主电路和辅助电路。看主电路时，一般是由上向下即由电源经开关设备及导线向负载方向看；看辅助电路时，则从上向下、从左向右（少数也有从右向左的），即先看电源，再依次看各个回路，分析各辅电路对主电路的控制、保护、测量、指示、监测功能以及组成和工作原理。

（3）看安装接线图：同样是先看主电路，再看辅助电路。看主电路时，从电源引入端开始，顺序经开关设备、线路到负载（用电设备）；看辅助电路时，从电源的一端到另一端，按元件连接顺序依次对回路进行分析。

安装接线图是由原理接线图绘制而来的，因此，看安装接线图时，要结合原理图，同样，看原理图也要结合接线图。如对各回路标号、端子板（排）上内外电路的连接等的分析，无疑对理解原理图也极为有用的。

总之，要看懂电工用图，除了需要大量的电工知识外，还要有较多的模拟电路、数字电路的知识，随着技术的发展，现在更是融入大量的单片机控制系统和自动化知识，因此只有不断地学习、反复地实践，才能全面地掌握好识图知识。

4.2.2 系统图的识读

系统图（有时用框图）是大型工程中必不可少的电工用图，它是用符号或带注释的围框，概略地表示系统或分系统的基本组成、相互关系及主要特征的一种简图。从系统图能概要了解整个工程的设计内容和总体结构。

如图 4-2 所示为某工厂的供电系统图。由 10 kV 变压装置和用电车间组成。图中：

PL1 为 10 kV 的配电所；

PL2 为 220/380 V 配电柜；

PL3 为用电配电板；

PB1 为 10 kV 的汇流母线；

PB2 为 220/380 V 汇流母线；

T1、T2 为变压设备。

10 kV 的电源取自区域配电所，由 10 kV 配电装置 PL1、10 kV 汇流母线 PB1，降压变压器 T1、T2 和 220/380 V 汇流母线以及用电车间组成，在车间中还有 220/380 V 的用户配电装置 PL3 进行控制。但系统图中没有表示电压的流程，只表示各组成部分的相互关系、主要特征和功能，而没有画出具体结构、各设备的型号、连

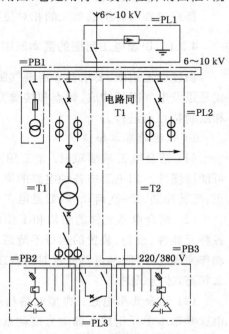

图 4-2 某厂的供电系统图

接方法以及安装位置。图中用围框(点划线)将各功能项目做了区分。

系统图(框图)在表示方法上都是用符号(以方框符号为主)或带有注释的围框来表示,但系统图一般用于表示系统或成套装置,而框图通常用于表示分系统、子系统或设备;系统图上的项目代号一般都是高层代号,而框图上一般是用种类代号。

所谓高层代号,是指系统或设备中任何较高层次(需给予代号的项目)项目的代号,如电力系统、变电所、电动机等。所谓种类代号,是指用以识别项目种类的代号,将各种不同的电子元器件、设备和装置,根据其结构和在电路中的作用来进行分类,相近的分为同一类,常用字母表示。

4.2.3 电气控制原理图的识读

电气控制原理图是根据电气控制系统的工作原理,采用电器元件展开的形式给出的,形式上概括了所有电器元件的导电部分和接线端子。电气控制原理图并非按电器元件的实际外形和位置来绘制,而是按控制中的作用画出的。

1) 识读电气控制原理图的步骤

(1) 找出关键控制器件:既然电气控制原理图是根据电气设备和电气元件按一定的控制要求绘制而成的,那么找到关键控制器件就变得十分重要。尽管电气控制设备的种类很多,但只要掌握了基本的控制设备(特别是常状态位置),绝大多数电路就可以分析了。

(2) 掌握典型电路:继电器、接触器的控制方式是电气控制,其电气控制是由各种触头电器如接触头器、继电器、按钮、开关等组成,它能实现电力拖动系统的启动、制动、反向、调速和保护等功能。尽管在现代化的控制系统中采用诸如 MP、MC、PC、晶闸管等新技术和新元件,但目前在我国工业生产中应用最广泛的基本环节仍是电气控制。任何复杂的控制系统或电路都是由一些比较简单的基本控制环节、保护环节根据不同控制要求连接而成,因此掌握和识读这些基本环节电路图非常必要。

(3) 找出主电路和辅助电路:主电路一般指交流电源和起拖动作用的电动机之间的电路,由电源开关、熔断器、热继电器的热元件、接触器的主触头、电动机以及其他按要求配置的启动电器等电气元件连接而成。主电路一般通过的电流较大,其结构形式和所使用的电气元件大同小异。辅助电路即常说的控制回路,其主要作用是通过主电路对电动机实施一系列预定的控制。辅助电路的结构和组成元件随控制要求的异同而变化,辅助回路中通过的电流一般较小(在 5 A 以下)。

(4) 根据绘制规则进行分析:电气原理图中电路可水平或垂直布置。水平布置时,电源线垂直画,其他电路水平画,控制电路中的耗能元件(如线圈、电磁铁、信号灯等)画在电路的最右边。垂直布置时,电源线路水平画,其他控制电路垂直画,控制电路中的耗能元件画在电路的最下端。另外,主电路和辅助电路是分开画的,不会交错。

2) 电气控制原理图识读举例

某机床的电气控制原理图如图 4-3 所示。现根据电气控制原理图识读步骤来进行分析。

(1) 找出关键控制器件:图 4-3 中的关键控制器件是接触 KM_1,同一元件的不同部分根据需要画在不同位置,同时以相同的文字符号标注。可动部分表示在非受激励或不工作状态。

(2) 掌握典型电路:图 4-3 中的典型电路是由急停按钮、接触器 KM_1、热继电器 FR 和线圈 9 组成。

(3) 找出主电路和辅助电路:主电路是交流电源和起拖动作用的电动机之间的电路,图

4-3中由三相电源 L_1、L_2、L_3 经电源开关 QS、熔断器 FU_1、接触器 KM_1 主触头、热继电器 FR 的热元件和三相笼形异步电动机 U_1 组成的强电流电路。当然另一条到 U_2 的电路也是主电路。辅助电路其实就是两条典型控制电路,也包括照明电路、信号电路等,主要是实现控制功能的弱电流部分。

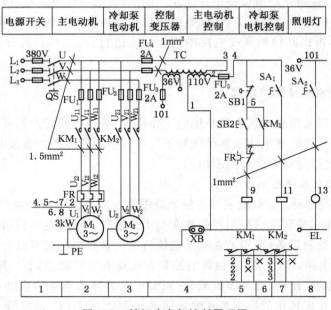

图 4-3　某机床电气控制原理图

（4）根据绘制规则进行分析：可知图 4-3 中电气控制是采用垂直布线,电源线水平引入,控制线路中的耗能元件（电磁线圈、指示灯）画在最下端。

当然,学会看电气控制图,需要反复练习,才能融会贯通。

4.2.4　识读电气接线图

电气接线图是用来表明电气设备各单元之间的接线关系,主要用于安装接线、线路检查、线路维护和故障处理,在生产现场得到广泛应用。

1）识读电气接线图的步骤

（1）要掌握电气接线图的各种标注。

（2）要掌握电气接线图绘制原则。

① 各电器元件的图形符号、文字符号等均与电气原理图一致。

② 外部单元同一电器的各部件画在一起,其布置基本符合电器实际情况。

③ 不在同一控制箱和同一配电屏上的各电器元件的连接是经接线端子板实现,电气互连关系以线束表示,连接导线应标明导线参数（数量、截面积、颜色等）,一般不标注实际走线途径。

④ 对于控制装置的外部连接线应在图上标明或用连接线表示清楚,并标明电源引入点。

2）电气接线图识图举例

某电气设备的电气接线图如图 4-4 所示。识图步骤如下：

（1）电源进线：三相电源接在元件安装板的 L_1、L_2、L_3 这 3 个接线端子板上,中线（1 mm² 黄绿线）接地。

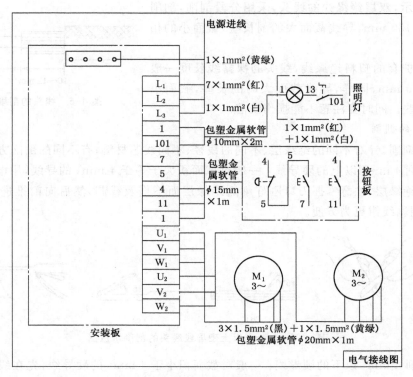

图 4-4　某电气设备接线图

（2）照明灯与按钮板接线：从元件安装板上的接线端子板序号用 1 mm² 的线接至照明灯与按钮板对应序号，并加装包塑金属软管，参数见标注。如 φ10 mm × 2 m，表示直径为 10 mm，长度为 2 m。

（3）电动机接线：元件安装板上的接线端子上的 U₁、V₁、W₁ 接至电动机 M₁ 的三相接线端，电动机的中线还需用 1.5 mm² 的黄绿线接地。同样连接 M₂。

要读懂电气接线图，关键是掌握电气接线图的绘制规则。不管多么复杂的接线图，都可以一部分一部分地分解，这样读电气接线图就容易多了。

4.3　导线的连接

导线的连接，是维修电工最基本的技能之一。在电气安装与线路维护工作中，因导线长度不够或线路有分支，通常需要在导线之间进行固定连接，另外，在导线终端要与配电箱或用电设备连接，这些都称为导线连接。

不同的使用环境需要有不同的连接方法，如铰接、焊接、压接、紧固螺钉连接等。

对导线连接的要求是：电接触性好，接头美观，机械强度强，且绝缘强度高，能够在有害气体长期腐蚀条件下使用。

4.3.1　导线绝缘层的剖削

1）线头的剖削标准

进行导线电气连接之前，必须将导线端部的绝缘层清理干净，即线头的剖削。剖削的标准如图 4-5 所示,双层绝缘线的线头,采用分段剖削,剖削长度为 50～150 mm,导线截面大的剖长些,截面小的相应剖短些。

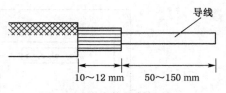

图 4-5　线头的剖削标准

对无保护套的塑料绝缘线,线头的裸露线长度一般也为 50～150 mm,同样,导线截面大的剖长些,截面小的相应剖短些。同时要注意不能损伤线芯。

2) 线头的剖削

对线头剖削,针对不同的绝缘层、不同的线径、不同线芯材料,有不同的剖削方法。

(1) 剖削 4 mm² 以上的硬导线:一般对截面积大于等于 4 mm² 的导线,用电工刀以 45°角切入塑料绝缘层,注意掌握刀口刚好削透绝缘层而不伤及线芯,然后向前推进,如图4-6所示。当然,用剥线钳更为方便。

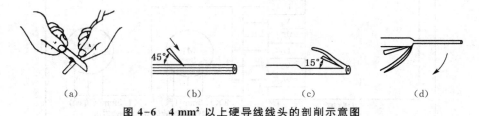

(a)　　　　　　(b)　　　　　　(c)　　　　　　(d)

图 4-6　4 mm² 以上硬导线线头的剖削示意图

(2) 剖削 4 mm² 以下的硬导线:一般对截面积小于 4 mm² 的硬导线,先在线头所需剥头的长度处,用钢丝钳或尖嘴钳的钳口轻轻地划破绝缘层,右手适当用力捏紧钳子头部,左手用力从钳口中抽出线芯,操作如图 4-7 所示。

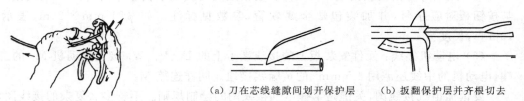

图 4-7　4 mm² 以下硬导线线头的剖削示意图　　　　(a) 刀在芯线缝隙间划开保护层　(b) 扳翻保护层并齐根切去

图 4-8　护导线线头的剖削示意图

(3) 剖削塑料护套线、花线或皮线:剖削塑料护套线的绝缘层时,应先用电工刀尖划开护套层,并将护套层向后扳翻,再用电工刀齐根切去。剖削花线、皮线的绝缘层时,先用电工刀切去棉纱或纤维编织层,再像剖削硬导线似的进行绝缘层剖削,其操作如图 4-8 所示。

(4) 剖削铅包护套线:剖削铅包护套线线头时,应先去除铅包层后再进行芯线绝缘层剖削操作。内部芯线绝缘层的剖削方法与塑料硬线绝缘层的剖削方法相同,其操作如图 4-9 所示。

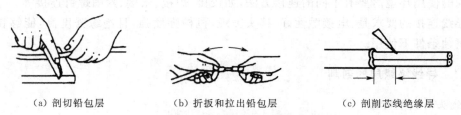

(a) 剖切铅包层　　　　　(b) 折扳和拉出铅包层　　　　　(c) 剖削芯线绝缘层

图 4-9　铅包护套线线头的剖削示意图

4.3.2 导线的连接方法

导线的连接方法很多,一般要根据导线的材料、线径和根数确定。如铜线的导电性能较好,不易氧化,可采用简单的缠绕法;铝线在空气中极易氧化,很容易出现接头质量缺陷,所以一般不采用直接缠绕法,而更多的是采用压接法和电阻焊法。

1) 铰接法

铰接法适合于截面积 6 mm² 以下的单股铜线连接。将剖削了绝缘层的 2 根铜导线,两头各距离 10 cm 处开始铰接,互相绞绕 3 圈,然后各线头在另一根线上紧密绕 5 圈,多余线头剪去。操作过程如图4-10所示。

2) 缠绕法

缠绕法适合于截面积 6 mm² 以上的单股铜线连接。将剖削了绝缘层的 2 根铜导线的端子用钳子略加压弯,使之合并,然后用直径 1.5 mm 的裸铜线缠绕在两铜线的并接处。缠绕长度为 60~90 mm(视线径而定),到导线端头,再绕 5 圈左右,如图 4-11 所示。

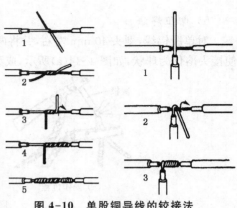

图 4-10 单股铜导线的铰接法

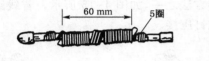 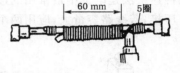

图 4-11 单股铜导线的缠绕法

3) 多股线缠绕法

如 7 股铜线,去掉绝缘层后成单股散开,距根部 1/3 处拧紧,然后两根线隔股交叉插到底部。将 7 股导线按根数 2、2、3 分为 3 组,第 1 组扳到垂直方向,按顺时针方向绕 2 圈,再扳成直角紧贴芯线,第 2、第 3 组依次完成。另一根导线也采用此法完成。绕好后,剪去多余毛刺。操作过程如图4-12所示。19 股线的缠绕方法也基本如此。

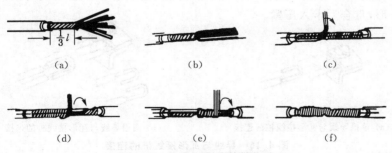

图 4-12 7 股铜导线的缠绕法

4) 管压法

一般单股铝线截面积在 10 mm² 以下的都用铝套管进行局部压接。剖削绝缘层 55 mm 左右,表面涂凡士林,将两头放入铝套管内进行压接,压接到极限位置,如图4-13所示。截面积 10 mm² 以上的单股线或多股线需用手动液压钳压接。

圆套管　椭圆套管

图 4-13　单股铝导线的压接法

5）电阻焊法

对单股铝线,剥头 40 mm 左右,并将两导线绞齐,用低电压(6~12 V)给炭极电阻焊焊机加热,使接头熔化为球状,如图 4-14(a)所示,成型后如图 4-14(b)所示。经冷却后形成牢固的连接。

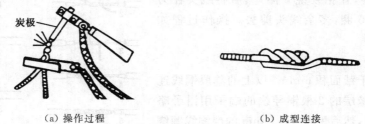

炭极

（a）操作过程　　　　　　　　　　（b）成型连接

图 4-14　电阻焊法

6）针孔接线桩连接法

针孔接线桩连接法是电工中最常用的连接方法之一,如图 4-15 所示。若线路容量小,可只用一个螺钉压接,若线路容量大,应用两个螺钉压接。

（a）针孔合适的连接　　　　（b）针孔过小的连接　　　　（c）针孔过大的连接

图 4-15　多股导线与针孔桩连接法

7）瓦形接线桩连接法

瓦形接线桩连接法也是电工中最常用的连接法之一,如图 4-16 所示。为了不使线头脱落,线头要去除绝缘层后弯成 U 形,卡入瓦形接线桩用螺钉拧紧。若需同时接两个线头,两线头都要做成 U 形,重合后卡入压紧。

（a）单根导线与瓦形接线桩的连接　　　（b）两根导线与瓦形接线桩的连接

图 4-16　导线与瓦形接线桩的连接

4.3.3　导线的封端与绝缘恢复

1）导线的封端

导线的封端是为了确保电气设备与导线线头接触良好且有一定的机械强度。除截面积

10 mm² 以下的单股铜线、2.5 mm² 的多股铜线和单股铝线外，其他线头的连接都需封端。

（1）压接法封端：将清洁过的导线端子插入到清洁的接线端子的线孔内，用压线钳压紧。对于铝线只能采用压接法，并且在线头的表面要涂上凡士林，如图 4-17 所示。

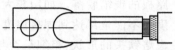

图 4-17　压接法封端示意图

（2）焊接法封端：将线端涂助焊剂，再上锡。接线端子的线孔内也加锡，用喷灯对端子加热，当端子孔内的锡熔化后，将涂锡的线头插入到接线端的线孔内继续加热，待焊锡完全熔化并渗透到了线缝中灌满接线孔，方可停止加热。

2）导线的绝缘恢复

导线的绝缘层被破坏或者连接后，绝缘层必须恢复，否则会产生不安全因素。

（1）绝缘胶带的种类：绝缘胶带主要有黄蜡带、涤纶薄膜带和黑胶带（俗称黑胶布）等几种。

（2）绝缘胶带的包裹方法：从完整的绝缘层距线头约 40 mm 处开始包裹，对 220 V 的电力线，不包或包一层黄蜡带，对 380 V 电力线，至少要包一层黄蜡带，然后再包黑胶带。包裹时，胶带应与导线成 55°角度，后一圈压住前一圈的 1/2，如图 4-18 所示。

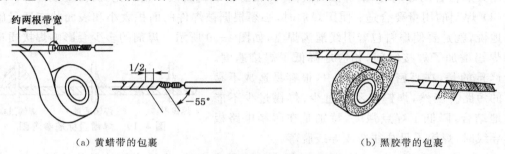

（a）黄蜡带的包裹　　　　　　　　　　　　　　（b）黑胶带的包裹

图 4-18　绝缘层的包裹方法

4.4　焊接工艺

在电气设备的维护与维修中，往往需要进行电气焊接，常用的焊接方法有电烙铁焊接和手工电弧焊接。

4.4.1　电烙铁焊接

电烙铁焊接主要是针对电气设备的控制元器件，一般包括电阻、电容、电感、晶闸管、半导体管及集成电路。

1）烙铁的选用

电烙铁有两种加热方式：内热式与外热式。由于加热方式不同，相同瓦数电烙铁的实际功率相差很大，一个 20 W 内热式电烙铁的实际功率，就相当于 25～45 W 外热式电烙铁的实际功率。选用电烙铁时首先要注意电烙铁的加热方式。

在手工焊接中，到底选用什么的电烙铁，完全根据所需焊接的工件和焊料来决定。

在焊接中，如果盲目选用电烙铁，不但不能保证焊接的质量，反而会损坏元器件或印制电路板。如焊接温度过低，焊料熔化较慢，焊点不光滑、不牢固，势必造成焊接强度及外观质量不合格。如焊接大功率管，使用的电烙铁功率较小，烙铁不能很快供上足够的热，因焊点达不到焊接温度而不得不延长烙铁停留时间,这样热量将传到整个三极管上并使管芯温度上升而损坏。如果焊接温度较高,则使过多的热量传送到被焊工件上面,造成元器件损坏,致使印制电路板的铜箔脱落。如用较大功率的电烙铁焊接较小的元器件,则很快使焊点局部达到焊接温度而不能全部达到焊接温度,势必要延长焊接时间而易损坏元器件。另外,选用电烙铁还要考虑烙铁头的形状、粗细是否与所焊工件相匹配,焊料的熔点是否与电烙铁的温度相匹配等。

2)焊接的要领

掌握焊接的要领,是做好焊接工作的基本条件。

(1)设计好焊点:合理的焊点形状,对保证锡焊的质量至关重要。印制电路板的焊点应为圆锥形,而导线之间的焊接则应将导线交织在一起,焊成长条形,以保证焊点足够的强度。

(2)掌握好焊接的时间:焊接的时间是随烙铁功率的大小和烙铁头的形状变化而变化的,也与被焊工件的大小有关。焊接时间一般规定 2~5 s,既不可太长,也不可太短。

(3)掌握好焊接的温度:在焊接时,为使被焊件达到适当的温度,并使固体焊料迅速熔化润湿,就要有足够的热量和温度。如果温度过低,焊锡流动性差,很容易凝固,形成虚焊;如果锡焊温度过高,焊锡流淌,焊点不易存锡,造成印制电路板上的焊盘脱落。特别值得注意的是,当使用天然松香助焊剂时,锡焊温度过高时,很容易氧化脱羧产生炭化,因而造成虚焊。

(4)焊剂的用量要合适:使用焊剂时,必须根据被焊件的面积大小和表面状态适量施用,具体地说,就是要使焊料包着引线灌满焊盘,如图 4-19 所示。焊剂的多少会影响焊接质量,过量的焊锡增加了焊接时间,相应地降低了焊接速度。更为严重的是,在高密度的电路中,很容易造成不易觉察的短路。当然,焊锡也不能过少,焊锡过少不能牢固地结合,降低了焊点强度,特别是在印制电路板上焊导线时,焊锡不足往往造成导线脱落。

图 4-19　焊锡量标准参考图

(5)焊接时不可施力:用烙铁头对焊点施力是有害的,烙铁头把热量传给焊点主要靠增加接触面积,用烙铁对焊点施力对加热是无用的,很多情况下会造成对焊件的损伤。例如电位器、开关、接插件的焊接点往往都是固定在塑料构件上,施力的结果容易造成元件变形、失效。

(6)焊接后的处理:焊接结束后,焊点的周围会留有一些残留的焊料和助焊剂,焊料易使电路短路,助焊剂有腐蚀性,若不及时清除,会腐蚀元器件或印制电路板,或破坏电路的绝缘性能。同时,还应检查电路是否有漏焊、虚焊、假焊或焊接不良的焊点,并可用镊子将有怀疑的元件拉一拉,摇一摇,看有无松动的元件。

3)焊接的步骤

焊接一般有 5 个步骤,又称为五步焊接法。一般初学者都必须从此方法开始训练。如图 4-20 所示。

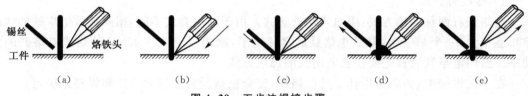

图 4-20　五步法焊接步骤

(1)准备施焊:准备好焊锡丝和烙铁,此时要特别强调的是烙铁头部要保持干净,即可以沾上焊锡(俗称吃锡)。左手拿焊锡丝,右手拿烙铁对准焊接部位,如图 4-20(a)所示。

（2）加热焊件：将烙铁头接触焊接点，注意首先要保持烙铁加热焊件各部分，例如元器件引线和印制电路板焊盘都要使之受热，其次要让烙铁头的扁平部分接触热容量较大的焊件，烙铁头的侧面或边缘部分接触热容量较小的焊件，以保持均匀受热，如图 4-20（b）所示。

（3）熔化焊料：当焊件加热到能熔化焊料的温度后将焊锡丝置于焊点，焊料开始熔化并润湿焊点，熔化焊料要适量，如图 4-20（c）所示。

（4）移开焊锡丝：当熔化一定量焊锡后将焊锡丝移开，如图 4-20（d）所示。

（5）移开烙铁：当焊锡完全润湿焊点后移开烙铁，注意移开烙铁的方向应该是大致 45°，如图 4-20（e）所示。

上述 5 步之间并没有严格的区分。要熟练掌握焊接的方法，必须经过大量的实践，特别是准确掌握各步骤所需的时间，对保证焊接质量至关重要。

4）焊点的质量要求

焊点的质量，应达到电接触性能良好、机械强度牢固和清洁美观，焊锡不能过多或过少，不能有搭焊、拉刺等现象，其中最关键的一点就是避免虚焊、假焊。因为假焊会使电路完全不通；而虚焊易使焊点成为有接触电阻的连接状态，产生不稳定状态。有些虚焊点在电路开始工作的一段较长时间内，保持接触良好，电路工作正常，但在温度、湿度和振动等环境条件下工作一段时间后，接触表面逐步被氧化，接触电阻渐渐变大，最后导致电路工作不正常。而且要对这种问题进行检查时，是十分困难的，往往要花费许多时间，降低工作效率，所以在进行手工焊接时，一定要了解清楚焊接的质量要求。

（1）电气性能良好：高质量的焊点应使焊料和金属工件表面形成牢固的合金层，才能保证良好的导电性能。简单地将焊料堆附在金属工件表面而形成虚焊，是焊接工作中的大忌。

（2）具有一定的机械强度：焊点的作用是连接两个或两个以上的元器件，并使电气接触良好。电子设备有时要工作在振动环境中，为使焊件不松动、不脱落，焊点必须具有一定的机械强度。锡铅焊料中的锡和铅的强度都比较低，有时在焊接较大和较重的元器件时，为了增加强度，可根据需要增加焊接面积，或将元器件引线、导线先行网绕、绞合、钩接在接点上再进行焊接。

（3）焊点上的焊料要合适：焊点上的焊料过少，不仅降低机械强度，而且由于表面氧化层逐渐加深，会导致焊点"早期"失效；焊点上的焊料过多，容易造成焊点桥连（短路），还会掩饰焊接缺陷。

（4）焊点表面应光亮且均匀：良好的焊点表面应光亮且色泽均匀，这主要是因为助焊剂中未完全挥发的树脂成分形成的薄膜覆盖在焊点表面，能防止焊点表面的氧化。如果使用了消光剂，则对焊接点的光泽不作为要求。

（5）焊点不应有毛刺、空隙：焊点表面存在毛刺、空隙，不仅不美观，还会给电子产品带来危害，尤其在高压电路部分，会产生尖端放电而损坏电子设备。

（6）焊点表面必须清洁：焊点表面的污垢，如果不及时清除，酸性物质会腐蚀元器件引线、焊点及印制电路，吸潮会造成漏电甚至短路燃烧。

以上是对焊点的质量要求，可用它作为检验焊点的标准。焊点的质量与焊料、焊剂、焊接工具、焊接工艺、焊点的清洗等有着直接的关系。

5）电烙铁的维护与维修

（1）电烙铁的维护

① 外表维护：电烙铁在使用时，要经常检查电源线及插头是否完好；检查电烙铁的螺丝是否紧固，若有松动的部件，应及时修复。

② 烙铁头维护：烙铁头要经常趁热上锡，如果发现烙铁头上有氧化物，在有余热时用破布等物将氧化层或污物擦除，并涂上焊剂（例如松香），随后立即通电，使烙铁头镀一层焊锡。

③ 整体维护：由于烙铁的加热器是由很细的电阻丝绕制在陶瓷材料上而制成的，易断裂，所以在使用过程中要轻拿轻放，决不可因烙铁头上粘锡太多而随意敲打。

（2）电烙铁的维修：电烙铁在使用过程中，经常会出现"电烙铁通电后不热"的故障。首先应用万用表 R×10 欧姆挡测量电烙铁插头的两端，如果万用表的表针指示接近 0，说明有短路故障。故障点大多为插头内短路，或者是防止电源引线转动的压线螺丝脱落，致使接在烙铁芯引线柱上的电源线断开而发生短路。当发现短路故障时，应及时处理，不能再次通电，以免烧坏保险丝。如果表针不动，说明有断路故障。当插头本身没有断路故障时，可卸下胶木柄，再用万用表测量烙铁芯的两根引线，如果表针仍不动，说明烙铁芯损坏，应更换新的烙铁芯。如果测量烙铁芯两根引线电阻值为几千欧，说明烙铁芯是好的，故障出在电源引线及插头上，多数故障为引线断路，插头中的接点断开。可进一步用万用表的 R×1 欧姆挡测量引线的电阻值，便可发现问题。

更换烙铁芯的方法是：将固定烙铁芯引线螺丝松开，将引线卸下，把烙铁芯从连接杆中取出，然后将新的同规格烙铁芯插入连接杆，将引线固定在固定螺丝上，并注意将烙铁芯多余引线头剪掉，以防止两根引线短路。

另外，也可能有"烙铁头带电"的故障，一般是由于电源线从烙铁芯接线螺丝上脱落后，又碰到了接地线的螺丝上，从而造成烙铁头带电；也可能是电源线错接在接地线的接线柱上，这种故障最容易造成触电事故，并损坏元器件，为此，要随时检查压线螺丝是否松动或丢失。如有丢失、损坏应及时配好或更换（压线螺丝的作用是防止电源引线在使用过程中由于拉伸、扭转而造成的引线头脱落）。

4.4.2 手工电弧焊接

在电气设备的安装中，对一些较大器材的焊接，不能使用电烙铁焊接，如焊接电线管道、横担、配电盘或其他金属构件，通常采用电弧焊接。

1）电焊机与电焊条

（1）电焊机：电焊机的外形如图 4-21 所示。其工作原理是：利用一台特殊的变压器将大电压小电流变换为低电压大电流，通过电焊条的电弧提供热量，使金属件熔化，同时用熔条做金属填充物，将两块金属融为一体。

电焊机分为交流电焊机和直流电焊机。其温度高低可以调节。对工艺要求高的焊接，需采用直流电焊机。

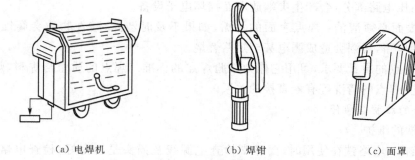

　　　（a）电焊机　　　　　　　（b）焊钳　　　　　　　（c）面罩

图 4-21　电焊机与配套设备

（2）电焊条：电焊条作为金属焊接的填充物，其熔点应低于被焊金属的熔点。电焊条的表面有一层固体助焊剂，可以帮助去除氧化层，使焊接可靠。在使用电弧焊接时，要注意电焊条的大小应小于工件的厚度，但也适中，大的工件需用大的电焊条，小的工件用小电焊条。原则上电焊条的直径约为工件厚度的 1/2 左右。

2）焊接方法

（1）工件的接头方式：根据工件的厚度和形状来确定工件的接头方式，如对接方式、T 形方式、角形方式以及搭接方式。

（2）焊接方式：根据工件的结构、形式、体积和所处的位置确定焊接方式，如平焊、立焊、横焊以及倒焊。

（3）划擦法焊接：将接通电源的焊条前端对准焊缝，轻轻扭动手腕，使焊条在焊件的表面划擦，使电焊条前端落入焊缝，提起电焊条 3～4 mm，即可引燃电弧。要注意的是电焊条与焊缝的距离（电弧长度）应保持在电焊条范围内，边焊接边顺着焊缝移动。

（4）接触法焊接：将接通电源的电焊条前端对准焊缝，使电焊条前端接触一下焊件的表面后，迅速提起电焊条 3～4 mm，引燃电弧，电焊条的电弧长度也相当于焊条直径的范围。

（5）焊接后整形：由于焊接过程中工件受热变形，会影响使用，所以焊接后有时需整形。对小型工件，可用手锤进行人工整形，大的工件有时需要采用机械整形。

3）电弧焊接注意事项

（1）电弧引燃后，将电弧稍微拉长，使焊件加热，然后缩短电焊条与焊件间的距离，电弧长度适合后才能开始运条。

（2）焊接时，电焊条要横向摆动，以扩大焊接面。

（3）焊接结束时，应在焊缝的终点处做小的圆周运动，待焊料填满焊缝后才能提起电焊条，结束焊接。

（4）若电焊条与工件粘在一起，用电焊钳不能左右扳动，则要等冷却后，用手扳下，而不能在焊接时借助外力扳下，那样容易发生伤亡事故。

（5）不允许在 5 m 内有可燃物（包括不明物）或 3 m 内有带电体的场所使用电焊，也不允许在 2 级以上风力的地方使用。

（6）操作人员在施焊前，必须穿好工作服，戴好面罩、脚盖和手套，在潮湿环境中要穿绝缘鞋。

（7）施工现场要有足够的消防器材。

4.5　电气设备紧固件的埋设

在安装电气设备时，常常会遇到要在墙壁或天花板上固定导线和电气设备的问题。如何去固定它们，最好的方法是预先埋设固定的紧固件，这样既安全，又美观。

根据需要固定的电气设备或导线的不同情况，埋设紧固件的方法也不同，如预埋紧固件、打孔埋设木榫、钻孔埋设膨胀螺栓等。

4.5.1　预埋紧固件

预埋紧固件就是配合建筑物的施工单位，在施工土建时，预先将电线或电气安装所需要的紧固件埋设在混凝土或墙砖内。如埋设穿墙导线护套管、角铁支架、拉线耳等。预埋紧固件如

图 4-22 所示。

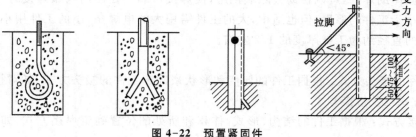

图 4-22　预置紧固件

4.5.2　打孔埋设紧固件

如果没有在建筑物墙砖内预置紧固件,在安装电线或电气设备时,需人工打孔埋设紧固件,如埋设钢支架、地脚螺栓或木榫。

具体方法和步骤如下:

1)埋钢支架

(1)画线确定位置,然后在确定位置上凿洞,洞的大小和深度由钢支架的形状来确定。

(2)混凝土墙用冲击锤打孔,墙砖凿洞要尽量放在砖缝处,且尽量不要损伤孔旁的砖块。

(3)埋设钢支架要用混凝土捣实,如图 4-23(a)所示。

2)埋设地脚与木榫

(1)画线确定位置,然后在确定位置上凿洞,洞的大小和深度由地脚形式来确定。

(2)在砖墙上的木榫孔应凿成矩形,并借助砖层结构的缝隙出孔,打在混凝土墙柱上的木榫孔应凿成圆形。

(3)木榫应略大于木榫孔 1~2 mm,孔深应大于木榫长度 5 mm。

(4)木榫栽装应与墙面垂直,不可歪斜,孔径的口、底应一致,切不可口大底小。

(5)木榫削制要求是:榫体粗细均匀,头部倒角削尖。

(6)将木榫头部放入榫孔,先用外向锤轻敲几下,使木榫与墙体垂直,紧松合适,否则需要更换木榫。安装时,木榫头部不能打烂,并且尾部与墙体平齐,不能突出或陷进太深,如图 4-23(b)所示。

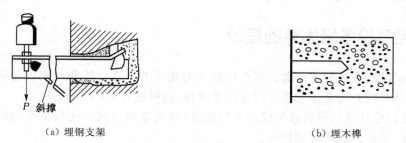

(a)埋钢支架　　　　　　　　　　　　　　　　(b)埋木榫

图 4-23　打孔埋设紧固件

安装膨胀螺栓是电气安装中最常用的方法之一。施工时,用冲击锤在需要安装的位置打孔,孔径大小要与膨胀螺栓的直径相同。将膨胀管打入孔内,再用扳手或螺丝刀拧紧,如图 4-24 所示。要注意的是膨胀螺栓的负荷要与安装设备相符。

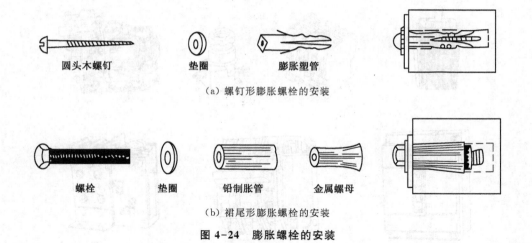

（a）螺钉形膨胀螺栓的安装

圆头木螺钉　　　垫圈　　　膨胀塑管

螺栓　　　垫圈　　　铅制胀管　　　金属螺母

（b）裙尾形膨胀螺栓的安装

图 4-24　膨胀螺栓的安装

4.6　实训

4.6.1　基本技能训练

1）实训目的

掌握各种基本技能操作。

2）实训器材

常用工具、导线、电缆、钢支架、木榫、冲击锤、烙铁等。

3）实训步骤

（1）用电工刀剖削塑料硬导线、塑料护套线、橡皮线、铅包线和电缆线。

（2）采用缠绕法、压接法连接单股线、多股线，并恢复绝缘层。

（3）采用五步法，用烙铁焊接元器件。

（4）进行手工电弧焊操作。

（5）埋钢支架和木榫。

4）实训报告

简述自己的操作失误。

4.6.2　常用电器判读和检测

1）实训目的

能辨认各种常用电器名称、型号、规格、图形和文字符号，并进行检测。

2）实训器材

开关、按钮、继电器、熔断器、电磁操作器、电动机、变压器、接插件和灯具等各种常用电器。

3）实训步骤

逐一对图 4-25 所示的每个常用电器辨认，读懂铭牌，并进行检测。

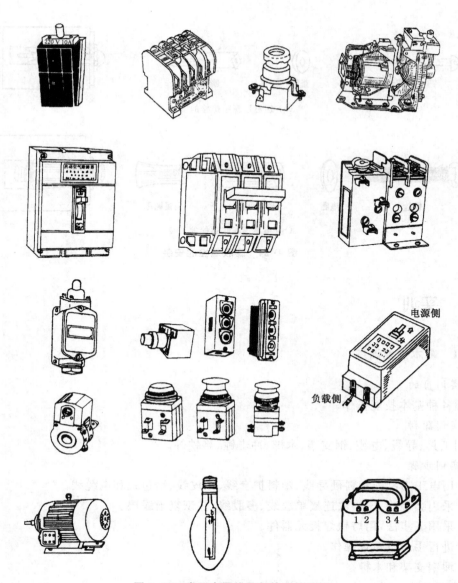

图 4-25 常用电器辨认与检测练习板

4) 实训报告

将常用电器的名称、规格、型号等按实训要求填入表 4-7。

表 4-7 实训结果

名　称	型　号	规　格	图　形	文字符号	检测方法

习题 4

（1）什么叫电气原理图？它有哪些特点？

（2）什么叫电气接线图？它有哪些特点？

（3）什么叫电气系统图？它有哪些特点？

（4）什么叫方框图？它有哪些特点？

（5）识读电工用图应遵循哪些原则？

（6）什么是主电路？什么是控制电路？

（7）如何根据焊接要求选择电烙铁？

（8）导线端头如何进行封端？

（9）试述五步法的焊接步骤。

（10）如何用电焊机进行焊接？用电焊机焊接应注意什么？

（11）怎样埋钢支架和木榫？

5　室内照明线路的安装与维修

[主要内容与要求]

(1) 掌握室内布线的要求与步骤。

(2) 室内布线有护套线布线、管线布线和绝缘子布线,各有不同特点和布线方法。

(3) 室内照明器材有灯具和插座。

(4) 电器照明线路的安装要了解电路的原理、导线的选择和安装的程序。

(5) 掌握白炽灯、日光灯和碘钨灯等以及插座、配线板和电能表的安装方法。

(6) 掌握电器照明电路和灯具的故障现象及其维修方法。

电气照明在人们的生活中必不可少,不同的场合有不同的照明装置和照明线路。室内布线和照明电器的安装是电工最基础的一项电工技能。电气照明线路的安装一般包括室内布线、照明灯具安装、配电板安装。

5.1　室内布线

室内布线要根据用电器的情况,合理确定布线方案。如布设配电柜(箱)、主线路、分线路、开关及用电器。要做到横平竖直、左零右相、简洁明快、安全可靠、美观经济。

5.1.1　绝缘导线的选择

在选用绝缘导线时首先要考虑最大安全载流量。绝缘导线工作时不得超过最高工作温度(一般为 65 ℃),若超过这个温度时,导线的绝缘层就会迅速老化,变质损坏,甚至会引起火灾。最大安全载流量与导线截面积有关,导线截面积越大,允许长期通过的最大安全载流量越大。在实际运用中,对铝线有一种估算方式,其口诀为:十下五,百上二,二五三五四三界,九五两倍半。具体解释如下:10 mm² 及以下导线最大安全载流量 = 截面积(mm²,下同)×5;100 mm² 及其以上截面导线,载流量 = 截面积×2;大于 10 mm²、小于等于 25 mm² 的导线,载流量 = 截面积×4;大于等于 35 mm² 的导线,载流量 = 截面积×3;95 mm² 截面积的导线,载流量 = 截面积×2.5。对铜芯线,载流量在以上估算的基础上可加 20% 左右。

选用导线的截面积除了与工作温度和导线通过的电流有关外,还与导线的散热条件和环境温度有关,所以导线的允许载流量并非某一固定值。同一导线采用不同的敷设方式(敷设方式不同,其散热条件也不同)或处于不同的环境温度时,其允许载流量也不相同。不同敷设方式、不同种类绝缘导线允许载流量见表 5-1 至表 5-4。

表 5-1 500 V 单芯橡皮绝缘导线在空气中敷设长期负荷允许载流量

截面积(mm²)	长期连续负荷允许载流量(A)	
	铜　芯	铝　芯
0.75	18	—
1.0	21	—
1.5	27	19
2.5	35	27
4	45	35
6	58	45
10	85	65
16	110	85
25	145	110
35	180	138
50	230	175
70	285	220
95	345	265

注：适用绝缘导线型号为 BX 、BIX 、BXF 、BLXI、BXR。

表 5-2 500 V 单芯聚乙烯绝缘导线在空气中敷设长期负荷允许载流量

截面积(mm²)	长期连续负荷允许载流量(A)	
	铜　芯	铝　芯
0.75	16	—
1.0	19	—
1.5	24	18
2.5	32	25
4	42	32
6	55	42
10	75	59
16	105	80
25	138	105
35	170	130
50	215	165
70	265	205
95	325	250

注：适用绝缘导线型号为 BV、BLV、BVR。

表 5-3　500V 单芯橡皮绝缘导线穿钢管时在空气中敷设长期连续负荷允许载流量

| 截面积(mm²) | 长期连续负荷允许载流量(A) | | | | | |
| | 穿 2 根导线 | | 穿 3 根导线 | | 穿 4 根导线 | |
	铜芯	铝芯	铜芯	铝芯	铜芯	铝芯
1.0	15	—	14	—	12	—
1.5	20	15	18	14	17	11
2.5	28	21	25	19	23	16
4	37	28	33	25	30	23
6	49	37	43	34	39	30
10	68	52	60	46	53	40
16	86	66	77	59	69	52
25	113	86	100	76	90	68
35	140	106	122	94	110	83
50	175	133	154	119	137	105
70	215	165	193	150	173	133
95	260	200	235	180	210	160
120	300	230	270	210	245	190
150	340	260	310	240	280	220
185	385	295	355	270	320	250

表 5-4　500 V 单芯聚氯乙烯绝缘导线穿钢管时在空气中敷设长期连续负荷允许载流量

| 截面积(mm²) | 长期连续负荷允许载流量(A) | | | | | |
| | 穿 2 根导线 | | 穿 3 根导线 | | 穿 4 根导线 | |
	铜芯	铝芯	铜芯	铝芯	铜芯	铝芯
1.0	14	—	13	—	11	—
1.5	19	15	17	13	16	12
2.5	26	20	24	18	22	15
4	35	27	31	24	28	22
6	47	35	41	32	37	28
10	65	49	57	44	50	38
16	82	63	73	56	65	50
25	107	80	95	70	85	65
35	133	100	115	90	105	80
50	165	125	146	110	130	100
70	205	155	183	143	165	127
95	250	190	225	170	200	152
120	290	220	260	195	230	172
150	330	250	300	225	265	200
180	380	285	340	255	300	230

表 5-1 至表 5-4 中所列允许载流量,为绝缘导线线芯最高允许工作温度为+65 ℃、周围环境温度为+25 ℃时允许的载流量。如果绝缘导线运行的实际环境温度(一般取绝缘导线所布设地点的温度为最高的月平均温度)高于或低于+25 ℃,为延长导线的使用寿命、减少损耗,可对绝缘导线允许载流量进行修正,其修正系数如表 5-5 所示。

表 5-5　绝缘导线允许载流量修正系数

实际环境温度(℃)	5	10	15	20	25	30	35	40	45
修正系数 K	1.22	1.17	1.12	1.06	1.0	0.935	0.865	0.791	0.707

线路负荷的电流,可由下式计算:

(1) 单相纯电阻电路:

$$I = \frac{P}{U}$$

(2) 单相含电感电路:

$$I = \frac{P}{U\cos\varphi}$$

(3) 三相纯电阻电路:

$$I = \frac{P}{\sqrt{3}U_L}$$

(4) 三相含电感电路:

$$I = \frac{P}{\sqrt{3}U_L\cos\varphi}$$

式中:P 为负荷功率,单位为 W;U_L 是三相电源的线电压,单位为 V;$\cos\varphi$ 为功率因数。

按导线允许载流量选择时,一般原则是导线允许载流量不小于线路负荷的计算电流。

这仅是估算,实际计算时应根据导线的允许载流量、线路的允许电压损失值、绝缘导线的机械强度等条件选择。一般先按允许载流量选定绝缘导线截面积,再以其他条件进行校验。如果该截面积满足不了某校验条件的要求,则应按不能满足该条件的最小允许截面积来选择绝缘导线,而是应该在最小允许截面积上加校正量。

5.1.2　室内布线的要求与步骤

室内布线包括照明线路和动力线路。按布线方式分为明线(明敷)和暗线(暗敷)两种;按导线类型分为电线和电缆布线两种。

常用的室内布线有瓷(塑料)夹板布线、瓷瓶布线、槽板布线、铅皮(塑料)卡布线、钢(PVC 管)布线、灰层布线、电缆桥架布线和缆构布线等方式。

1) 室内布线的要求

(1) 室内布线合理,安装牢固,整齐美观,用电安全可靠。

(2) 使用导线的额定电压应大于线路工作电压,绝缘应符合线路的安装方式要求和敷设环境,截面积应能满足供电和机械强度的要求。

(3) 布线时应尽量避免导线有接头,必须有接头时,应采用压接或焊接。导线连接和分支处不应受到机械力的作用。穿在管内的导线不允许有接头,必要时把接头放在接线盒或灯头盒内。

（4）明线是指导线沿墙壁、天花板、柱子等明敷。暗线是指导线穿管埋设在墙内、地内或装设在顶棚内，室内敷设暗线，都必须穿 PVC 管加以保护。

（5）室内敷设明导线距地面不低于 2.5 m，垂直敷设距地面不低于 1.8 m，否则应将导线穿在钢管内加以保护。

（6）导线与用电器连接接头要符合技术要求，以防接触电阻过大，甚至脱落。

（7）敷设导线要尽量避开热源，避开人体容易接触到的地方。

（8）配线的位置要便于检修。

2）室内布线的步骤

（1）按施工图确定配电箱、用电器、插座和开关等的位置。

（2）根据线路电流的大小选购导线、穿线管、支架和紧固件等。

（3）确定导线敷设的路径，穿过墙壁或楼板等的位置。

（4）配合土建打好布线固定点的孔眼，预埋线管、接线盒和木砖等预埋件。暗线要预埋开关盒、接线盒和插座盒等。

（5）装好绝缘支架物、线夹或管子。

（6）敷设导线。

（7）做好导线的连接、分支、封端和设备的连接。

（8）通电试验，全面检查、验收。

5.1.3　线管布线

把绝缘导线穿在线管内敷设，称为线管布线。这种布线方式比较安全可靠，可避免腐蚀气体侵蚀和遭受机械损伤，也非常美观，适用于公共建筑、工业厂房和家庭装潢。

线管布线有明装式和暗装式两种。明装式要求线管横平竖直，整齐美观；暗装式要求管短，弯头少。线管布线的步骤与工艺要点如下。

1）施工前的准备工作

（1）现场勘察：勘察线管敷设的现场环境，根据配电柜和电动机的安装位置确定线管的敷设路径、弯管位置、固定点位置。测量线管敷设路径的各部尺寸，画出施工时线管的加工图，标出弯管的方向。

在确定线管的敷设路径时，应尽量减少转弯处，一般 90°转弯处不要多于 2 处。为了便于穿线，当线管较长时，须装设拉线盒，在无弯头或有一个弯头时，管长不超过 50 m；当有两个弯头时，管长不超过 40 m；当有 3 个弯头时，管长不超过 20 m，否则应选大一号的线管直径。这样做的目的是便于穿线和以后的维修。

线管的加工图应标明直线部分的长度、弯管的角度、尺寸及方向。要标出线管总尺寸要求。

（2）选择导线：① 选择导线截面积：先根据负载电流，即电动机的额定电流，从电工手册有关室内敷设用铜芯绝缘导线的允许连续载流量表中选择导线的截面。要求允许连续载流量略大于负载电流，然后再核算导线的电压损失并考虑机械强度的要求，据此选择导线截面积。

正常情况下，用电器端电压与其额定电压之差不得超过额定电压的 $\pm 5\%$。机械强度对截面积的要求为：室内固定敷设的绝缘铜导线最小允许截面积为 $1\ \mathrm{mm}^2$。

一般在线路敷设路径为几十米且线路负载不太大的情况下，只要满足载流量的要求，则电压损失和机械强度要求均能满足。

② 选择绝缘导线的型号：一般常用的绝缘导线有两种，一种为 BX 型，即橡胶绝缘铜导

线;另一种为 BV 型,即塑料绝缘铜导线。BX 型绝缘导线不宜在油多的场所使用,BV 型绝缘导线不宜在低温环境下使用,故要根据敷设现场的环境条件适当选择。

(3)选择线管:常用的线管种类有电线管、水煤气管和 PVC 管 3 种。电线管的管壁较薄,适用于环境好的场所;水煤气管的管壁较厚,适用于有腐蚀性气体的场所;硬塑料管耐腐蚀性较好,但机械强度较低,适用于腐蚀性较大的场所。

(4)选择管径:线管种类选择好后,还应考虑管子的内径与导线的直径、根数是否合适,一般要求管内导线的总面积(包括绝缘层)不应超过线管内径截面积的 40%。线管的直径可按表 5-6 所示来选择。其他型号一般可从电工手册中查表选用。

表 5-6 线管直径选择表

截面积 (mm²)	线 管 种 类									
	水管、煤气管标称内径(mm)					电线管标称内径(mm)				
	2 根	3 根	4 根	6 根	8 根	2 根	3 根	4 根	6	9 根
1	13	13	13	16	25	13	16	16	19	25
1.5	13	16	16	19	25	13	16	19	19	25
2	13	16	16	19	25	16	16	19	23	25
2.5	16	16	19	25	25	16	16	19	25	25
3	16	16	16	19	25	16	16	19	25	25
4	16	16	19	25	32	16	16	19	25	32
5	16	16	19	25	32	16	16	25	25	32
6	19	16	19	25	32	19	19	25	25	32
8	19	19	25	32	32	19	25	25	32	38
10	19	25	25	32	51	25	25	32	38	51
16	25	25	32	38	51	25	32	32	38	51
20	25	32	32	51	64	25	32	38	51	64
25	32	32	38	51	64	32	38	38	51	64
35	32	38	51	51	64	32	51	51	64	64
50	38	51	51	64	76	38	51	64	64	76

(5)选择线管的壁厚:根据规程要求,按不同的敷设环境和敷设方式,对线管壁厚有不同的要求。对明设的线管,在一般场所可选用电线铁管。

2)加工线管

(1)除锈和涂漆:长期保存的线管,要进行防锈处理。管内除锈一般可用圆形钢丝刷,两头各绑一根钢丝,穿在管内来回拉动,即可将锈去除,如图 5-1 所示。对除锈后的线管内外部涂沥青或防锈漆。埋设在混凝土中的线管,外部不要涂漆,以免影响混凝土的结构强度。

(2)切割与弯头:按照勘察时所画的线管加工图,按图分段切割。切割后要用锉刀将管口毛刺去除、修光。弯管时,应注意管的弯曲角度不能小于 90°,明设铁管的弯曲半径不小于

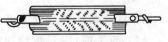

图 5-1 除锈示意图

管径的 4 倍,暗设铁管的弯曲半径不小于管径的 10 倍,利用手动弯管器或弯管机加工管弯,塑料线管可采用热弯弯管弹簧,在弯管内部应用沙填满,防止破裂,如图 5-2 所示。

(3) 钢头套丝:在一些需将管子连接处,对于铁管采用管子绞扳工具套丝,塑料管与电线管采用圆丝扳套丝,套丝后去除毛刺,使管口保持光滑,以免划破绝缘导线。

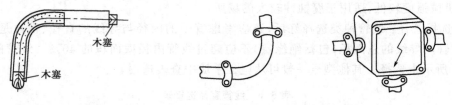

图 5-2　灌沙弯管　　　　　　　　　图 5-3　管卡位置

3) 布管与连接

(1) 在敷设线管的两端焊上接地螺栓。

(2) 敷设线管并做好固定。将按图切割好的线管弯曲段和直线段部分,按线管路径敷设焊接使之连成一体,然后进行固定。一般在线管两端或转弯处必须有管卡子固定,如图 5-3 所示。其他部分按 1.5～2 m 的距离用管卡子做固定;在地面敷设部分一般可不做固定。

对于硬塑料管,其膨胀系数较大,因此在建筑物表面敷设时,如无支架安装,30 m 应加一个温度补偿盒,如有支架安装,可通过挠度来适应长度变化。

(3) 管子连接时,必须用管头连接,特别是埋地管和防爆管,为保证其严密性,应涂上铅油缠上麻丝,用管子钳拧紧。直径 50 cm 以上,可用外加套管焊接,硬塑料管可采用插入法和套接法,如图 5-4 所示。

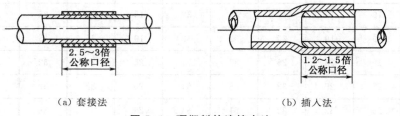

(a) 套接法　　　　　　　　　　　(b) 插入法

图 5-4　硬塑料的连接方法

(4) 使用前要清除管内的杂物和毛刺,避免导线穿管时擦伤导线绝缘。穿线时,先用钢丝或 10 号左右的铅丝穿入线管做引线。穿引线时要将穿入端做成 U 字形后穿入线管一端,并使其在线管另一端露出,引线长度要大于敷设线管的总长度。然后把需穿管的导线端部绝缘层剥除露出导线。将剖开的导线端缠扎在引线端上,拉入管内,如图 5-5 所示。导线穿入线管后,将引线拆除。

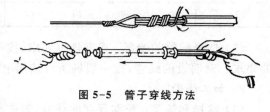

图 5-5　管子穿线方法

(5) 导线敷设完毕后,用兆欧表摇测导线间及导线与铁管间的绝缘电阻,应不小于0.5 MΩ。

4) 线管敷设的注意事项

(1) 施工前,应对敷设用的铁管进行检查。要求铁管不应有折扁和裂缝,管内应无杂物,内壁光滑平整。

（2）如在易燃、易爆场所敷设，必须选用壁厚不小于 2.5 mm 的镀锌铁管或瓦斯管。

（3）铁管的弯曲部分不允许采用水暖弯头件代替。

（4）敷设铁管的接头处，应用电焊法焊接并应采用环焊，不得用点焊。在接头处还应用截面积不小于 4 mm² 的铁线做跨接线。

（5）做导线穿管前，必须检查导线有无损伤（绝缘损伤及线芯损伤），穿在管内的导线不得有接头，也不可扭曲；所有接头应在接线盒内连接。

（6）穿线时，同一管内的导线必须同时一次穿入。可在导线上撒上滑石粉，以减小穿线时的摩擦阻力，但不得使用任何油脂来润滑。

（7）做导线穿管时，应边送边拉，相互照应，即在线管的一端送入导线，在线管另一端拉引导线，两端步调一致，一送一拉将导线穿入线管。

5.1.4 绝缘子布线

绝缘子布线又称瓷瓶布线。它的机械强度高、绝缘性能好，适合于电流强度大、环境潮湿的地方使用。

1）常用瓷瓶外形

常用瓷瓶外形如图 5-6 所示。

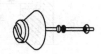

图 5-6　常用瓷瓶外形

2）绝缘子敷线的步骤

（1）画施工图：根据电源的输入位置和电器装置的安装位置，画出现场施工图。

（2）勘测定位与画线：按施工图确定导线的敷设位置、穿过墙壁和楼板的位置，以及起始、转角和终端瓷瓶的位置，最后再确定中间瓷瓶的位置。各种瓷瓶的配线如图 5-7 所示。安装位置走好后，即可进行画线。使用粉线袋或边缘刻有尺寸的木板条，用铅笔或粉线袋画出安装线路，并在每个电气设备固定中点画一个"×"号。画线时，尽可能使线路沿房屋线脚、墙角等处敷设。如室内已粉刷，画线时注意不要弄脏墙壁表面。

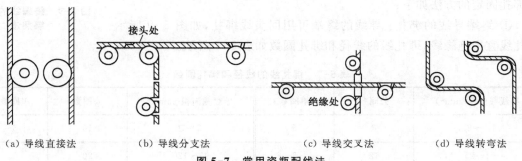

（a）导线直接法　　（b）导线分支法　　（c）导线交叉法　　（d）导线转弯法

图 5-7　常用瓷瓶配线法

（3）凿眼与埋木榫或螺钉：按画线定位进行凿眼，在砖墙上凿眼可采用小扁凿或电钻，在混凝土结构上凿眼可用麻线凿或冲击钻，在墙上凿通孔可用长凿，在快要打通时，要减少锤击力，以免将墙壁的另一端打掉大块的砖。所有的孔眼凿好后，可在孔眼中安装木榫或缠铁丝的木螺钉。埋设时先在孔眼中洒水淋湿，然后将缠铁丝的木螺钉用水泥灰浆嵌入凿好的孔眼中，当灰浆干燥至相当硬度后，旋出木螺钉，待以后安装瓷瓶时用。

（4）埋设穿线瓷管或过楼板钢管：最好在土建砌墙时预埋穿墙瓷管或过楼板钢管，在过梁或其他混凝土结构中预埋瓷管，应在土建铺模板时进行，预埋时可先用竹管或塑料管代替，待拆去模板刮糙后，将竹管拿掉，换瓷管。若采用塑料管，可直授代替瓷管使用。在现成的墙壁上，可以用钻孔机钻孔。尽量避免损坏墙壁。

（5）瓷瓶的固定：在不同的结构上，瓷瓶固定方法也不同。

① 在木结构上只能固定鼓形瓷瓶，可用木螺钉直接拧入，如图5-8（a）所示。

② 在砖墙上可利用预埋的木榫，用木螺钉，也可用预埋的缠铁丝的木螺钉或膨胀螺栓来固定鼓形瓷瓶，如图5-8（b）所示。

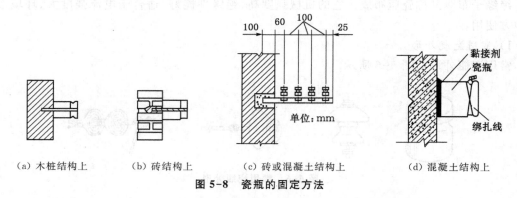

（a）木桩结构上　　（b）砖结构上　　（c）砖或混凝土结构上　　（d）混凝土结构上

图 5-8　瓷瓶的固定方法

③ 在砖墙或混凝土墙上，用预埋的支架和螺杆来固定鼓形瓷瓶、蝶形瓷瓶或伞形瓷瓶，如图5-8（c）所示。

④ 在混凝土墙上，还可用环氧树脂胶接剂来固定瓷瓶，如图5-8（d）所示。

（6）敷设导线及导线绑扎：在瓷瓶上敷设导线，也应从一端开始，只将一端的导线绑扎在瓷瓶的颈部，然后将导线的另一端收紧绑扎固定，最后把中间的导线也绑扎固定好。如导线弯曲，应预先校直。导线在瓷瓶上绑扎固定的方法如下：

图 5-9　终端线的绑捆法

① 终端导线的绑扎：导线的终端可用回头线绑扎，如图5-9所示。绑扎线宜用绝缘线，绑扎线的线径和绑扎圈数如表5-7所示。

表 5-7　绑扎线的线径和绑扎圈数

导线截面积（mm²）	公圈数	单圈数	导线截面积（mm²）	公圈数	单圈数
1.5～2.5	8	5	35～70	16	5
4～25	12	5	95～120	20	5

② 直线段导线的绑扎：鼓形和蝶形瓷瓶直线段导线一般采用单绑法和双绑法两种，截面积在 6 mm² 以下的导线可采用单绑法；截面积在 10 mm² 以上的导线可采用双绑法，如图 5-10 所示。

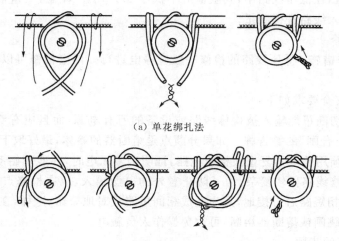

（a）单花绑扎法

（b）双花绑扎法

图 5-10　直导线的绑绕法

3）绝缘子线敷设的注意事项

（1）两瓷瓶之间导线的最大长度与导线的线径有关。一般说来，线径越大，距离越长。如截面积为 1~2.5 mm²，线距为 2 m；截面积为 95~120 mm²，线距为 6 m。

（2）瓷瓶的大小也与导线的线径有关。线径越大，瓷瓶越大。

（3）敷设导线时需要调直，手工调直时可用螺丝刀柄在导线弯曲处来回捋几次，手工不能调直时需用滑轮调直，个别地方弯曲可用木榔头轻轻敲直。

（4）放线时，要避免急弯和打结，以免损坏绝缘层。

5.1.5　安装线路的检查

线路安装完毕，在通电运行前，必须进行全面、细致的检查。一旦发现故障，应立即检修。

1）线路安装的检查

（1）外观检查

① 检查导线及其他电气材料的型号、规格及支持件的选用是否符合施工图的设计要求。

② 检查器材的选用和支持物的安装质量；手拉拔预埋件，检查其是否牢固。

③ 检查电气线路与其他设施的距离是否符合施工要求。

（2）回路连接的检查：对各种配线方式，都可用万用表电阻挡分别检查各个供电回路的接通和分断状况。在用万用表检测前，对明敷线路，先察看线路的分布和走向，线头的连接、分支等是否与图标相符。检查暗敷线路时，主要通过线头标记、导线绝缘皮的颜色进行区分。最后用万用表电阻挡检测各个回路是否导通。

（3）线头绝缘层的检查：各线头均应包缠绝缘层，且绝缘性能应良好，有一定的机械强度。

（4）绝缘电阻的检查：线路和设备绝缘电阻的测量通常用兆欧表检测。

测量线路的绝缘电阻时,在单相供电线路中应测量相线与零线、相线与保护接地线接地的绝缘电阻。在三相四线制电路中,分别测量接入用电设备前每两根导线间绝缘电阻和每根导线的对地绝缘电阻,在低压线路中,其阻值应不低于 0.5 MΩ。注意:测量前,断开所有用电器具,再将兆欧表接入线路进行测量。

2)线路的检修

(1)停电检修措施:低压线路的检修一般应停电进行。停电检修可以消除检修人员的触电危险。

停电检修的安全要求如下:

① 停电时应切断可能输入被检修线路或设备的所有电源,而且应有明确的分断点,并挂上"有人操作,禁止合闸"的警告牌。如果分断点是熔断器的熔体,最好取下带走。

② 检修前必须用验电器复查被检修电路,证明确实无电时,才能开始动手检修。

③ 如果被检修线路比较复杂,为了防止意外的电源输入,应在检修点附近安装临时接地线,将所有相线互相短路后再接地,人为造成相间短路或对地短路,这样,在检修中万一有电送入,也会使总开关跳闸或熔断器熔断,可避免操作人员触电。

(2)恢复送电的步骤

① 线路或设备检修完毕,应全面检查是否有遗漏和检修不合要求的地方,包括该拆换的导线和元器件、应排除的故障点、应恢复的绝缘层等是否全部无误地进行了处理。有无工具、器材遗留在线路和设备上,工作人员是否全部撤离现场。

② 拆除检修前安装的用作保护的临时接地线和各相临时对地短路线或相间短路线,取下警示牌,才能向修复的电路或设备供电。

(3)带电作业安全规程

① 带电作业人员必须与大地保持良好绝缘。在检修现场,检修人员脚下应垫上干燥木板、塑料板或橡胶垫。

② 必须单线操作,严禁人体同时接触两个带电体。如果操作现场有两相及以上的带电体,应采用绝缘或遮挡措施。在带电接线时,应先完成一个线头的连接并处理好绝缘后,再剖削第 2 个线头绝缘层。

③ 剪断带电导线时,不得同时剪切两根及以上的电线,只能一次剪断一根,而且应先断相线,后断零线。

④ 检修用电设备时,应分断供电线路,不使该设备带电;检修供电线路时,应分断用电设备,不使被检修的供电系统形成回路。

(4)带电作业安全措施

① 带电作业所使用的工具,特别是通用电工工具,应选用有绝缘柄或包有绝缘层的。

② 操作前应理清线路的布局,正确区分出相线、零线和保护接地线,理清主回路、二次回路、照明回路及动力回路等。

③ 对作业现场可能接触的带电体和接地导体,应采取相应的绝缘措施或遮挡隔离。操作人员必须穿长袖衣和长裤、绝缘鞋,戴工作帽和绝缘手套,并扎紧袖口和裤管。

④ 应安排有实际经验的电工负责现场监护,不得在无人监护的情况下,个人独立带电操作。

(5)线路的日常维护

① 定期检查各用电设备状况:检查用电设备结构是否完整,外壳有无破损,控制是否正

常、准确,运行情况和温升是否符合规定,有无受潮、受热、受腐蚀性物质侵蚀。

②定期检查线路负荷:检查是否有未经批准随意改动线路、增加或拆去用电设备、擅自增大熔体等现象,检查建筑物、设备金属外壳是否带电、测量线路负荷电流是否超过允许值等,判断线路是否工作正常。

③定期检查线路接头:检查线路接头是否氧化、松动或松脱,绝缘是否损坏,接头是否发热,有时对接地点和接地引线容易忽视,应特别注意。

④定期检查线路、设备的紧固件和支持件:检查是否牢固,有无松动、脱落、受潮、腐朽、严重锈蚀等,线路的有关安全间隔是否发生变化,线路和设备的紧固状况是否改变等。

⑤定期检查配线管线、绝缘子和槽板:检查有无损坏、锈蚀,管道接头、接地线有无松脱、松动、断裂,配电箱(板)是否清洁,有无水和其他异物侵入。

5.2　室内照明装置的安装

5.2.1　常用照明灯具、开关与插座

1) 灯具

(1) 灯泡:灯泡由灯丝、玻壳和灯头3部分组成。灯泡的灯丝一般都是用钨丝制成,当钨丝通过电流时,就被点燃至白炽而发光。灯泡的外壳一般用透明的玻璃制成,但也有用各种不同颜色的玻璃制成的彩灯。灯泡的灯头有插口式和螺口式两种。灯泡功率超过 300 W,一般采用螺口式灯头。功率在 40 W 以下的灯泡玻璃壳内是抽真空的。40 W 以上灯泡玻璃壳内充有氮气或氩气等惰性气体,使钨不易挥发。

白炽灯灯泡的规格很多,按工作电压来分,有 6 V、12 V、36 V、110 V、220 V 等,其中36 V以下的属低压安全灯泡。

在使用前特别要注意灯泡的工作电压与线路电压必须一致。

(2) 灯座:灯座又称灯头,品种较多,常用的灯座如图 5-11 所示。

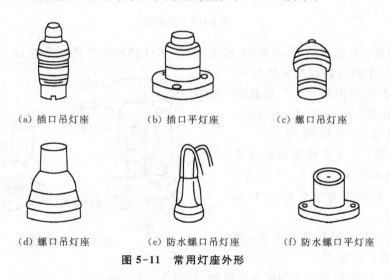

(a) 插口吊灯座　　　　(b) 插口平灯座　　　　(c) 螺口吊灯座

(d) 螺口吊灯座　　　　(e) 防水螺口吊灯座　　　　(f) 防水螺口平灯座

图 5-11　常用灯座外形

(3) 开关:开关的品种很多,常用的开关如图 5-12 所示。

图 5-12 常用开关外形

（4）荧光灯：荧光灯又称日光灯，它由荧光灯管、启辉器、镇流器、灯架和灯座等组成。

① 灯管：由玻璃管、灯丝和灯丝引出脚等组成。玻璃管内抽成真空后充入少量汞（水银）和氩等惰性气体，管壁涂有荧光粉，在灯丝上涂有氧化物，如图 5-13 所示。灯管常用的 6 W、8 W、12 W、15 W、20 W、30 W 和 40 W 等规格。

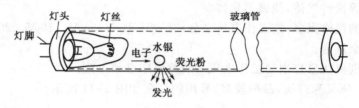

图 5-13　日光灯管

② 启辉器：又称启动器，由氖泡、纸介电容、引线脚和铝质外壳等组成，如图 5-14 所示。氖泡内装有一个双金属片制成的 U 形动片和一个固定的静触片。启辉器的规格有 4～8 W、15～20 W 和 30～40 W 以及通用型 4～40 W 等。

③ 镇流器：主要由铁芯和线圈等组成，其外形和结构如图 5-15 所示，镇流器的功率必须与灯管的功率相符，配套使用。

④ 灯架：有木制和铁制两种，规格应配合灯管长度使用。

⑤ 灯座：灯座有开启式和插入式两种，如图 5-16 所示。

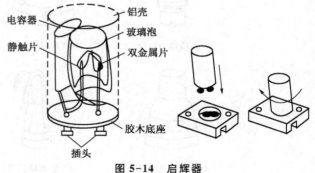

图 5-14　启辉器

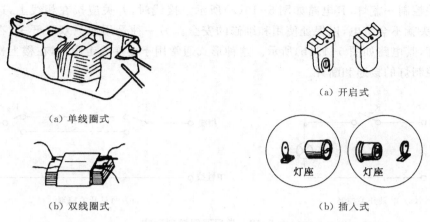

(a) 单线圈式

(b) 双线圈式

图 5-15 镇流器

(a) 开启式

灯座   灯座

(b) 插入式

图 5-16 日光灯灯座

2) 插座

插座主要有单相两极、三极和三相四极 3 种类型,如图 5-17 所示。电流有 5 A、10 A、15 A 等规格。插座的接线方法如图 5-18 所示。插座中接地的接线极必须与接地线连接,不可借用中性线柱头作为接地线。

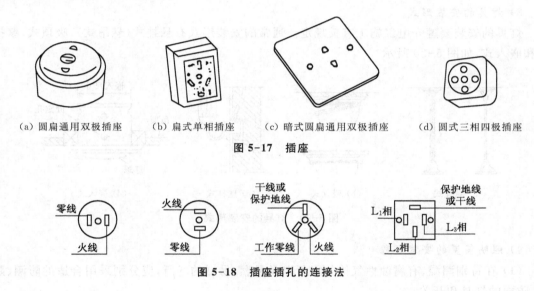

(a) 圆扁通用双极插座   (b) 扁式单相插座   (c) 暗式圆扁通用双极插座   (d) 圆式三相四极插座

图 5-17 插座

零线 火线   火线 零线   干线或保护地线 工作零线 火线   保护地线或干线 L_1相 L_3相 L_2相

图 5-18 插座插孔的连接法

5.2.2 照明电器基本知识

利用一定的装置和设备,将电能转变为光能,为人们提供了必不可少的工作和生活照明,安装照明电器是电工的一项基本技能。要正确地安装照明电器,必须掌握一些照明电器的基本知识。

1) 照明控制线路

照明控制电路一般由电源、导线、开关和照明灯组成。电源由低压照明配电箱提供,在采用三相四线制供电的系统中,每一根相线和中线之间都构成一个单相电源,在负载分配时要尽量做到三相负载对称。常用照明控制形式,按开关的种类不同有两种基本形式。一种是用一只单联开关控制一盏灯,其电路如图5-19(a)所示。接线时,开关应接在相线上,这样在开关切断后,灯头就不会带电,以保证使用和维修的安全。另一种是用两只双联开关,在两个地方控制一盏灯,其电路如图5-19(b)所示。这种形式通常用于楼梯或走廊上,在楼上楼下或走廊两端均可控制灯的接通和断开。

(a) 单只开关控制 (b) 两只开关控制

图5-19 常用照明控制形式

2) 照明导线的选择

照明电路所用连接导线的选择,除了选择绝缘材料外,还要注意其安全载流量,它是以允许电流密度作为选择依据的。在明敷线路中,铝导线可取 $4.5\ A/mm^2$,铜导线可取 $6\ A/mm^2$,软电线可取 $5\ A/mm^2$。

3) 灯具的安装形式

灯具的安装要遵守电工施工有关规定。通常的安装形式有悬挂式(悬吊式)、吸顶式、壁挂式和嵌入式,如图5-20所示。

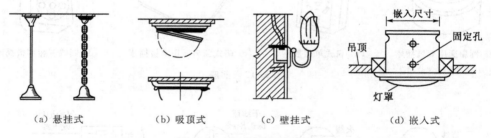

(a) 悬挂式 (b) 吸顶式 (c) 壁挂式 (d) 嵌入式

图5-20 灯具的安装形式

4) 照明装置的安装规程

(1) 在特别潮湿、有腐蚀性气体的场所以及易燃、易爆的场所,应分别采用合适的防潮、防爆、防雨的灯具和开关。

(2) 吊灯应装有挂线盒,每一只挂线盒只可装一盏灯(多管日光灯和特殊灯具除外)。吊线的绝缘必须良好,并不得有接头。在挂线盒内的接线应防止接头处受力断开使灯具跌落。超过 1 kg 的灯具须用金属链条吊装或用其他方法支持,使吊灯导线不受力。

(3) 螺丝灯头必须采用安全灯头,并且必须把相线接在螺丝灯头座的中心铜片上。

(4) 各种吊灯离地面距离不应低于 2 m,潮湿危险的场所和户外应不低于 2.5 m,低于2.5 m 的灯具外壳应妥善接地,最好使用 12～36 V 的安全电压。

(5) 各种照明开关必须串接在相线上,开关和插座离地高度一般不低于 1.3 m,特殊情况,插座可以装低,但离地不应低于 150 mm。幼儿园、托儿所等处不应装设低位插座,插座高度在 1.2 m 以上。

5.2.3 荧光灯照明线路的安装

1) 荧光灯的工作原理与电路

与普通光源相比,在同等的光通量情况下,荧光灯只消耗约 75% 的电功率。图 5-21 为某荧光灯电子镇流器电路。该电路采用 SIP MOS 晶体管,工作在约 120 kHz 自由振荡状态下。电阻 R_1 和电容 C_2 与双向触发管 D_2 一起构成锯齿波信号发生器,其频率与输入电压密切相关。只有当 D_2 触发导通,晶体管才流过电流。振荡电路主要由 C_4、C_5 和 L_1、L_2 组成。电感 L_1 和 L_2 约 420 μH,由它们决定灯管电流的大小。对于 50 W 灯管,有效值电流约0.45 A。在额定运行时,即电源电压 220 V 和工作频率 $f = 120$ kHz 时可以在点燃电压为 113 V(电压有效值)时调整此电流。灯管电流和灯管点燃电压不存在相位移。

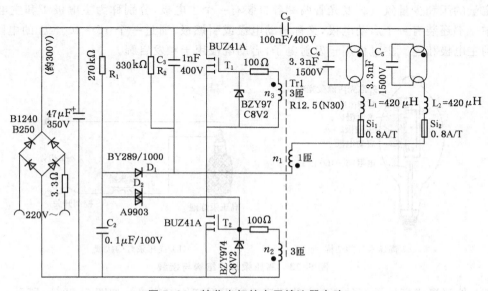

图 5-21 某荧光灯的电子镇流器电路

2) 荧光灯的安装

带启辉器的荧光灯安装接线如图 5-22(a)所示,电子镇流器的荧光灯安装接线如图 5-22(b)所示。

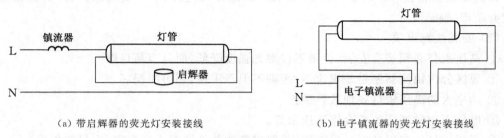

(a) 带启辉器的荧光灯安装接线　　　　　(b) 电子镇流器的荧光灯安装接线

图 5-22 荧光灯的安装接线

(1) 启辉器座上的两个接线桩分别与两个灯座中的每一个接线桩连接。

(2) 一个灯座中余下的一个接线桩与电源的中性线连接,另一个灯座中余下的一个接线桩与电子镇流器的一个线头连接。

（3）电子镇流器左面的一个线头与零线连接，另一个线头与从开关来的电源中相线连接。

5.2.4 其他电光源线路的安装

1）高压汞灯

高压汞灯又称高压水银灯，与日光灯类似，是气体放电光源，但灯泡内水银蒸汽压力更高，光通量更大。高压汞灯按结构不同，有外镇流式和自镇流式两种，其工作原理完全相同，差别是镇流器放在灯内，还是灯外。

（1）外镇流式高压汞灯的基本结构：外镇流式高压汞灯基本结构如图5-23(a)所示。在玻璃泡中央，装有一支用石英玻璃制成的发光管，又称放电管。这是高压汞灯的主体。管内充有一定量的汞和少量氖气。发光管两端各自装有一个主电极，分别称为主电极1和主电极2。在其中一端还装有一个启动电极，又称辅助电极或引燃极，通过一个15～100 kΩ的电阻与另一端的主电极相连。主电极用于发射电子，启动电极用于触发启辉。

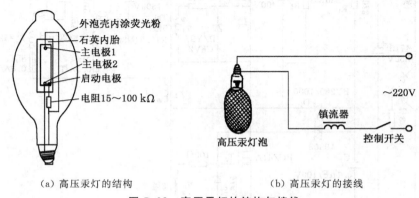

（a）高压汞灯的结构　　　　　　　　　（b）高压汞灯的接线

图5-23　高压汞灯的结构与接线

（2）外镇流式高压汞灯的安装：外镇流式高压汞灯的安装接线如图5-23(b)所示，它是在普通白炽灯电路基础上串联一个镇流器。其镇流器的规格应与灯泡的功率一致。灯座也应与灯泡相配，如灯泡功率在125 W以下，可采用E27型瓷座，功率在175 W以上，应采用E40型瓷座。

镇流器应安装在灯具附近，且人不易触及的地方，其接线端应覆盖保护物，安装在室外时还应有防雨措施。

（3）安装注意事项

① 高压汞灯必须竖直安装，否则不仅发光强度降低，而且容易自爆。

② 要区分内镇流器还是外镇流器，否则不但不工作，还可能损坏。

③ 功率大的高压汞灯要加散热装置。

④ 电压不稳的场所不适合用高压汞灯。

⑤ 高压汞灯外壳损坏后虽仍能使用，但过高的紫外线对人体有害，应尽快更换。

2）碘钨灯

碘钨灯也是一种大照度光源，靠提高灯丝温度来提高发光强度，具有光色好、效率高、寿命长的特点。

（1）碘钨灯的基本结构：碘钨灯基本结构如图5-24(a)所示。主要由石英玻璃制成，内部装有灯丝,灯丝穿过石英管与外端的两极相连。灯丝由许多支架固定,管内也充有卤素蒸气。

(2) 碘钨灯的安装:碘钨灯的安装与白炽灯完全相同,如图5-24(b)所示。但由于温度较高,需采用与之配套的支架来安装,且距离易燃物不得小于1 m。

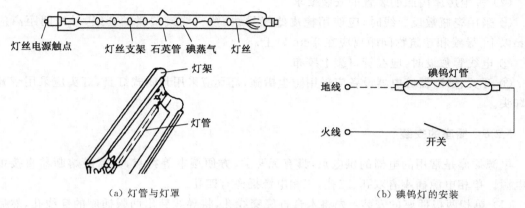

（a）灯管与灯罩　　　　　　　　　　　　　　（b）碘钨灯的安装

图 5-24　碘钨灯结构与安装

(3) 安装碘钨灯的注意事项

① 由于工作温度较高,其电源线需采用耐热较好的橡皮绝缘线。

② 碘钨灯的抗震性差,使用时不能随便移动。

③ 对电源的稳定性要求高,一般电压波动超过 5% 的地方不适合使用。

④ 工作温度高达 600 ℃,要远离易燃易爆物品,严禁用手触摸灯泡。

5.2.5　临时照明装置和特殊用电场所照明装置的安装

1) 临时照明装置的安装

凡不属于永久性的照明装置,都称为临时照明装置。

(1) 临时照明装置的安装用线应使用绝缘导线;室内临时线路的导线必须安装在离地2 m以上的支架上,室外临时线路必须安装在离地 2.5 m 以上的支架上,导线的中间连接或终端与接线桩的连接均需采取防拉断措施,直线部分的中间接头防拉断必须采取将导线打一结的措施。

(2) 用电量较大的应按临时进户形式接取电源,用电量较小的则可从用户线路配电板上总熔断器的出线桩上接取电源。

(3) 临时线路上所装的照明装置等电器的规格,均应按正规线路选用,安装要牢固可靠。

(4) 临时线路上所有金属外壳都必须进行可靠的接地,临时的接地装置尽可能装在临时配电板附近,接地电阻不可超过 10 Ω。

2) 特殊场所照明装置的安装

凡是潮湿、高温、可燃、易燃的场所,或有导电尘埃的空间和地面以及具有化工腐蚀气体的环境等,均称为特殊场所。

(1) 特别潮湿房屋内照明装置的安装要求

① 采用瓷瓶敷设导线时,应使用橡皮绝缘导线,导线互相间距离应在 6 cm 以上,导线与建筑物间距离应在 3 cm 以上。

② 采用电线管施工时,应使用厚电线管,管口及管子连接处应采取防潮措施。

③ 开关、插座及熔断器等电器,不应装设在室内,如非得装在潮湿场所,应采取防潮措施;灯具应选用具有结晶水放出口的封闭式灯具或带有防水灯口的敞开式灯具。

(2) 多尘房屋内照明装置的安装要求

① 采用瓷瓶敷设导线时,应使用橡皮绝缘导线、塑料线或塑料护套线,导线间距离应在 6 cm 以上,导线和建筑物间距离应在 3 cm 以上。

② 电线管敷设时,应在管口缠上胶布。

③ 开关、熔断器等电器设备应采用防尘措施,灯具应采用封闭式灯具,灯头应采用带开关的灯头。

5.2.6 插座的安装

电源插座是常用的电器的供电点,具有无开关、方便接电等特点,只需经熔断器直接可接入电源。单相电源插座有双孔、三孔,三相电源插座有四孔。

(1) 单相两极插座的安装:先将木台打好穿线孔,将导线穿出两眼插座的穿线孔,然后固定好木台、插座,把两导线连接在插座的接线桩上,注意面对你的插座的左孔为中线接线,右孔为相线(火线)接线,千万不能错。

(2) 单相三极(眼)插座的安装:方法与单相两(极)眼插座相同,这里要注意的是三极插座中接地的接线桩必须与地线可靠连接,不可借用中性线桩头作为接地线,如图 5-25 所示。

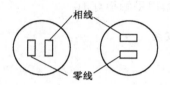
(a) 双孔电源插座的接线

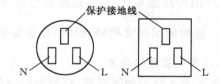
(b) 3孔电源插座的接线

图 5-25　电源插座的接线

5.2.7 照明配电板线路的安装

照明配电板是用户室内照明及电器用电的配电点,它是连接输入电源与用电器的关键设备。除了分配电能外,还用于进行计量、保护和控制电器,便于管理和维护,有利于安全用电。

单相照明配电板一般由电能表、控制开关,失压、过载和短路漏电保护器等组成,需按一定的要求安装在板上。普通单相照明配电板如图 5-26 所示。

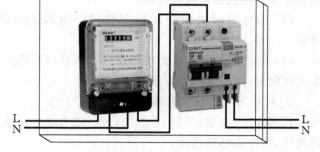
图 5-26　家用单相配电板外形

1) 电能表的安装

电能表又称电度表,是用来对用户的用电量进行计量的仪表。按电源相数分有单相电能表和三相电能表;按计量原理分为机械计量表和数字计量表。在小容量照明配电板上，大多使用单相电能表，又称火表。

（1）电能表的选择：电能表的规格常用工作电流表示，如一倍表、二倍表（5～10 A）、四倍表（5～20 A）等。选择电能表时，应考虑照明灯具和其他用电器具的总耗电量，电能表的额定电流应大于室内所有用电器具的总电流，电能表所能提供的电功率应大于所有电器的功率。

（2）单相电能表的安装：单相电能表一般应安装在配电板的左边，而开关应安装在配电板的右边，与其他电器的距离大约为 60 mm。安装位置如图 5-26 所示。安装时应注意，电能表与地面必须垂直，否则将会影响电能表计数的准确性。

（3）单相电能表的接线：单相电能表的接线盒内有 4 个接线端子，自左向右为①、②、③、④编号。接线方式是：①、③接进线，②、④接出线，接线方法如图 5-27 所示，也有的电能表接线特殊，具体接线时应以电能表所附接线图为依据。

接线桩头盖子 进行接线

图 5-27　单相电能表的接线

2）熔断器的安装

熔断器的功能是在电路短路和过载时起保护作用。当电路上出现过大的电流或短路故障时，则熔丝熔断，切断电路，避免事故的发生。

（1）熔断器的选用：家用熔断器一般选用熔管，其规格常用工作电流表示，如 5 A、10 A、20 A 熔管，应根据电器电流总量的大小而定。电流越大，所用熔管规格越大。常用铅锡合金熔丝装在瓷管内并装入灭弧石英砂的熔管。

（2）熔断器的安装：家用配电板大多用插入式小容量熔断器，由瓷底和插件两部分组成。底座上配有两个铜触头，并装有接线桩，以连接电源进、出线。

插件上也装有两个铜触头，其上有两颗螺钉供安装熔管用。底座中有一空腔，容量较大的熔断器空腔中垫有石棉片，与插件凸出部分组成灭弧室，以消除熔丝熔断时所产生的电弧。

5.2.8　双控开关的安装

双控开关也称双联开关，它一般应用在两个不同的地方，能各自独立控制同一盏电灯的点亮或熄灭。如图 5-28 所示，S1、S2 均为单刀双掷开关，它们都能各自独立控制灯泡点亮或熄灭。双控开关常应用在楼梯、卧室等地方。

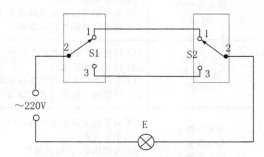

图 5-28　双控开关的接线图

5.3　室内照明线路装置的维修

灯具在使用过程中经常会发生故障。掌握照明装置的维修是电工的一项极其重要的技能。在检查时，既要仔细、认真，又要注意安全。

5.3.1　室内照明线路装置的常见故障及检修方法

1）荧光灯常见故障及检修方法

荧光灯的用电线路相对于白炽灯稍微复杂些，但相对来说还是比较容易，但故障较多，往往不易一下就判断出来,有时需要采用替换法,用正常的器件代换以查找故障。荧光灯常见故障及检修方法如表5-8所示。

2）高压汞灯常见故障及检修方法

高压汞灯的用电线路同白炽灯线路一样,除具有与白炽灯相同故障外,还有两种常见故障。其故障及检修方法如表5-9所示。

表5-8 荧光灯常见故障及检修方法

故 障 现 象	故 障 原 因	检 修 方 法
荧光灯管不能发光	（1）灯座接触不良 （2）灯管漏气或灯丝断 （3）电子启辉器损坏 （4）电源电压过低 （5）新装荧光灯接线错误	（1）转动灯管,使灯管四极和灯座四夹座接触,找出原因并修复 （2）用万用表检查或观察荧光粉是否变色,确认灯管坏可换新灯管 （3）修理或调换电子镇流器 （4）不必修理 （5）检修线路
荧光灯管两头抖动或两头发光	（1）接线错误或灯座、灯脚松动 （2）电子启辉器损坏 （3）电子镇流器配用规格不合或接头松动 （4）灯管陈旧,灯丝上电子发射物质将尽时,放电作用降低 （5）电源电压过低或线路电压降低过大 （6）气温过低	（1）检查线路或修理灯座 （2）修理或更换启辉器 （3）调换适当电子镇流器或加固接头 （4）调换灯管 （5）如有条件,升高电压或加粗导线 （6）用热毛巾对灯管加热
荧光灯管两头发黑或发生黑斑	（1）灯管陈旧,寿命将终 （2）如果是新灯管,可能因电子启辉器损坏使灯丝发射物质加速挥发 （3）灯管内水银凝结是细灯管常见现象 （4）电源电压太高或电子镇流器配备不当	（1）调换灯管 （2）调换电子启辉器 （3）灯管工作后即能蒸发或将灯管旋转180° （4）调整电源电压或调换适当的电子镇流器
荧光灯闪烁或光在管内滚动	（1）新灯管暂时现象 （2）灯管质量不好 （3）电子镇流器配用规格不符或接线松动 （4）电子启辉器损坏或虚焊	（1）开用几次或对调灯管两端 （2）换一根灯管试一试有无闪烁 （3）调换合适的电子镇流器或重新接线 （4）加防护罩或避开冷风
荧光灯光度低或色彩转差	（1）灯管陈旧的必然现象 （2）灯管上积垢太多 （3）电源电压太低或线路电压降过大 （4）气温过低或冷风直吹灯管	（1）调换灯管 （2）清除灯管积垢 （3）调整电压或加粗导线 （4）调换电子启辉器或修理启辉器
荧光灯管寿命短或发光后立即熄灭	（1）电子镇流器配用规格不当,或质量较差,致使灯管电压过高 （2）受到剧震,使灯丝震断 （3）新装灯管因接线错误将灯管烧坏	（1）调换或修理电子镇流器 （2）调换安装位置或更换灯管 （3）检修线路
荧光灯有杂音或电磁声	（1）电子镇流器质量较差或损坏 （2）电子镇流器过载或其内部短路 （3）电子镇流器受热过度 （4）电源电压过高引起电子镇流器发出声音	（1）调换电子镇流器 （2）调换电子镇流器 （3）检查受热原因 （4）如有条件设法降压
其 他	（1）电源电压过高或容量过低 （2）灯管闪烁时间长或使用时间太长	（1）若有条件,可调低电压或换用容量较大的电子镇流器 （2）检查闪烁原因或减少连续使用的时间

表 5-9　高压汞灯两种常见故障及检修方法

故障现象	故障原因	检修方法
灯丝寿命短	安装倾斜度超过规定的 4°	重新安装，保持水平平稳
灯泡过热	灯脚松动，接触不良	更换灯管

3）碘钨灯常见故障及检修方法

碘钨灯常见故障及检修方法如表 5-10 所示。

表 5-10　高压汞灯两种常见故障及检修方法

故障现象	故障原因	检修方法
灯暗	（1）电源电压低 （2）镇流器型号不对 （3）灯泡内部构件损坏	（1）电压恢复正常后使用 （2）更换镇流器 （3）更换损坏器件
忽亮忽暗	（1）电源电压波动大 （2）灯座接触不良 （3）螺口松动 （4）连接头松动	（1）电压恢复正常后使用 （2）修复灯座或更换灯座 （3）更换碘钨灯 （4）修复连接头或更换

5.3.2　其他室内照明线路故障及检修方法

其他室内照明线路故障、原因及检修方法如表 5-11 所示。

表 5-11　其他室内照明线路故障、原因及检修方法

故障现象	故障原因	检修方法
开路	（1）导线头脱落或松动 （2）接线螺钉松动 （3）接合桩损坏 （3）开关触点不良 （4）熔断器未能拧紧或熔断 （5）导线被老鼠咬断或受外物损坏	（1）重新接线并加装绝缘层 （2）加固螺钉 （3）更换损坏器件 （4）更换开关 （5）更换熔断器 （6）重新接线并加装绝缘层
短路	（1）导线陈旧，绝缘层破损，支持物松脱或其他原因 （2）接线柱螺丝松脱或没有把绞合线拧紧，致使铜丝散开，线头相碰 （3）家用电器内部的绕组绝缘损坏 （4）灯泡的玻璃部分与铜头脱胶，旋转灯泡时使铜头部分的导线相碰	（1）更换导线并除去损坏物品 （2）重新装接 （3）更换损坏的家用电器 （4）更换灯泡或修理损坏部分
漏电	（1）线路及设备老化或破损，引起接地或搭壳漏电 （2）线路安装不符合电气安全要求，绝缘不合格 （3）线路或设备受潮、受热或受腐蚀导致绝缘性能下降	（1）更换导线或设备 （2）按正确的方法安装 （3）更换导线或设备，并对导线与设备加保护装置

5.4　实训　家用照明装置的安装

1）实训目的

熟练掌握家用照明装置的安装方法。

2）实训器材

电工常用工具、验电笔、数字单相电能表、C45N 开关（二极）、漏电保护器（30 mA 级）、明盒 3 只、86 型开关、日光灯总成套、单极双控 2 只、插座。

3）实训步骤

（1）计算出家用照明装置的用电容量。

（2）画出家用照明装置安装接线图，可参考配电板（图 5-26）和荧光灯接线图（图 5-22）。

（3）将数字单相电能表、漏电保护器、C45N 开关（二极）、明盒 3 只、灯座、单极双控 2 只和插座画线定位。

（4）固定钢筋轧头。

（5）敷设导线。

（6）安装各种组件。

（7）安装灯管。

（8）接通电源，用验电笔检查。

4）注意事项

（1）注意各低压电器的安装距离，布局合理。

（2）相线和零线不能接错（左零右相），地线必须可靠接地，接地电阻为 4～10 Ω。

（3）安装要牢固可靠，配线要横平竖直，简洁明快，线头不得裸露。

（4）检测无误后，才能通电。

5）实训报告

总结操作步骤，特别要找出自己的操作中的失误。

习题 5

（1）室内布线的基本要求是什么？

（2）室内常用布线方式有哪些？

（3）电气照明的基本要求是什么？

（4）简述线管布线的步骤。

（5）简述白炽灯的安装步骤。

（6）说明电子镇流器的工作原理。

（7）单相照明配电板上安装有哪些电器？

（8）说明电能表的安装步骤。

6 三相异步电动机的控制原理与安装

[主要内容与要求]

(1) 交流异步电动机有单相和三相电动机两大类。

(2) 三相异步电动机的铭牌说明了电动机的性能和指标。

(3) 三相异步电动机由定子和转子组成。

(4) 三相鼠笼电动机的启动方式有：直接启动和降压启动。降压启动又可分为串联电阻降压启动、自耦变压器降压启动、Y-△降压启动、延边△降压启动。控制方式有辅助按钮联锁正反转控制、自动往返控制。调速方式有变频调速、鼠笼式电动机变极调速和电磁调速。制动方式有能耗制动、机械制动和电力制动。

(5) 拆装各种电动机时，要了解它们的结构和工作原理，注意记住拆装时的顺序，不要拆坏或丢失电动机零部件。

(6) 对于电动机运行要勤于检查、巡视和调整。

(7) 掌握电动机的一般故障特征、维修步骤及维修方法。

电动机是工农业生产实现电气化、自动化必不可少的机械。交流异步电动机以定子绕组直接连接交流电网，其结构简单，制造、使用和维护方便，运行可靠，重量轻，成本较低，是各种电动机中应用最广、需要量最大的一种电动机。

交流异步电动机按电源相数分为单相和三相两类；按电动机尺寸分为大型、中型、小型3种；按防护形式分为开启式、防护式、封闭式3种；按通风冷却方式分为自冷式、自扇冷式、他扇冷式、管道通风式4种；按安装结构形式分为卧式、立式、带底脚式、带凸缘式4种；按绝缘等级分为E级、B级、F级、H级；按工作定额分为连续、断续、短时3种。

交流异步电动机品种、规格繁多，按转子绕组形式分为笼形转子和绕线转子两类。笼形转子绕组本身自成闭合回路，整个转子被浇铸成一坚实整体，结构简单牢固，应用最为广泛，一般小型异步电动机大多为笼形转子。绕线转子由铁芯和绕组组成，在其转子绕组回路中通过集电环和电刷接入外加电阻，可以降低启动电流和改善启动特性，必要时可以调节转速。

本章重点讨论三相鼠笼异步电动机。

6.1 三相异步电动机的性能与结构

6.1.1 三相异步电动机的铭牌

任何新的电动机，在机座上都装有铭牌，它说明了电动机的类型、主要性能和主要指标，为用户提供了使用和维修这台电动机的简要技术资料。用户在使用时要保护好铭牌。下面以图6-1所示某三相鼠笼异步电动机的铭牌来说明电动机的技术指标。

三相异步电动机					
型号	Y160L-4	功率	15 kW	频率	50 Hz
电压	380 V	电流	29.7 A	接法	△
转速	1450 r/min	定额	连续	绝缘等级	E
温升	65 ℃	功率因数	0.8	重量	××kg
标准编号	××				
××电动机厂					

图 6-1 三相异步电动机的铭牌

1）电动机型号

电动机型号表示如下：

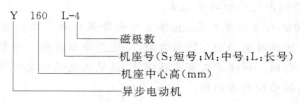

Y　160　L-4

- 磁极数
- 机座号（S：短号；M：中号；L：长号）
- 机座中心高（mm）
- 异步电动机

2）电动机的额定值

额定值是指电动机的电量规定，主要有：

（1）额定功率：在规定的电压、电流条件下，电动机所输出的机械功率，单位是 W 或 kW。

（2）额定电压：加在电动机绕组上正常运行的线电压，单位是 V 或 kV。

（3）额定电流：加在电动机绕组上正常运行的线电流，单位是 A 或 kA。

（4）额定频率：电动机在额定运行时的电源频率，单位是 Hz。

（5）额定转速：电动机在额定运行时的转速，单位是 r/min。

3）连接

这里指电动机三相绕组 6 个端子的连接方法。将三相绕组的首端（规定为 U_1、V_1、W_1）分别接电源、尾端（规定为 U_2、V_2、W_2）连接在一起的接法，称为星形（Y）连接，如图 6-2(a)所示。若将电动机的 3 个首尾端串接，如 W_1 接 V_2，U_2 接 V_1，W_2 接 U_1，再在串接点上接电源的接法，称为三角形（△）连接，如图 6-2(b)所示。

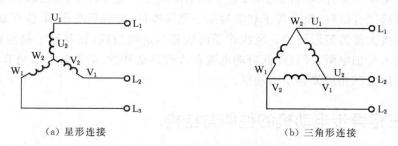

（a）星形连接　　　　　　　　　　　　　（b）三角形连接

图 6-2 电动机三相连接

4）异步电动机的其他指标

（1）温升：电动机运行后会发热，电动机允许的最高温度与环境温度之差称为温升。如果环境温度为 20 ℃，温升为 65 ℃，则电动机的最高温度不能超过 85 ℃，否则应停机。

（2）定额：电动机的工作方式有 3 种，即连续、短时和断续。连续是指电动机连续不断地输出额定功率而温升不超过铭牌允许值;短时表示电动机不能连续使用,只能在规定的较短时间内输出额定功率;断续表示电动机只能短时输出额定功率,但可多次断续重复启动和运行。

(3)绝缘等级:指电动机绕组所用绝缘材料按其允许耐热程度规定的等级,这些级别为:A级,105 ℃;E级,120 ℃;B级,130 ℃;F级,155 ℃。

(4)功率因数:指电动机从电网所吸收的有功功率与视在功率的比值。视在功率一定时,功率因数越高,电动机对电源的利用率越高。

6.1.2 三相异步电动机的结构

三相异步电动机主要有两个基本组成部分,即定子(固定部分)和转子(转动部分)。其组成如图 6-3 所示。定子和转子彼此由空气隙隔开,为了增强磁场,空气隙尽可能小,一般为 0.3~1.5 mm。电动机容量越大,气隙就越大。

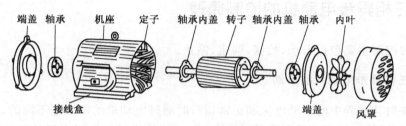

图 6-3 三相鼠笼式异步电动机组成

1) 转子

转子是电动机的旋转部分,它的作用是输出机械转矩。转子主要由转子铁芯、转子绕组和转轴 3 部分组成。其作用是在旋转磁场作用下获得一个转动力矩,以带动转子输出机械能量。转子铁芯是由厚度为 0.35~0.50 mm 的绝缘硅钢片叠压成圆柱形而成,在其外圆表面冲有均匀分布的平行槽,槽内用来嵌放转子绕组。

三相鼠笼式异步电动机转子铁芯的每个槽里有一根钢条,在铁芯两端槽口处,有两个导电的端环,分别把槽里的铜条连接起来,形成一个短接回路。如图 6-4(a)所示。转子绕组的形状像一个鼠笼,故称为鼠笼转子。现在,中小型异步电动机一般都采用把熔化的铝液浇铸在转子铁芯的槽内,两个端环也一样铸造形成铸铝的笼形转子,如图 6-4(b)所示。

(a) 鼠笼式转子　　(b) 铸铝鼠笼式转子

图 6-4　鼠笼式转子　　　　　　　　　　图 6-5　绕线式转子

绕线转子与笼形转子不同,它是在转子铁心槽内嵌置与定子绕组相似且对称的三相绕组,通常转子三相绕组连接成星形,星形绕组的 3 根端线接到装在转轴上的 3 个滑环(集电环)上,集电环靠电刷与外电路连接,如图 6-5 所示。电动机启动时,转子电路中串联可变电阻(启动电阻);运行时将 3 个集环短路,将可变电阻切断。需要时,还可以在转子电路中串接可变电阻进行调速。

2）定子

定子是由定子铁芯、定子绕组和机座等组成，如图6-6所示。其作用是产生一个旋转磁场。定子铁芯由互相绝缘的 0.35～0.5 mm 厚的硅钢片叠压而成，在硅钢片的内圆中有均匀分布的槽，用来切割定子绕组，定子铁芯装在用铸铁或铸钢制成的机座上。定子绕组由许多个线圈连接而成，绕组用绝缘的铜（铝）导线绕制。中小型异步电动机一般采用漆包线或玻璃丝包线绕成，大型异步电动机的定子绕组

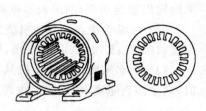

图 6-6　定子铁芯与硅钢片

用较大截面积的扁铜线绕好后再包上绝缘层。定子三相绕组是对称的，一般有 6 个出线端，三相的始端用 U_1、V_1、W_1 表示，末端用 U_2、V_2、W_2 表示，通常将它们接在接线盒内。

6.2　三相异步电动机的控制原理

电动机的控制主要包括启动、控制、调速、停止。

6.2.1　三相异步电动机的启动

电动机在启动过程中的启动电流和正常运行时通过电动机的电流是不同的。当异步电动机刚接通电源的瞬间，转子还没有启动，转速 $n = 0$，旋转磁场与转子之间的相对速度最大，在转子导体中的感应电动势和感应电流都很大。当转子绕组电流很大时，定子绕组电流也很大，这个电流称为启动电流，启动电流一般可达到额定电流的 5～7 倍。由于启动过程时间很短，引起供电线路的电压显著下降，这不仅会使电动机本身的启动转矩减小，造成启动困难，而且也会影响接在同一电源上的其他电气设备的正常工作。与此同时，虽然转子电流很大，但启动转矩并不大，可能不能带动负载，或者使启动时间拖长。

为了限制启动电流，并得到适当的启动转矩，对不同容量的异步电动机应用不同的启动方法。

1）鼠笼式电动机的直接启动

（1）直接启动的原理：直接启动就是通过开关或接触器将额定电压直接加到电动机上启动。直接启动的设备简单，启动时间短，如图6-7所示。按下按钮 SB，使接触器线圈得电，吸合衔铁（接触器吸合），KM 常开触点闭合，电动机电源接通，即可启动。

（2）直接启动的条件

① 当电源容量足够大时，应尽量采用直接启动。

② 一般规定对于不经常启动的电动机，若功率不超过变压器容量的 30%，可以直接启动。

③ 对于启动频繁的电动机，若功率不超过变压器容量的 20%，可以直接启动。

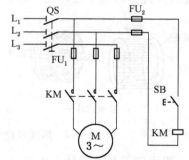

图 6-7　鼠笼式电动机直接启动电路

需要注意的是，如果电网有照明负载，要求电动机启动时造成的电压降落不超过额定电压的 5%。

2）鼠笼式电动机的降压启动

如果电动机不具备直接启动的条件，就不能直接启动，必须设法限制启动电流，通常采用

降压启动来限制启动电流。就是在启动时降低加到电动机定子绕组上的电压,等电动机转速升高后,再使电动机的电压恢复至额定值。由于降压启动时电压降低,电动机的启动转矩也相应地减小。这种方法只适用于电动机在空载或轻载情况下启动。常用的降压启动控制电路有以下几种:

(1)串联电阻降压启动:图 6-8 所示是串联电阻降压启动控制电路。QS_1、QS_2 是开关,FU 是熔断器。启动时,先合上电源开关 QS_1,电阻 R 串入定子绕组中,经 R 降压加在定子绕组上,从而降低了启动电流。待电动机转速接近额定转速时,再合上 QS_2,把电阻 R 短接,使电动机在额定电压下正常工作。通常的操作方法为手动。

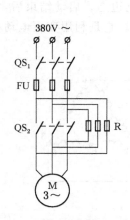

图 6-8　串联电阻降压启动电路

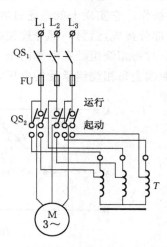

图 6-9　自耦变压器降压启动电路

(2)自耦变压器降压启动:自耦变压器降压启动又称补偿器降压启动,如图 6-9 所示。利用自耦变压器降压来达到限制启动电流的目的。操作方式有手动和自动两种。

启动时,先合上电源开关 QS_1,将开关 QS_2 掷向"起动"位置,三相电源经 QS_1,通过 FU 熔断器,QS_2"启动"开关,经自耦变压器变压(降压),加到电动机定子绕组上,从而限制了启动电流,进行降压启动。

当电动机转速接近额定转速时,将开关 QS_2 掷向"运行"位置,切除自耦变压器,使电动机直接接在三相电源上,在额定电压下正常运行。

自耦变压器降压启动在大、中型电动机启动时应用较广泛。

3)Y-△降压启动

Y-△降压启动的电源电压为380/220 V,主要用于较大容量的电动机空载或者轻载启动。启动时绕组为 Y 连接,每相电压 220 V,待转速接近额定转速时,再改接为△连接,此时每相电压为 380 V,启动电流只有直接启动电流的1/3。这种通过变换定子绕组接线来降低启动电压的方法,称为 Y-△降压启动方法。操作方法有手动和自动两种。

图 6-10 所示是 Y-△降压启动控制电

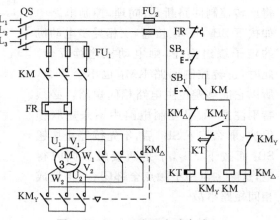

图 6-10　Y-△降压启动电路

路。启动时，按下 SB_1，KM_Y 线圈得电，常开触头闭合，KM 线圈得电，KM 自锁触头闭合自锁，KM 主触头闭合；KM_Y 联锁触头分断对 $KM_\triangle$ 联锁；KM_Y 主触头闭合，电动机 M 接成 Y 降压启动。在按下 SB_1 的同时，KT 线圈得电，当 M 转速上升到额定转速时，KT 延时结束，KT 常闭触头分断，KM_Y 线圈失电，KM 常开触头分断，KM_Y 主触头分断，解除 Y 联锁，KM_Y 联锁触头闭合，$KM_\triangle$ 线圈失电，$KM_\triangle$ 联锁触头分断，对 KM_Y 联锁，KT 线圈失电，KT 常闭触头瞬时闭合；$KM_\triangle$ 主触头闭合，电动机接成 △ 全压运行。

　　4）延边△降压启动

　　延边△启动的电动机，适用于定子绕组有 9 个出线端子的笼形转子异步电动机。操作方式为自动操作。它实质上就是通过电动机的每相定子绕组线圈的中间进行抽头，启动时，将定子绕组一部分接成△，另一部分连接在△的延长边上，构成延边△。启动结束后，定子绕组改接成△，这时每相绕组处在电源的全电压下，如图 6-11 所示。它是利用变更电动机定子绕组的接法，而改变每相绕组承受的电压，来达到减压启动的目的。

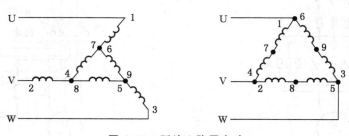

图 6-11　延边△降压启动

6.2.2　三相异步电动机的可逆控制

　　电动机在用作电力拖动时，常常需要控制一些机械正反转，往复运动，如卷扬机、车床等。通常的方法是通过改变三相异步电动机的定子绕组的相序来实现。

　　1）辅助按钮联锁正反转控制电路

　　辅助按钮联锁正反转控制电路如图 6-12 所示。控制电路 SB_1 与 SB_2 两对常闭触点为联锁触点。当按下 SB_1 后，KM_1 接通，假设电动机连续正转，SB_1 常闭触点打开，将反转控制回路断开；同理，控制电路中如按下 SB_2，KM_2 接通，三相异步电动机的定子绕组换序，则电动机连续反转。此时，正转控制回路 KM_1 也不会吸合，所以它能够避免主电路相间短路。必须特别注意，如果控制电路中不采用联锁保护，那么按下 SB_1 后，不先按停止按钮 SB_3 而按下 SB_2，于是两接触器同时得电，这时主电路中触点全部闭合，将造成相间短路事故。

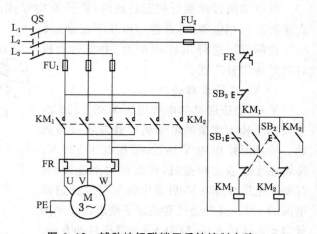

图 6-12　辅助按钮联锁正反转控制电路

2）自动往返控制电路

自动往返控制电路是由行车限位开关自动去控制能正反启动的电动机,如图 6-13 所示。当按下 SB_1,KM_1 线圈得电,KM_1 主触头和自锁常开触头闭合,电动机启动且正常运转。KM_1 联锁触头分断对 KM_2 联锁。行车移至限定位置,撞铁 1 碰撞位置开关 SQ_1,使 SQ_1 常闭触点分断,KM_1 线圈失电,KM_1 自锁触头分断解除自锁,主触头分断,联锁触头恢复闭合解除联锁,行车停止前移。此时,即使按下 SB_1,由于 SQ_1 常闭触头已分断,接触器线圈 KM_1 不会得电,保证了行车不会超过 SQ_1 所在位置。行车向后运动原理与向前运动原理相同,这里不再具体叙述。停车只需按钮即可。

值得注意的是,自动往返控制电路适合于控制小容量电动机,且往返次数不能太频繁,否则电动机要发热。

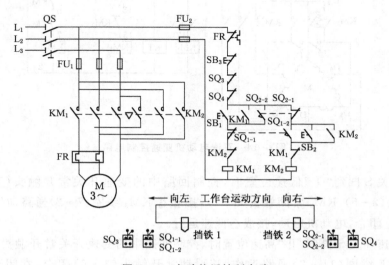

图 6-13　自动往返控制电路

6.2.3　三相异步电动机的调速

对运行的电动机,有时由于工作的需要,要改变电动机的转速。实现电动机转速变化的过程称为电动机的调速。调速方法通常有变频调速和变极调速两种。

1）变频调速

变频调速是根据异步电动机的转速与电源频率成正比的关系,通过改变电源的频率来改变电动机转速的调速方法。

大家知道,电动机的转动力矩与线圈切割磁力线的量成正比,电源频率越高,切割磁力线的量越大,转矩越大,转动就越快。但变频调速通常要求电动机的主磁通保持不变,以保证电动机的转矩稳定,这就要求改变电源频率时,保持电源电压与电源频率的比值恒定。

变频调速在目前的生活中应用非常广泛,如变频空调、变频电梯。它的特点是具有较大的调速范围、调速平滑,但必须使用专门的三相调频电源设备。

2）变极调速

变极调速是根据异步电动机的转速与磁极对数成反比,用改变磁极对数来改变电动机的转速的方法。一般只用于鼠笼式电动机,这是因为鼠笼式电动机的转子能自动变换极数以与定子相适应,但绕线转子是无法变极的。

双速异步电动机是变极调速最典型的一种,如 6-14 所示。

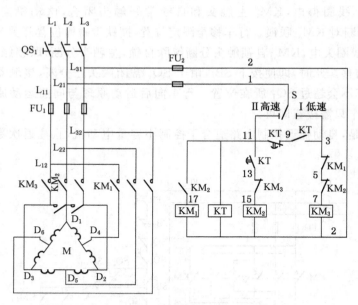

图 6-14　双速电动机变速控制电路

当变速开关 S 掷到"Ⅰ"低速位置时,控制回路中的变速开关常开触头(1-3)闭合,经 KM_1 常闭触头(3-5)、KM_2 常闭触头(5-7),接触器 KM_3 线圈(7-2)通路动作,将主回路的常开触头 KM_3 闭合,电动机启动,接成△低速运行。

如果把变速开关 S 掷到"Ⅱ"高速位置时,控制回路中的变速开关常开触头(1-11)闭合,时间继电器 KT 线圈(11-2)通路动作,其瞬动常开触头(3-9)闭合,常闭延时断开触头(11-9)处于闭合位置,经过接触器 KM_1 常闭触头(3-5)和接触器(5-7),接触器 KM_3 线圈(7-2)通路动作。其一路将常闭触头(13-15)断开,防止接触器 KM_2 同时动作;另一路将主回路的常开触头 KM_3 闭合,这时电动机接成△高速启动运行。

当时间继电器 KT 经过延时后,一路断开其常闭延时触头(9-11),切断接触器 KM_3 线圈电路,使其断开的触头(13-15)复原为常闭位置,将其主回路闭合,KM_3 触头复原为常开位置。时间继电器 KT 延时后的为另一路,将其常开延时闭合触头(11-13)闭合,经接触器 KM_3 常闭触头(13-15),接触器 KM_2 线圈通路动作。一路将其常开触头(11-17)闭合,这时接触器 KM_2、KM_1 线圈几乎同时通路动作,将主回路 KM_1 和 KM_3 常开触头闭合,电动机接成 Y-Y 由低速启动转为高速运行,另一路将 KM_1 和 KM_2 接触器常闭触头(3-5)和(5-7)断开,防止 KM_3 接触器线圈通路动作,造成电动机同时做 Y-Y 和△运行。

3) 电磁调速

电磁调速是利用滑差离合器的电磁作用,实现异步电动机的调速。电磁调速异步电动机由异步电动机、滑差离合器和晶闸管控制线路 3 部分组成。其工作原理如下:异步电动机通过滑差离合器带动生产机械,离合器的电枢旋转时产生涡流,此涡流与由晶闸管控制的转子磁极相互作用来控制转子的转速,增大晶闸管的激励电流,转速增加;反之,转速减慢。电磁调速异步电动机工作可靠,调速范围广,得到广泛应用,缺点是效率较低。

6.2.4 三相异步电动机的制动

1）能耗制动

能耗制动主要用于一些功率较大、制动次数频繁的生产机械上。

能耗制动在切断电动机的三相电源的同时，给任意两相定子绕组中输入直流电流，以获得大小、方向不变的磁场，从而产生一个与原转矩方向相反的电磁转矩以实现制动。这是由外加电流产生的磁场消耗转子动能来实现制动，称为能耗制动。

能耗制动控制电路如图 6-15 所示。其制动原理如下：在电动机定子绕组与交流电源断开之后，立即在其两相定子绕组上接入一个直流电源（直流电源由 VC 单相桥式整流器供给），于是在定子绕组中产生一个静止磁场，转子在这个

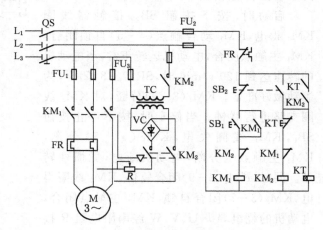

图 6-15 能耗制动控制电路

磁场中旋转，产生感应电动势，转子电流与固定磁场所产生的转矩阻碍了转子的继续转动，因而产生制动作用，使电动机迅速停止。

电阻 R 用来调节电流的大小，从而调节制动的强度，或者在变压器 TC 的二次侧上适当地抽头也可以达到这个目的。

异步电动机能耗制动的直流电源的电流大约是电动机空载电流的 3～4 倍，制动电压大约是电动机相线间电阻与电流的乘积。

考虑到电动机绕组的发热情况，为使电动机有比较满意的制动效果，制动电流一般取空载电流 4 倍左右，在转动惯量不大的情况下，制动时间为 2～3 s。

2）机械制动

机械制动是在电动机断电以后，立即采用机械方式进行制动的方法。它普遍用于卷扬机等设备的制动，可防止突然停电而使重物落下发生危险。

目前常用的机械制动主要是采用抱闸式制动方式，如图 6-16 所示。若需电动机启动，合上电源开关 QS，再按启动钮 SB₂，接触器 KM 线圈得电，主触头与自锁触点同时闭合，电动机绕组得电开始启动。同时，电磁抱闸线圈也得电，产生电磁力，提取机械杠杆，松开抱闸，电动机正常启动。当停机时，按下停车按钮 SB₁，接触器线圈和抱闸线圈同时失电，KM 释放主触点，分断电路，衔铁失去电磁力，机械杠杆在弹簧作用下，闸瓦死死抱住闸轮，而闸轮是装在电动机轴承上的，使电动机的摩擦力增大而使电动机停止转动。

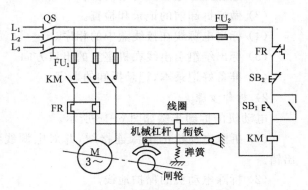

图 6-16 电磁抱闸制动控制电路

3）电力制动

电力制动是利用改变电动机定子绕组的三相电源的相序，即产生反向旋转磁场产生反向力矩，抵消电动机的惯性，进行制动。反接电力制动控制电路如图6-17所示。

启动时，按下按钮 SB_2，接触器线圈 KM_1 得电，KM_1 动合触点（4-5）自锁闭合，KM_1 主触点闭合，电动机运转正常，当电动机的转速达到120 r/min时，SR（7-8）闭合，为制动做好准备。KM_1（8-9）分断，对 KM_2 线圈支路进行联锁。当停车时，按下停止按钮 SB_1，KM_1 线圈失电，KM_1（4-5）分断，KM_1 主触点也分断，电动机断电，凭惯性转动。同时，KM_1（8-9）闭合复位，KM_2 线圈得电，KM_2（3-7）闭合自锁，KM_2 主触点闭合，电动机的绕组端头 U、V、W 经串限电阻 R 接到三相电源的 L_3、L_2、L_1 上，同时 KM_2（5-6）分断，在转速达到 120 r/min 时，SR

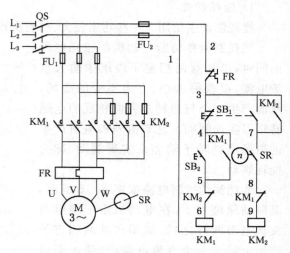

图6-17 反接电力制动控制电路

（7-8）分断复位，KM_2 线圈断电，KM_2（3-7）分断复位，（5-6）闭合复位，KM_2 触点分断，电动机断电，制动成功。

6.3 异步电动机的拆卸与装配

电动机的检修工作主要是拆、洗、换润滑油、调整和组装。现介绍电动机的拆装工艺。

6.3.1 异步电动机的拆卸

1）拆卸前的准备

（1）准备所用工具、材料，工具有电工常用工具、锤子、铜棒、轴承拆卸工具、扁铲；材料有垫木、汽油、润滑脂、毛刷、棉纱、油盘。

（2）熟悉异步电动机的结构。

（3）做好拆卸前的记录和检查。

（4）标出电源线在接线盒中的相序。

（5）标出绕组引出线在机座上的出口方向。

（6）准备好记录本，记录拆卸的顺序。

2）拆卸步骤

电动机的拆卸步骤如图6-18所示。

（1）拆除电动机的电源连接线，并对电源线线头做好清理，并做好标记，便于装配时不出错。

（2）拆除电动机的保护地线。

（3）卸下带轮或联轴器。

（4）卸下电动机尾部风罩和风叶。

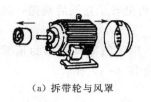  

（a）拆带轮与风罩　　　　　（b）拆尾风叶　　　　　（c）拆前后端盖螺钉

 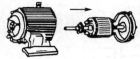 

（d）将转子与后端盖敲出　　　（e）取出转子　　　　（f）敲出前端盖

图 6-18　电动机的拆卸步骤

（5）拆卸轴承外盖和端盖，拧下前、后端的紧固螺钉。

（6）用木板垫在转轴前端，用锤子将转子和后端盖从机座中敲出，若使用木锤子，可直接敲打转轴前端；对于绕线转子异步电动机，应先提起和拆除电刷、电刷架和引出线。

（7）从定子中抽出或吊出转子。

（8）用木棒伸进定子铁芯，顶住前端内盖，用锤子将前端盖敲离机座。

（9）拉出前后轴承及轴承内盖。

3）主要零部件的拆卸方法

在电动机的拆卸过程中，有几个主要零部件的拆卸难度较大，不易拆卸，弄不好会损坏零部件。因此在拆卸时，要掌握正确的拆卸方法，才能完整地拆卸、维修和装配。

（1）带轮或联轴的拆卸

① 在带轮或联轴器的轴伸端上做好尺寸标记。

② 将带轮或联轴器上的定位螺钉或销子松脱取下，装上拉具，拉具的丝杠顶端要对准电动机轴端的中心，使其受力均匀。

③ 转动丝杠，把带轮或联轴器慢慢拉出。如拉不出，可在定位螺丝内注入煤油，待几小时后再拉，如再拉不出，可用喷灯等急火在带轮或联轴器四周加热，使其膨胀，就可趁热迅速拉出，但加热的温度不能太高，以防止转轴变形。

注意事项：拆卸过程中不能用手锤直接敲出带轮或联轴器，敲打会使带轮或联轴器碎裂、转轴变形或端盖受损等。

（2）风罩和风叶的拆卸

① 把外风罩螺栓松脱，取下风罩。

② 把转轴尾部风叶上的定位螺栓或销子松脱、取下，用金属棒或手锤在风叶四周均匀轻敲，小型异步电动机的风叶一般不用拆卸，可随转子一起抽出。但如果后端盖内的轴承需加油更换时，就必须拆卸，这时可把转子边连同风叶放在压床中一起压出。对于采用塑料风叶的电动机，可用热水使塑料风叶膨胀后拆下来。

（3）轴承端盖的拆卸

① 把轴承的外盖螺栓松下，卸下轴承外盖。

② 为便于装配时复位，在端盖与机座接缝处的某一位置做好标记。

③ 松开外端盖的紧固螺钉，垫上垫木，用锤子均匀地敲打端盖四周，把端盖取下。对小型电动机，可先把轴伸端的轴承外盖卸下，再松开后端盖的固定螺栓（如风叶装在轴伸端的，则须先

把后端盖外面的轴承外盖取下），然后用木锤敲打轴伸端，这样可把转子连同后端盖一起取下。

（4）拆卸轴承：拆卸轴承通常有几种方法：

① 铜棒拆卸：用带有楔形的铜棒，倾斜插入轴承的内圈，用手锤敲打铜棒的顶部，边敲边沿轴承内圈移动铜棒的位置，均匀用力，慢慢地把轴承敲出，如图 6-19 所示。

图 6-19　铜棒拆轴承　　　　　　　　图 6-20　拉具拆轴承

② 拉具拆卸：根据轴承的大小，选用合适的拉具，拉具的脚爪应扣入轴承的内圈，拉具的丝杆顶点要垂直对准转子轴端中心，用力要均匀，动作要缓慢，如图 6-20 所示。

③ 油浸拆卸：对已生锈的轴承，可将轴承内圈用煤油浸泡 1~2 h 再进行拆卸。如还不能拆卸，可适当加热使其膨胀而松脱。注意：加热前，用湿布包好转轴，防止热量扩散。

④ 轴承在端盖内的拆卸：若轴承留存在端盖内时，可把端盖止口面向上，平稳地搁在中间留有空隙的木板上，在轴承顶部加垫木，用铁锤敲打垫木拆下。

（5）抽出转子：电动机的转子在抽出前应在转子下面的气隙和绕组部位垫上纸板，以免碰伤线圈绕组和铁芯。小型电动机的转子可直接抽出，大型电动机的转子可采用起重设备抽出。如转子轴承较短，可加接假轴承，让起重设备能够着力。

6.3.2　异步电动机的装配

1）装配前的准备

（1）准备所用工具、材料和仪表（万用表、钳形电流表、兆欧表等）。

（2）对电动机进行检查。

① 对定子、转子进行清扫、检查。用皮老虎或压缩空气吹净灰尘垢物，用毛刷再做清扫。检查绕组的外观，看其有无破损及绝缘是否老化。

② 对轴承进行清洗、检查与换油。用汽油将轴承清洗干净，不要残留旧润滑脂。用手转动轴承外圈，检查其是否滑动灵活，有无过松、卡住的情况；观察滚珠、滚道表面有无斑痕、锈迹，以决定是否更换。

换油时，加入的润滑脂应适量，一般以轴承室容积的 1/3~1/2 为宜，润滑脂量过大会使电动机运转时轴承发热。

③ 用兆欧表测定子绕组的绝缘电阻。有两项内容：一是绕组对地绝缘电阻，二是三相绕组间的绝缘电阻，都应采用 500 V 兆欧表。测量接线为：测定子绕组对地（外壳）绝缘电阻时，E 端钮接外壳，L 端钮接绕组，对三相绕组分别进行测量；测量三相绕组间绝缘时，L 和 E 端钮分别接被测两相绕组。摇测出的绝缘电阻应不低于 0.5 MΩ。

④ 用万用表检查定子绕组，并判定其首尾端。检查定子绕组也有两项内容：一是有无断线，二是粗略测其直流电阻。检查时所用的万用表，应选用较好的表，量程应放在电阻的"×1"挡，使用前做好调零。

2）装配步骤

装配步骤是拆卸步骤的逆过程。

（1）轴承的安装：对检查好的轴承，在轴承盖油槽内加入了足够的润滑油，先套在轴上，然后再套轴承，为使轴承内圈受力均匀，可用一根内径比转轴大而比轴承内圈外径略小的套筒抵住轴承内圈，将其均匀敲打到位，如图 6-21 所示。如没有套筒，也可用铜棒均匀敲打到位。如果轴承与轴颈过紧，可将轴承加热至 100 ℃左右，趁热套上。

图 6-21　用套筒安装轴承

图 6-22　后端盖的安装

（2）前后端盖的装配：转轴较长的为前端盖，转轴较短的为后端盖。

① 前端盖的装配：装配前端盖时，应对准机座上的标记，用木锤均匀敲打前端盖的四周，到位后交替拧紧螺栓。

② 后端盖的装配：装配后端盖时，可将轴伸端垂直放置，将后端盖套上轴承，在轴端头加上垫木，用木锤轻轻地敲打四周，如图 6-22 所示。端盖到位后，可装配轴承外盖。紧固螺丝也需要交替拧紧。

（3）绕组的首、尾端的装配：先用万用表检查绕组的首、尾端，如图 6-23 所示。进行接线，用万用表的毫安挡测试。转动电动机的转子，如表的指针不动，说明三相绕组是首首相连，尾尾相连。如指针摆动，可将任一相绕组引出线首尾位置调换后再试，直到表针不动为止。

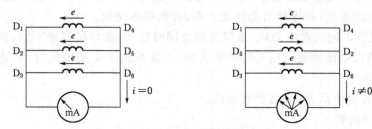
图 6-23　万用表检查电动机定子绕组的方法

3）装配后的检验

为了保证装配后质量，电动机经装配后需要进行检验。

（1）检查机械部分的装配质量：检查所有紧固螺丝是否拧紧，转子转动是否灵活、有无扫膛，轴承内是否有噪声，机座在地基上是否复位准确、安装牢固，与生产机械的配合是否良好。

（2）测量空载电流：按铭牌的要求接线或者根据自己检测到的首尾接好三相电源线，进行空载试车。空载试车可用接触器实现控制，也可使用磁力启动器，但都必须按所画的线路图进行接线。熔断器的熔丝可按 2.5 倍电动机额定电流选择，热继电器的整定值按 1.1 倍额定电流调整。主回路导线截面积按 1 mm² 通过 6～8 A 来选择。接线应正确并符合安全规程规定。

用钳形电流表测三相空载电流值，一是看三相电流是否平衡，即三相空载电流值相差不超过10%；二是看空载电流与额定电流的百分比是否在规定范围内，即是否符合允许值。对10 kV以下的电动机，极数是2的为30%~45%，极数是4的为35%~55%。

（3）检查电动机温升是否正常，运转中有无异响。

6.4 三相鼠笼式异步电动机的维护与维修

6.4.1 三相鼠笼式异步电动机的维护

要维护好三相鼠笼式异步电动机，最好的办法是加强日常保养维护，就是要做到勤检查、勤巡视、勤调整、勤清洗，发现问题及时处理，才不会将故障扩大，才能做到不维修、少维修。

1）勤检查

（1）启动前的检查

① 检查电动机铭牌所示电压、频率与电源电压、频率是否相符。

② 检查电动机及启动设备接地装置是否可靠和完整，接线是否正确，接触是否良好。

③ 检查电动机紧固螺钉是否拧紧。

④ 检查轴承是否有油，滑动轴承应检查是否达到规定油位。

⑤ 检查电动机能否自由转动，转动时内部是否有无杂物跌落声，如有，必须清除。

⑥ 检查电动机所用熔断器的额定电流是否符合要求。

⑦ 新安装或长期停用的电动机（停用3个月以上）启动前应检查绕组各相之间及其对地绝缘电阻，对额定电压为380 V的电动机，采用500 V兆欧表测量，绝缘电阻应大于0.5 MΩ，否则需将绕组烘干。

⑧ 通常电动机不允许连续启动，空载时最多5次；长时间工作后停机再连续启动，不得超过2次，因启动电流很大，若连续启动次数太多，可能损坏绕组。

⑨ 同一电网供电的几台电动机，尽可能避免同时启动，最好按容量不同，从大到小逐一启动，因同时启动的大电流将使电网电压严重下跌，不仅不利于电动机的启动，还会影响电网对其他设备的正常供电。

上述各项检查完毕后，方可启动电动机。

（2）启动后的检查

① 启动后如果电动机转速很低或不转，则应迅速拉闸，防止电流过大将电动机绕组烧坏。

② 启动后如果电动机轴承有杂音或嚓嚓声，也需停机查明原因，再试车。

③ 启动后，留心观察电动机、传动机构、生产机械等的动作状态是否正常，电流、电压表读数是否符合要求。如有异常，应立即停机，检查并排除故障后重新启动。

④ 电动机启动后，应空转一段时间，对使用过的电动机一般观察10 min，对新电动机一般观察30 min，注意是否升温过快。

（3）停车后的检查

① 检查是否有螺栓松动，及时拧紧。

② 检查传动装置是否可靠、皮带松紧是否合适、传动装置有无损坏。

③ 检查轴承是否漏油、缺油或磨损严重。

④ 检查接地线是否良好,如发现电线绝缘损坏、老化或过短,应予以更换。

⑤ 检查接线盒接线是否良好、电源线绝缘层有无破损。

2) 勤巡视

在电动机运行时,要经常巡视电动机线路的电压、电流、温升、音响等情况,及时掌握电动机的运行情况,及早发现故障,早日排除,以免故障扩大。

(1) 巡视电动机电源电压:运行中的电动机对电源电压的稳定度要求较高,要经常检查电动机的电源电压。电源电压允许值最高不得超过额定值的10%,最低不得低于额定值的5%。三相电压要对称,不对称值也不得超过5%。否则应减轻负载,有条件时可对电源电压进行调整。

(2) 巡视电动机工作电流:线路电流的额定值直接反映电动机负荷的大小。最佳的工作状态是在额定负载下运行,电动机的线电流才接近于铭牌上的额定值。

负载过重,易使电动机电流增大,发热加剧,温升过高,损坏部件;负载过轻,电动机容量得不到充分利用,其功率因数和效率都将降低。其判断标准是:通常电动机是按环境温度为40 ℃设计的,如果环境温度低于40 ℃,电动机散热加快,机身温度下降,可酌情加大负载;反之,必须减小负载。

(3) 巡视电动机温升:电动机温升是否正常,是判断电动机运行是否正常的重要依据之一。电动机的温升不得超过铭牌规定值。特别是对未装电流表、电压表和过载保护装置的小型电动机,检查温升就成为判断电动机运行状况是否良好的最佳方法。

(4) 巡视电动机音响和异味:电动机运行时,若有不正常的气味、冒烟、振动和噪声,要立即停车检查。

3) 勤调整

(1) 调整所有紧固件,均应旋紧。

(2) 调整转子,转动灵活。

(3) 调整轴伸部分偏摆,不大于0.2 mm。

(4) 调整润滑油脂的数量,润滑油脂要清洁,油量为轴承及轴承盖容积的1/2～1/3。

(5) 调整其他传动装置的耦合度。

4) 勤清洗

(1) 轴承要经常清洗。

(2) 电动机的护罩、风扇要经常清洗。

(3) 电动机外部要经常清洗。

(4) 接线盒要经常清洗。

6.4.2 三相鼠笼式异步电动机的维修

首先要了解故障产生的原因,然后根据电动机的运行原理分析故障部位,再进行排除。

三相鼠笼式异步电动机的故障一般分为电气故障和机械故障两类。电气方面有电源、线路、启动控制设备和电动机本身的故障;机械方面有被电动机拖动的机械设备和传动机构的故障、基础和安装方面的问题以及电动机本身的机械结构故障。

1) 异步电动机维修的一般步骤

尽管异步电动机的故障种类繁多,但总是可以根据故障现象找出故障原因的。如电动机绕组过热甚至绝缘烧焦，一般都是电动机绕组中电流过大。因此在修理前，要获得维修的第一手资料，只有通过问、望、闻、切，充分了解电动机的情况，才能做到有的放矢，事半功倍。

（1）问：询问用户的使用情况、故障现象、产生故障的原因等，如使用年数、总工作时间、过去发生过的故障、修理情况以及平常使用过程中的一些特殊现象等。

（2）望：观察电动机的外部和内部情况。

① 外部情况：包括机械和电气两个方面。

· 机座、端盖有无裂纹、变形；转轴有无裂痕或弯曲变形；转轴转动是否灵活，有无不正常的声响；风道是否被堵塞，风扇、散热片是否完好。

· 绝缘是否完好，接线是否符合铭牌规定，绕组的首末端是否正确。

· 测量绝缘电阻和直流电阻，判断绝缘是否损坏，绕组中有无断路、短路及接地现象。

② 内部情况：拆开电动机，做进一步检查。

· 查看风叶有无损坏或变形，转子端环有无裂纹或断裂，然后用短路侦察器检查导条有无断裂。

· 检查绕组部分，查看绕组端部有无积尘和油垢，绝缘有无损伤，接线及引出线有无损坏。绕组有无烧伤，若有烧伤，烧伤处的颜色会变成暗黑色或烧焦。若烧坏一个绕组中的几匝线圈，说明是匝间短路造成的；若烧坏几个线圈，多半是相间或连接线的绝缘损坏所引起的。若烧坏一相（大多数是采用△接法），是由一相电源断线所引起的；若烧坏两相，是由一相绕组断路而产生的；若三相全部烧坏，大多是由于长期过载或启动时卡住引起的，也可能是绕组接线错误引起的。查看导线是否烧断和绕组的焊接处有无脱焊、假焊现象。

· 检查铁芯部分，查看转子、定子铁芯表面有无擦伤痕迹。如转子表面只有一处擦伤痕迹，而定子表面全部擦伤，这大多是转轴弯曲或转子不平衡所造成的；若转子表面一周全有擦伤痕迹，定子表面只有一处擦伤痕迹，这是定子、转子不同心所造成的；若定子、转子表面均有局部擦伤痕迹，是由于上述两种原因所共同引起的。

· 检查轴承部分，查看轴承的内外套与轴颈和轴承室配合是否合适，同时也要检查轴承的磨损情况。

（3）闻：就是闻电动机运行时是否有异味。用三相调压变压器开始施加约 30% 的额定电压，再逐渐上升到额定电压，若发现有冒烟及焦臭味，应立即断开电源进行检查，以免故障进一步扩大。

（4）切：就是闻和摸。若电动机启动声音不正常或不转动，应立即停车，分析原因，查找故障。当启动未发现问题时，要测量三相电流是否平衡，电流大的一相可能有绕组短路，电流小的一相可能是多路并联的绕组中有支路断路。若三相电流基本平衡，可使电动机连续运行 $1\sim2$ h，随时用手检查铁芯部分及轴承端盖，若发现有烫手的过热现象，应停车后立即拆开电动机，用手摸绕组端部及铁芯部分。如线圈过热，则是绕组短路；如铁芯过热，说明绕组匝数不足或铁芯硅钢片间的绝缘损坏。

2）异步电动机常见故障原因

不管如何维护与保养，电动机工作一段时间后，难免会发生故障，尽管故障原因多种多样，但归纳起来主要有以下类型：

（1）不能启动

① 电源不通，电源线、熔断器和接线盒开路。

② 定子绕组接线错误。

③ 定子绕组相间短路、接地以及定子、转子绕组断路，烧坏了熔断器。

④ 控制设备接线错误。

⑤ 负载过重。

⑥ 热继电器动作后未能复位。

（2）启动运行时声音异常

① 负荷过重，轴承损坏或有异物卡住。

② 一相电源缺电、一相熔断器烧断或一相热继电器主触头变形不能接通。

③ 电源电压过低或接线盒中三相接点氧化或接触电阻大。

④ 绕组首尾接反。

⑤ 轴承缺少润滑油。

⑥ 转子扫膛，或风叶变形摩擦机罩。

⑦ 转子或定子铁芯松动，相互间摩擦。

⑧ 三相电源不相等。

（3）启动无力，转速低

① 电源电压低。

② 绕组局部短路。

③ 定子绕组接线错误。

④ 笼形转子断条或端环断裂。

⑤ △接法误接成 Y 接法。

（4）启动后过热或冒烟

① 负载过重。

② 定额方式不正确，误将短时定额或断续定额当作连续定额。

③ 定子绕组对地或转子绕组间短路。

④ 笼形转子断条或端环断裂。

⑤ 散热不良。

（5）运行时剧烈振动

① 轴承弯曲。

② 转子不平衡。

③ 地基螺丝松动。

④ 与其他传动机构耦合不良。

⑤ 气隙不均匀。

（6）轴承过热

① 润滑液过多或过少，杂质程度太高。

② 轴承装配不良。

③ 转轴弯曲。

（7）外壳带电

① 接地装置不良。

② 绕组受潮。

③ 电源线相线与中线接错。

6.5 实训

6.5.1 三相异步电动机点动控制线路的安装

1）实训目的

熟练掌握三相异步电动机点动控制线路的安装方法。

2）实训器材

常用工具、三相异步电动机、熔断器、组合开关、交流接触器、热继电器、按钮、端子板等。

3）实训步骤

（1）画出点动控制线路图，如图 6-24 所示。

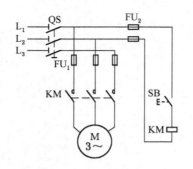

图 6-24　点动控制电路

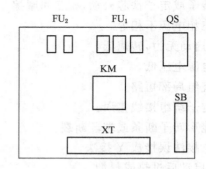

图 6-25　电器布置

（2）按元件明细表将所需器材配齐并检验元件质量。

（3）按图 6-25 在控制板上安装除电动机以外的所有电器元件。

（4）按图 6-24 的走线方法进行板前明线布线和套编码套管，并检验控制板布线正确性。

（5）接电源、电动机等控制板外部的导线。

（6）经教师检查后，通电试车。

（7）通电空运转校验。

4）实训要求

（1）检验元件质量：应在不通电的情况下，用万用表、蜂鸣器等检查各触点的分、合情况是否良好，检验接触器时，应拆卸灭弧罩，用手同时按下 3 副主触点并用力均匀；若不拆卸灭弧罩检验时，切忌用力过猛，以防触点变形。同时，应检查接触器线圈电压与电源电压是否相符。

（2）安装电器元件：必须按图 6-25 安装，同时应做到：

① 组合开关、熔断器的受电端子应安装在控制板的外侧，并使熔断器的受电端为底座的中心端。

② 各元件的安装位置应整齐、匀称、间距合理，便于更换元件。

③ 紧固各元件时应用力均匀，紧固程度适当。在紧固熔断器、接触器等易碎裂元件时，应用手按住元件一边轻轻摇动，一边用旋具轮流旋紧对角线的螺钉，直至手感觉摇不动后再适当旋紧一些即可。

（3）板前明线布线：布线时，应符合平直、整齐、紧贴敷设面、走线合理及接点不得松动等要求，其原则是：

① 走线通道应尽可能少,同一通道中的沉底导线,按主、控电路分类集中,单层平行密排,并紧贴敷设面。

② 同一平面的导线应高低一致或前后一致,不能交叉。当必须交叉时,该根导线应在接线端子引出,水平架空跨越,但必须走线合理。

③ 布线应横平竖直,变换走向应垂直。

④ 导线与接线端子或线桩连接时,应不压迫绝缘层、不反圈及不露铜过长,并做到同一元件、同一回路的不同接点的导线间距离保持一致。

⑤ 一个电器元件接线端子上的连接导线不得超过两根,每节接线端子板上的连接导线一般只允许连接一根。

⑥ 布线时严禁损伤线芯和导线绝缘。

⑦ 如果线路简单,可不套编码套管。

(4) 自检:用万用表进行检查时,应选用电阻挡的适当倍率,并进行校零,以防漏检短路故障。

① 检查控制电路,可将各棒分别搭在 U_1、V_1 线端上,读数应为"∞",按下 SB 时读数应为接触器线圈的直流电阻阻值。

② 检查主电路时,可以用手动来代替接触器受电线圈励磁吸合,进行检查。

(5) 通电试车:接电前必须征得教师同意,并由教师接通电源 L_1、L_2、L_3,并现场监护。

① 学生合上电源开关 QS 后,允许用万用表或试电笔等检查主、控电路的熔体是否完好,但不得对线路接线是否正确进行带电检查。

② 第一次按下按钮时,应短时点动,以观察线路和电动机运行有无异常现象。

③ 试车成功率以通电后第一次按下按钮时计算。

④ 出现故障后,学生应独立进行检修,若需带电检查时,必须有教师在场监护,检查完毕再次试车,也应有教师监护,并做好本次课题的实习时间记录。

实训课题应在规定定额时间内完成。

5) 注意事项

(1) 电动机及按钮的金属外壳必须可靠接地。接至电动机的导线必须穿在导线通道内加以保护,或采用坚韧的四芯橡皮线或塑料护套线进行临时通电校验。

(2) 电源进线应接在螺旋式熔断器底座的中心端上,出线应接在螺纹外壳上。

(3) 按钮内接线时,用力不能过猛,以防止螺钉打滑。

6.5.2 三相异步电动机单向正转控制线路的安装

1) 实训目的

熟练掌握三相异步电动机单向正转控制线路的安装方法。

2) 实训器材

实训器材见表 6-1。

表 6-1 实训器材

代 号	名 称	型 号	规 格	数 量
M	三相异步电动机	Y - 112M - 4	4 kW,380 V,△接法,8.8 A,1 440 r/min	1
QS	组合开关	HZ10 - 25/3	三极,25 A	1

代 号	名 称	型 号	规 格	数 量
FU₁	螺旋式熔断器	RL1－60/20	500 V,60 A、配熔体额定电流 20 A	3
FU₂	螺旋式熔断器	RL1－15/2	500 V,15 A、配熔体额定电流 2 A	2
KM	交流接触器	CJ10－20	20 A,线圈电压 380 V	1
FR	热继电器	JR16－20/3	三极,20 A,热元件 11 A,整定电流 8.8 A	1
SB₁₋₂	按钮	LA10－3H	保护式,按钮数 3(代用)	1
XT	端子板	JX2－1015	10A15 节	1

3）实训步骤

（1）画出单向正转控制线路图,如图 6-26 所示。

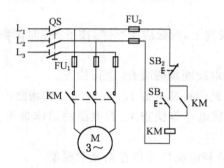

图 6-26　单向正转控制电路

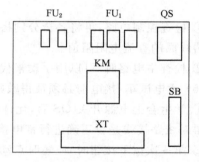

图 6-27　电器布置

（2）按元件明细表将所需器材配齐并检验元件质量。

（3）按图 6-27 在控制板上安装除电动机以外的所有电气元件。

（4）按图 6-26 的走线方法进行板前明线布线和套编码套管,检验控制板布线正确性。

（5）接电源、电动机等控制板外部的导线。

（6）经教师检查后,通电试车。

（7）通电空运转校验。

4）注意事项

（1）自检时用万用表的电阻挡进行检查。

（2）热继电器的热元件应串接在主电路中,其常闭触点应串接在控制电路中。

（3）热继电器的整定电流必须按电动机的额定电流自行调整,绝对不允许弯折双金属片。

（4）一般热继电器应置于手动复位的位置上,若需要自动复位,可将复位调节螺钉以顺时针方向向里旋足。

（5）热继电器因电动机过载动作后,若要再次启动电动机,必须待热元件冷却后,才能使热继电器复位。一般复位时间:自动复位需 5 min;手动复位需 2 min。

（6）接触器的自锁常开触点 KM 必须与启动按钮 SB₂ 并联。

（7）在启动电动机时,必须在按下启动按钮 SB₂ 的同时,还应按住停止按钮 SB₁,以保证万一出现故障可立即按下 SB₁,防止事故扩大。

习题 6

(1) 正确识读某异步电动机的铭牌。

(2) 小型三相鼠笼异步电动机由哪几部分组成？各有什么作用？

(3) 小型三相鼠笼异步电动机有哪些启动方法？举例说明。

(4) 怎样实现异步电动机的调速？

(5) 简述小型三相鼠笼异步电动机的拆卸步骤。

(6) 简述小型三相鼠笼异步电动机的装配步骤。

(7) 小型三相鼠笼异步电动机修理后的检查内容是什么？

(8) 简述小型三相鼠笼异步电动机启动后运行无力的原因和处理方法。

(9) 小型三相鼠笼异步电动机装配后，应进行哪些项目的检查？

(10) 电动机的制动主要有几种方法？各有何特点？

7 变频技术

[主要内容与要求]

（1）了解变频技术的概念。

（2）熟悉电力电子器件，如普通晶闸管、门极关断（GTO）晶闸管和绝缘栅双极晶体管（IGBT）的结构、符号、特性、工作特点和技术参数。

（3）变频器是由主电路和逆变电路两部分组成。

（4）了解交-交变频和交-直-交变频的工作原理。

（5）了解变频器的简单应用。

7.1 变频技术概述

变频技术，简单地说就是把直流电逆变成不同频率的交流电，或是把交流电变成直流电再逆变成不同频率的交流电，或是把直流电变成交流电再变成直流电。总之，这一切都是电能不发生变化，而只有频率的发生变化。

1）变频技术的类型

（1）交-直变频技术（即整流技术）：通过二极管整流、二极管续流或晶闸管、功率晶体管采用可控整流技术实现交-直功率转换。这种转换大多属于工频整流。

（2）直-直变频技术（即斩波技术）：通过改变电力电子器件的通断时间，即改变脉冲的频率（定宽变频），或改变脉冲的宽度（定频调宽），从而达到调节直流平均电压的目的。

（3）直-交变频技术：电子学中称振荡技术，电力电子学中称逆变技术，振荡器利用电子放大器件将直流电变成不同频率的交流电甚至电磁波，逆变器则利用功率开关将直流电变成不同频率的交流电。如果输出的频率、相位、幅值与输入的交流电相同，称为有源变频技术；否则称为无源变频技术。

（4）交-交变频技术（即移相技术）：通过控制电力电子器件的导通与关断时间，实现交流无触点开关、调压、调光、调速等目的。

2）变频技术的发展

变频技术是随着电力电子器件的发展而发展的。其发展过程如表 7-1 所示。

表 7-1　变频技术的发展历程

代数	产生年代	主要代表器件	特　性	变频频率	作　用
第一代	20 世纪 50 年代	电流控制型开关器件	小电流控制大功率	0Hz	只能导通而不能关断
第二代	20 世纪 60 年代	电力晶体管（GTR）和门极关断（GTO）晶闸管	电流自关断型	1~5kHz	方便实现变频、逆变和斩波

代数	产生年代	主要代表器件	特 性	变频频率	作 用
第三代	20 世纪 70 年代	绝缘栅双极晶体管(IGBT)和电力场效应管(NOSFET)	电压(场控)自关断型	20 kHz 以上	随意导通和关断
第四代	20 世纪 80 年代	智能功率集成电路(PIC)和模块(IPM)、集成门极换流晶闸管(IGCT)	开关频率高速化、低导通电压的高性能化及功率集成电路大规模化	任 意	逻辑控制、功率、保护、传感与测量

经过 50 年的发展,变频技术正朝着数控化、高频化、数显化、高集成化和强适应化发展。

7.2 电力电子器件

电力电子器件主要包括普通晶闸管、门极关断(GTO)晶闸管、功率晶体管(GTR)、MOS 器件、绝缘栅双极晶体管(IGBT)和功率集成电路(PIC)。前两者俗称为单向可控硅和双向可控硅,后几种的结构和特性与电子电路中的晶体管和场效应管基本相同,只是功率相对较大。本节重点讨论常用的电力电子器件。

7.2.1 普通晶闸管

半控型电力电子器件主要是指晶体闸流管(简称晶闸管),俗称为可控硅。"半控"的含义是指晶闸管可以被门极控制导通,而不能用门极控制关断。晶闸管主要用于大功率的交流电能和直流电能相互转换,耐压高、电流大、抗冲击能力强。

1) 晶闸管的结构与符号

晶闸管的结构与符号如图 7-1、7-2 所示。

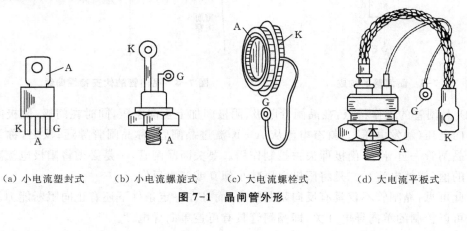

(a) 小电流塑封式　　(b) 小电流螺旋式　　(c) 大电流螺栓式　　(d) 大电流平板式

图 7-1　晶闸管外形

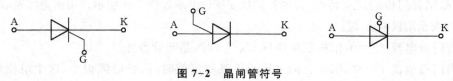

图 7-2　晶闸管符号

2) 晶闸管的命名

晶闸管的命名采用原机械工业部标准 JB1144—75,KP 系列普通晶闸管的命名方式如下:

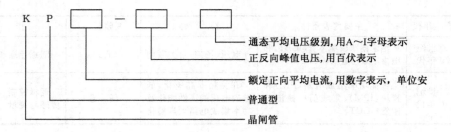

如 KP100-12G 晶闸管表示额定电压为 1 200 V,额定电流为 100 A,正向导通电压降为 G 组(1V)的普通反向阻断型。

3) 晶闸管的特性

晶闸管相当于一个可以控制接通的导电开关,从使用的角度来说,最关心的问题是它的特性。

(1) 晶闸管的构成:晶闸管的结构如图 7-3 所示。晶闸管有 4 层(PNPN)半导体和 3 个 PN 结,3 个引线端子:阳极 A(Anode)、阴极 K(Cathode)和门极 G(Gate)。

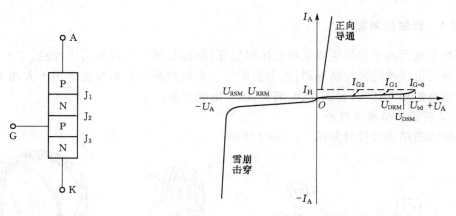

图 7-3　晶闸管的构成　　　　　图 7-4　晶闸管的伏安特性曲线

(2) 晶闸管的工作特点:在晶闸管阳极、阴极间加上正向电压,同时在门极、阴极间加上适当的正向电压(触发电压)。就有电流从 A—K 流过晶闸管,称晶闸管导通;反之,称为晶闸管截止。晶闸管一旦导通,门极即失去控制作用。要关断晶闸管,一是必须将阳极电流减小到低于一定的值(维持电流),二是将阳极电压减小到 0 或使之反向。

由此可见,晶闸管不仅具有反向阻断能力,而且在一定条件下还有正向阻断能力。晶闸管是一个可以控制的单向导电开关,即晶闸管具有可控单向导电性。

(3) 晶闸管门极的伏安特性:晶闸管的伏安特性曲线如图 7-4 所示。用横坐标表示阳极电压 U_A,纵坐标表示阳极电流 I_A。

① 当门极电流 $I_G=0$,阳极正向电压 $U_A=0$ 时,晶闸管截止。

② 当门极电流 $I_G=0$,阳极正向电压小于某一定值时,阳极电流很小,这个电流称为正向漏电流,晶闸管处于关断状态。当正向漏电流突然增大,晶闸管由正向关断状态突然转化为导通,此时的正向电压称为正向转折电压 U_{b0},这样的导通称为晶闸管的硬开通,这种导通方法易造成晶闸管的损坏。

③ 当阳极正向电压达到某一定值,门极加一定电流时,晶闸管导通,从 A 到 K 有电流流过。

④ 晶闸管两端加反向电压,当数值在某一数值之下时,只有很小的反向漏电流,晶闸管处于反向阻断状态。增大反向电压直到反向漏电流急剧增大,使晶闸管反向击穿,这时所对应的电压称为反向转折电压 $-U_A$,晶闸管一旦反向击穿就永久损坏。

由此可见,晶闸管的导通是由阳极电压 U_A、阳极电流 I_A 及门极电压 U_G(电流 I_G)等决定的。

4)晶闸管的主要技术参数

选用晶闸管时,必须了解和掌握其主要技术参数。

(1)额定重复峰值电压:重复频率为 50 Hz,每次持续时间 100 ms。

① 正向重复峰值电压 U_{DRM}:指在额定结温时,门极开路,晶闸管正向关断时,晶闸管两端可以重复施加的最大正向峰值电压。一般取值比正向转折电压 U_{b0} 低 100 V。

② 反向重复峰值电压 U_{RRM}:指在额定结温时,门极开路,晶闸管正向关断时,晶闸管两端可以重复施加的最大反向峰值电压。一般取值为正向转折电压 U_{b0} 的 2~3 倍。

(2)通态平均电压和电流

① 通态平均电压 $U_{T(AV)}$:是指在环境温度、标准散热条件下,晶闸管通以额定通态平均电流,结温稳定时阳极和阴极间的电压平均值,习惯上称为导通时的管压降,这个电压越小越好。

② 通态平均电流 $I_{T(AV)}$:是指在环境温度不超过 40 ℃和规定的散热条件下,工频正弦半波的通态电流在一个周期内(晶闸管导通角大于 170°)的最大平均值。若晶闸管中流过的平均电流相同,则导通角越小,相应电流的波形越尖,峰值越大。

(3)门极触发电压与电流

① 门极触发电压 U_G:是指产生门极触发电流所必需的最小门极电压。为保证可靠触发,实际值应大于额定值。

② 门极触发电流 I_G:是指使晶闸管由断态转入通态所必需的最小门极电流。为保证可靠触发,实际值应大于额定值。

③ 维持电流 I_H:是指使晶闸管维持通态所必需的最小阳极电流。

(4)浪涌电流 I_{TSM}:是指浪涌时,在工频正弦半周内晶闸管能承受的最大过载峰值电流。浪涌是由电路异常引起的故障,在晶闸管的寿命期内,一般不超过 20 次,否则会损坏晶闸管。

(5)擎住电流 I_L:是指晶闸管刚从断态转入通态后就立即撤去触发信号后,能维持通态所需的最小通态电流。

(6)维持电流 I_H:是指在室温和门极断路时,晶闸管维持导通所需的最小阳极电流。

7.2.2 门极关断晶闸管

门极关断(GTO)晶闸管,是一种"全控型器件",既可控制器件的开通,又可控制器件的关断。与普通晶闸管控制相比,具有电路结构简单、工作可靠的特点。

1)GTO 晶闸管的结构与符号

GTO 晶闸管的结构与符号如图 7-5 所示。

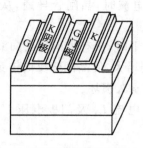 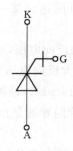

(a) GTO 晶闸管的结构　　　　　　　　(b) GTO 晶闸管的符号

图 7-5　GTO 晶闸管的结构与符号

2）GTO 晶闸管的工作特性

（1）GTO 晶闸管的工作特点：GTO 晶闸管的 A、K 和 G 分别表示阳极、阴极和门极。A 极加上工作电压 U_A、门极 G 加上控制电压 U_G 时，GTO 晶闸管导通；门极 G 加上一定的控制负电压，则 GTO 晶闸管就关断。

（2）GTO 晶闸管的伏安特性

① GTO 晶闸管是一种全控型电力电子器件，可控制器件的"开"与"关"。

② GTO 晶闸管的导通除了阳极电压和门极电压外，还需要有较大的阳极电流和门极电流。

③ 在 GTO 晶闸管进行门极关断时，必须在门极 G 和阴极 K 之间施加反向电压 $-E_0$，此时，从门极 G 向外输出电流，即反向门极电流 $-I_G$。在实际中，要可靠关断，需要施以一个较大的反向门极电流，如要可靠关断 4 000 V/3 000 A 的 GTO 晶闸管，需要 -750 A 门极关断电流。

3）GTO 晶闸管的波形

GTO 晶闸管在开通和关断过程中，门极电流 i_G 与阳极电流 i_A 的波形如图 7-6 所示。

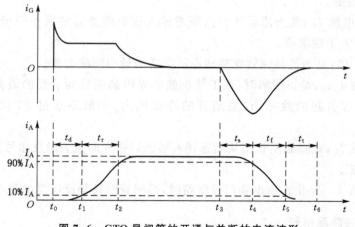

图 7-6　GTO 晶闸管的开通与关断的电流波形

4）GTO 晶闸管的主要技术参数

（1）门极关断最大阳极电流 I_{ATO}：是指在标准结温下利用门极负电流可关断的最大阳极电流，是阳极击穿导通的临界电流。一般都以最大门极关断阳极电流作为 GTO 晶闸管标称电流,也就是通常所说的多少安培的 GTO 晶闸管的电流。值得注意的是,GTO 晶闸管的最大门极关断电流并不是一个固定值,它受到门极电流脉冲波形、电路参数和工作条件的影响。

(2) 门极关断电流 I_{CM}:是指 GTO 晶闸管从导通状态转换为断开状态所需的门极电流最小值。一般 GTO 晶闸管的增益较小,所需门极电流较大。

(3) 电流关断增益 β_{off}:在关断 GTO 晶闸管的阳极电流时,一般总是希望用较小电流去关断较大的电流,最大阳极电流 I_{ATO} 与门极关断负电流 I_{CM} 的比值就称为电流关断增益 β_{off}。一般 GTO 晶闸管的增益较小,约 5 倍左右。

(4) 擎住电流 I_L:是指 GTO 晶闸管导通后,撤除门极电流仍然能维持 GTO 晶闸管导通的最小阳极电流。

(5) 维持电流 I_H:是指 GTO 晶闸管导通后不撤除门极电流仍然能维持 GTO 晶闸管导通的最小阳极电流。

(6) 断态最大电压 U_{DRM}:是指 GTO 晶闸管在关断状态下能承受的最大瞬间电压。但不少 GTO 晶闸管都制成逆导型,不能承受反向电压,在使用时有反向电压,要注意串联二极管。

总之,GTO 晶闸管的开关时间一般比普通晶闸管短,而比电力晶闸管长,所以工作频率范围较普通晶闸管宽。

5) 晶闸管的简易判别

一般可用万用表欧姆挡来判断晶闸管阳极与阴极之间、阳极与门极(控制极)之间有无短路。将万用表置于 R×1 kΩ 挡,测量阳极与阴极之间、阳极与门极之间的正反向电阻,正常时应很大(几百千欧以上)。再检查门极与阴极间有无短路或断路,可将万用表置于 R×1 kΩ 或 R×10 kΩ 挡,测出门极对阴极正向电阻,一般应为几欧至几百欧,反向电阻比正向电阻要大一些。其反向电阻不太大不能说明晶闸管不好,但其正向电阻不能为 0 或大于几千欧,正向电阻为 0 时,说明门极与阴极间短路;大于几千欧时,说明门极与阴极间断路。

6) 晶闸管使用注意事项

(1) 选用晶闸管的额定电压时,应参考实际工作条件下峰值电压的大小,并留出一定的余量。

(2) 选用晶闸管的额定电流时,除了考虑通过元件的平均电流外,还应注意正常工作时导通角的大小、散热通风条件等因素。在工作中还应注意管壳温度不超过相应电流下的允许值。

(3) 使用晶闸管之前,应用万用表检查晶闸管是否良好。

(4) 电流为 5 A 以上的晶闸管要装散热器,并且保证达到所规定的冷却条件。为保证散热器与晶闸管管心接触良好,它们之间应涂上一薄层有机硅油或硅脂。

(5) 按规定对主电路中的晶闸管采用过压及过流保护装置,同时要防止晶闸管门极的正向过载和反向击穿。

7.2.3　绝缘栅双极晶体管

绝缘栅双极晶体管(IGBT)——(Isolated Gate Bipolar Transistor)综合了 MOS 场效应晶体管(MOSFET)和双极晶体管(GTR)的特点,具有场控器件栅极输入阻抗高和输出饱和压降低的特性。目前 IGBT 的容量已经达到 GTR 的水平,而且具有驱动简单、保护容易、不用缓冲电路、开关频率高等特点,在电动机驱动、中频和开关电源以及要求快速、低损耗的领域已处于主导地位。在通用变频器中,IGBT 已取代 GTR。

1)IGBT 的符号与等效电路

IGBT 实际上是在垂直平面型双扩散 MOS(VDMOS)的基础上增加了一个 P$^+$ 层漏极,形成 PN 结,由此引出漏极(D)、栅极(G)和源极(S)。IGBT 的符号与等效电路分别如图 7-7 所示,它相当于一个由 N 沟道 MOSFET 驱动的厚基区 PNP 型 GTR。它是以 GTR 为主导器件,MOSFET 为驱动器件的复合管。习惯上,将 IGBT 的漏极称为集电极(C),源极称为发射极(E)。

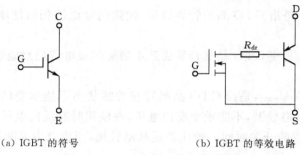

(a) IGBT 的符号　　　　　(b) IGBT 的等效电路

图 7-7　IGBT 的符号与等效电路

IGBT 的开通和关断由栅极控制。当栅极施以正电压时,在栅极下的 P 体区内便形成 N 沟道,为 PNP 晶体管提供基流,从而使 IGBT 导通。当栅极上的电压为 0 或施以负压时,MOSF 的沟道消失,PNP 晶体管的基极电流被切断,IGBT 即关断。

2)IGBT 的主要参数

(1)集电极-发射极额定电压 U_{CES}:是生产厂家根据器件的雪崩击穿电压规定的,是栅极-发射极短路时 IGBT 能承受的耐压值。

(2)栅极-发射极额定电压 U_{GES}:IGBT 是电压控制器件,靠加到栅极的电压信号控制 IGBT 的导通和关断。U_{GES} 就是栅极控制信号的电压额定值,大约为+20 V,使用中不能超过该值。

(3)额定集电极电流 I_{C}:该参数给出了 IGBT 在导通时能流过管子的持续最大电流。

(4)集电极-发射极饱和电压 $U_{\mathrm{EC(sat)}}$:它给出 IGBT 在正常饱和导通时集电极-发射极之间的电压降。

(5)开关频率:反映 IGBT 动作的快慢,一般实际工作频率都在 100 kHz 以下,即使这样,它的开关频率、动作速度也比 GTR 快得多,可达 30~40 kHz。开关频率高是 IGBT 的一个重要优点。

3)基本特性

IGBT 具有与 GTR 相近的输出特性,也有截止区、饱和区、放大区和击穿区,转移特性与 VDMOS 相近,在导通后的大部分漏极电流范围内,I_{C} 与 U_{GE} 呈线性关系。图 7-8 所示为60 A/100 V 的 IGBT 的伏安特性曲线。

IGBT 没有二次击穿。其正向安全工作区由电

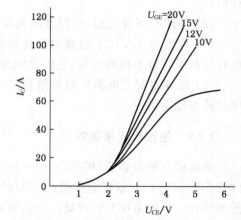

图 7-8　IGBT 的伏安特性曲线(60 A/100 V)

流、电压、功耗 3 条边界极限包围而成。IGBT 能承受过电流的时间通常仅为几微秒,这与 SCR、GTR(几十微秒)相比小得多,因此对过电流保护要求很高。

由图 7-8 可以看出:若 U_{GE} 不变,导通电压 U_{CE} 将随漏极电流增大而增高,因此可用检测漏源电压 U_{DS} 作为是否有过电流的判别信号;若 U_{GE} 增加,则通态电压下降,导通损耗将减小。

IGBT 允许过载能力与 U_{GE} 有关,U_{GE} 越大,过电流能力越强。

新一代 IGBT 不再需要 RCD 缓冲电路,不必负压关断,并联时能自动均流,短路电流可自动抑制,并且损耗不随温度正比增加。

4) 使用注意事项

(1) 对驱动电路的要求

① IGBT 与 MOSFET 都是电压驱动,有一个 2.5~5 V 的阈值电压,有一个容性输入阻抗,因此 IGBT 对栅极电荷非常敏感,故驱动电路必须很可靠,要保证有一个低阻抗值的放电回路,即驱动电路与 IGBT 的连线要尽量短。

② 用内阻小的驱动源对栅极电容充放电,以保证栅极控制电压有足够陡的前后沿。IGBT 开通后,栅极驱动源能提供足够的功率,使 IGBT 不至退出饱和而损坏。

③ 驱动电路要能传递几万赫的脉冲信号。

④ 驱动电平 U_{GE} 要尽量小些,因为 I_C 增大时,对其安全不利,一般为 12~15 V。

⑤ 在关断过程中,为尽快抽取 PNP 管的存储电荷,应施加一负偏压。

⑥ 由于 IGBT 在电力电子设备中大多用于高压场合,故驱动电路与控制电路在电位上应严格隔离。

(2) 对 IGBT 的要求

① 要采取过压保护:由于 IGBT 关断时,主电路的电流急剧变化,主电路的散杂电感会引起高压,产生开关浪涌电压而损坏 IGBT。

② 要采取过流保护:若 IGBT 用于 VVVF 逆变器时,电动机启动将产生突变电流,如果控制、驱动电路配线不合理,引起误动作,导致桥臂短路、输出短路,IGBT 电流急剧增大而损坏。

7.3　变频器

变频器是应用变频技术制造的一种静止的频率变换器,是利用半导体器件的通断作用将频率固定(通常为工频 50 Hz)的交流电(三相或单相)变换成频率连续可调的交流电的电能控制装置,其输入是工频电源,但电流波形不同于正弦波,输出的波形也不同于输入波形。按变频器应用类型可分为两大类:一类是用于传动调速;另一类是用于多种静止电源。使用变频器可以节能、提高产品质量和劳动生产率。本章主要介绍调速系统变频器的工作原理。

变频器的调速主要是针对交流异步电动机的调速。

交流异步电动机具有结构简单、价格低廉、运行可靠、维修方便等优点,因此,绝大部分机械设备采用交流异步电动机,而交流异步电动机调速性能比直流电动机差,在要求调速的场合通常采用直流电动机。但随着集成电路技术和计算机控制技术的发展,采用变频技术的交流调速系统得到了越来越广泛的应用。

交流异步电动机的转速为：

$$n = n_0(1 - s) = \frac{60f_1(1 - s)}{p}$$

式中：f_1 为供电电源频率；s 为转差率；p 为极对数。

调速方法有变级调速、变频调速和变转差率调速。其中，通过改变电源频率来实现调速的方法具有较宽的调速范围、较高的精度、较好的动态和静态特性，在工农业生产中得到广泛应用。

7.3.1 变频器的种类

尽管变频器的种类很多，分类方法多种多样，但不外于以下几种：

1) 按变换环节分类

（1）交-交变频器：把频率固定的交流电直接变换成频率和电压连续可调的交流电。其主要优点是没有中间环节，变换效率高，但连续可调频率范围较窄，通常为额定频率的 1/2 以下，主要适用于电力牵引等容量较大的低速拖动系统中。

（2）交-直-交变频器：先把频率固定的交流电整流成直流电，再把直流电逆变成频率连续可调的交流电。由于把直流电逆变成交流电的环节较易控制，因此在频率的调节范围以及对改善变频后电动机的特性等方面，都有明显优势，是目前广泛采用的变频方式。

2) 按工作原理分类

（1）U/f 控制变频器：为了实现变频调速，常规通用变频器在变频时使用电压与频率的比值 U/f 保持不变而得到所需的转矩特性，控制的基本特点是对变频器输出的电压和频率同时进行控制。因为在 U/f 系统中，由于电机绕组及连线的电压降引起有效电压的衰落而使电机的扭矩不足，尤其在低速运行时更为明显。一般采用的方法是预估电压降并增加电压，以补偿低速时扭矩的不足。采用 U/f 控制的变频器控制电路结构简单、成本低，大多用于对精度要求不高的通用变频器。

（2）转差频率控制变频器：转差频率控制方式是对 U/f 控制的一种改进，这种控制需要由安装在电动机上的速度传感器检测出电动机的转速，构成速度闭环，速度调节器的输出为转差频率，而变频器的输出频率则由电动机的实际转速与所需转差频率之和决定。由于通过控制转差频率来控制转矩和电流，与 U/f 控制相比，其加减速特性和限制过电流的能力得到提高。

（3）矢量控制变频器：矢量控制是一种高性能异步电动机控制方式，它的基本思路是：将异步电动机的定子电流分为产生磁场的电流分量（励磁电流）和与其垂直的产生转矩的电流分量（转矩电流），并分别加以控制。由于在这种控制方式中必须同时控制异步电动机定子电流的幅值和相位，即定子电流的矢量，因此这种控制方式被称为矢量控制方式。

3) 按用途分类

（1）通用变频器：是指能与普通的笼形异步电动机配套使用，能适应各种不同性质的负载，并具有多种可供选择功能的变频器。

（2）高性能专用变频器：主要应用于对电动机的控制要求较高的系统。与通用变频器相比，高性能专用变频器大多采用矢量控制方式，驱动对象通常是变频器生产厂家指定的专用电动机。

（3）高频变频器：在超精密加工和高性能机械中，常常要用到高速电动机，为了满足这些高速电动机的驱动要求，出现了采用脉冲幅度调制（PAM）控制方式的高频变频器，其输出频率可达到 3 kHz。

7.3.2 变频器的构成

通用变频器把工频电流(50 Hz 或 60 Hz)变换成各种频率的交流电流,以实现电动机的变速运行。变频器由主电路和控制电路构成,通用变频器的结构原理如图 7-9 所示。主电路包括整流电路(工频电源的交流电变换成直流电且对直流电进行平滑滤波)和逆变电路(直流电变换成各种频率的交流电)两部分。

整流电路是将交流电转换为直流电;逆变电路是把直流电再逆变成交流电;控制电路用来完成对主电路的控制。

对于通用变频器单元,变频器一般是指包括整流电路和逆变电路部分的装置。

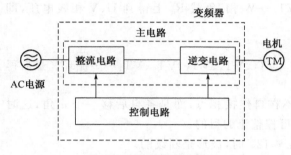

图 7-9　变频器的构成

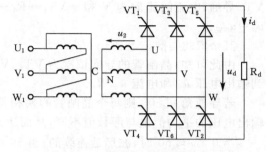

图 7-10　三相桥式全控整流电路

7.3.3 交-直-交变频技术

1) 整流电路

可控整流电路从相数来分,有单相、两相、三相、六相等多种;从控制方式来分,有半控、全控两种;从电路形式来分,则有多种多样。对于三相整流电路,主要有三相桥式全控整流电路和具有平衡电抗器三相双反星形可控整流电路。

现介绍三相桥式全控整流电路的工作原理。

图 7-10 所示为三相桥式全控电阻负载整流电路,它由三相半波晶闸管共阴极整流电路和三相半波晶闸管共阳极整流电路串联组成。VT_1 和 VT_4 接 U 相,VT_3 和 VT_6 接 V 相,VT_5 和 VT_2 接 W 相。其中,VT_1、VT_3、VT_5 组成共阴极组,VT_2、VT_4、VT_6 组成共阳极组。

图 7-11 所示为三相桥式全控电阻负载整流电路在触发延迟角 $\alpha = 0°$ 时的输出电压波形和触发脉冲顺序。触发延迟角 $\alpha = 0°$,表示共阴极组和共阳极组的每个晶闸管在各自的自然换相点触发换相。对共阴极组晶闸管而言,只有阳极电位最高一相的晶闸管在有触发脉冲时才能导通;对共阳极组晶体管而言,只有阴极电位最低一相的晶闸管在有触发

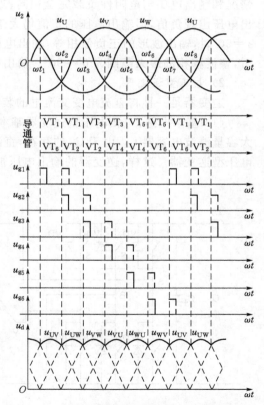

图 7-11　三相桥式全控电阻负载整流电路的输出电压波形和触发脉冲顺序($\alpha = 0°$)

脉冲时才能导通。

分析三相桥式全控整流电路时,根据晶闸管的换相情况,把一个交流电周期分成 6 个相等的期间(即 $\omega t_1 \sim \omega t_6$)来讨论。

在 $\omega t_1 \sim \omega t_2$ 期间,U 相电压最高,V 相电压最低,若在 VT$_1$、VT$_6$ 门极上加上触发脉冲,则 VT$_1$、VT$_6$ 同时导通,电流的流向为 U 相→VT$_1$→R$_d$→VT$_6$→V 相,负载 R$_d$ 上得到 U、V 相线电压,即 $u_d = u_{UV}$。

在 $\omega t_2 \sim \omega t_3$ 期间,U 相电压最高,VT$_1$ 仍然保持导通,而此时 W 相电压较 V 相电压更低,故 VT$_2$ 导通,VT$_6$ 关断,电流的流向为 U 相→VT$_1$→R$_d$→VT$_2$→W 相,负载 R$_d$ 上得到 U、W 相线电压,即 $u_d = u_{UW}$。

在 $\omega t_3 \sim \omega t_4$ 期间,由于 W 相电压仍然最低,VT$_2$ 仍导通,但 V 相电压比 U 相电压高,则 VT$_3$ 导通,电流的流向为 V 相→VT$_3$→R$_d$→VT$_2$→W 相,负载 R$_d$ 上得到 U、V 相线电压,即 $u_d = u_{VW}$。

其余依此类推。

由此可知,晶闸管的导通依次为 VT$_1$、VT$_2$、VT$_3$、VT$_4$、VT$_5$、VT$_6$、VT$_1$……循环。最后得到输出电压 u_d 和电流 u_d/R_d。

若导通角 $\alpha > 0°$,则每个晶闸管的换相都不在自然换相点,而是各自后移一个 α 角,这时输出电压的平均值也与原数值不同,从而达到可控整流的目的。

当 $0° \leqslant \alpha \leqslant 60°$ 时,波形是连续的;当 $60° \leqslant \alpha \leqslant 120°$ 时,波形是断续的。

对负载为电感性负载时,由于实际负载 $\omega L_d \gg R_d$,为大电感负载,当 $0° \leqslant \alpha \leqslant 60°$ 时,其工作情况和输出电压与电阻性负载完全相同;当 $60° < \alpha < 90°$ 时,由于电感的自感电动势的作用,输出电压出现负值,但输出电压的正值仍大于负值,故平均电压较电阻负载要小,但仍为正值;当 $\alpha = 90°$ 时,输出波形的正负值相等,输出电压 $U_d = 0$。因此三相全控整流大电感负载电路工作时,整流移相的最大范围为 $0° \sim 90°$。输出电流在 $\alpha < 90°$ 时,近似一条直线。

2)电压型逆变器

逆变器是一种将直流电变交流电的装置。

(1)基本电路:三相电压型逆变器基本电路如图 7-12 所示。图中,直流电源并联了一个大容量滤波电容器 C$_d$,由于 C$_d$ 的存在,直流输出电压具有电压源的特性,内阻很小,因此称为电压型逆变器。这样,逆变器的输出电压被钳位为矩形波,与负载性质无关。交流输出电流的

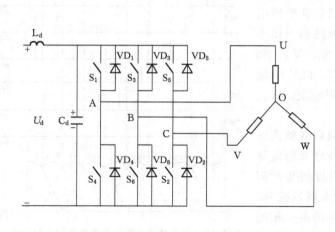

图 7-12　三相电压型逆变器基本电路

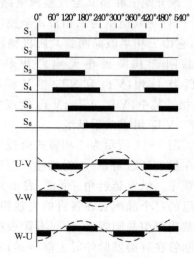

图 7-13　三相 AC 电压的产生

波形和相位由负载的功率因数决定。在异步电动机的变频调速系统中，这个大电容同时又是缓冲负载无功功率的储能元件。直流电路电感 L_d 起限流作用，电感量很小。

三相逆变电路由 6 只具有单向导电性的功率半导体开关 $S_1 \sim S_6$ 组成。$VD_1 \sim VD_6$ 为对应的功率开关上反并联的续流二极管，为负载的滞后电流提供一条反馈到电源的通路。6 只功率开关每隔 60° 电角度触发导通一只，相邻两相的功率开关触发导通时间互差 120°，一个周期共换相 6 次，对应 6 个不同的工作状态（又称 6 拍）。图 7-12 中，如果顺序通断开关 $S_1 \sim S_6$，在每个工作状态下，都有 3 只功率开关导通，其中每个桥臂上都有一只导通，形成三相负载同时通电，依次在 U-V、V-W 和 W-U 上产生等效于逆变器的脉冲波形，如图 7-13 所示，该矩形波 AC 电压供给电动机。通过改变开关的通断周期，可以得到所需要的电动机频率；通过改变 DC 电压，可以得到电动机所需的工作电压。

（2）电压型变频控制：最简单的电压型变频器是由可控硅整流器和电压型逆变器组成，电压由可控硅控制，频率由逆变器控制，如图 7-14 所示。由于整流后的直流并联了一个大电容 C_d，直流电压和电流的方向不可改变，功率只能从交流（电网）到直流，而不能从直流到交流（电网），不适用于电动机的再生式运行，使用场合受到很大的限制。

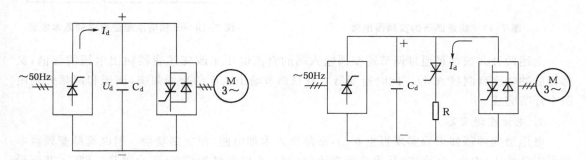

图 7-14　无再生式制动的电压型变频器电路　　　　图 7-15　电荷泄放型的电压型变频器电路

为了克服电压型变频器的缺陷，一般可通过改变电路的方法实现。

① 电荷泄放法：在图 7-14 中，由于电路中大电容 C_d 的电荷不能泄放，造成了电动机不能再生式运行，只要能将 C_d 上的电荷泄放掉，就可以实现再生式运行。采用电荷泄放的方法就是在 C_d 两端并联一个由电阻和功率开关管（晶闸管）组成的电路，作为电容 C_d 的电荷泄放电路，如图 7-15 所示。当再生电能经逆变器的续流二极管反馈到直流电路时，将使电容电压升高，触发导通与耗能电阻串联的功率开关，再生能量便消耗在电阻上。该方法适用于小容量系统。

② 反并联逆变桥法：在电压逆变型中，反方向并联一组整流电路，充当再生反馈通路，如图 7-16 所示。尽管此时的 U_d 极性仍然不变，但 I_d 可以借助于反并联三相桥（工作在有源逆变状态）改变方向，使再生电能反馈到交流电网，从而可实现电动机再生式运行。该方法可用于大容量系统。

（3）电压调节方式：变频电源为适应变频调速的需要，必须在变频的同时实现变压。对于输出矩形波的变频器而言，一

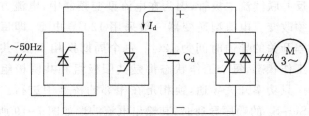

图 7-16　反并联型的电压型变频器电路

般在逆变器输入端调节电压。

对输入端电压的调节，一般有两种调节方式：

① 开关调节：控制可控整流器导通时间，通过对触发脉冲的相位控制直接得到可调直流电压，如图 7-14 所示。如果电压高，将可控硅导通时间变短；如果电压低，可延长可控硅的导通时间。该方式电路简单，但电网侧功率因数低，特别是低电压时更为严重。

② 斩波调节：不控制可控硅整流器，而是在直流环节增加斩波器，以实现调压，如图 7-17 所示。如果输出电压高，斩波时间增加，即图中的三极管导通时间变短，反之，导通时间增加。此方式由于不控制整流器，电网侧的功率因数得到明显改变。

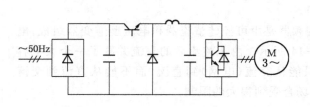

图 7-17　斩波调节的变频器电路

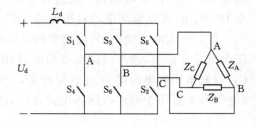

图 7-18　三相电流型逆变器的基本电路

上述两种方法都是通过调节逆变器输入端的直流电压来改变逆变器输出电压的幅值，又称为脉冲幅度调制（PAM）。此时逆变器本身只调节输出电压的交变频率，调压和调频分别由两个环节完成。

3）电流型逆变器

电压型变频器如果要实现再生制动，必须接入附加电路，使电路复杂。但电流型变频器本身可以从输入（电网）到直流，从直流到交流（电网），主电路结构简单、安全可靠。图 7-18 所示为电流型变频器的构成。

（1）基本电路：三相电流型逆变器与电压型逆变器不同，直流电源上串联了大电感。由于大电感在电流变化时产生感生电流，起到了限流作用，为逆变器提供的直流电流波形平直、纹波幅度小，具有电流源特性，因此称为电流型变频器。这样，逆变器输出的交流电流为矩形波，与负载性质无关，而输出的交流电压波形及相位随负载的变化而变化。对于变频调速系统而言，这个大电感同时具有缓冲负载的作用。

该逆变电路仍由 6 只功率开关 $S_1 \sim S_6$ 组成，但无须反并联续流二极管，因为在电流型变频器中，电流方向无须改变。电流型逆变器一般采用 120° 导电型，即每个功率开关的导通时间为 120°。每个周期换相 6 次，共 6 个工作状态，每个工作状态都是共阳极组和共阴极组各有一只功率开关导通，换相是在相邻的桥臂中进行。当按 $S_1 \sim S_6$ 的顺序导通时，其输出电流波形如图 7-19 所示。

（2）再生制动运行：电流型变频器不需附加任何设备，即可实现负载电动机的四象限运行，如图 7-20 所示。

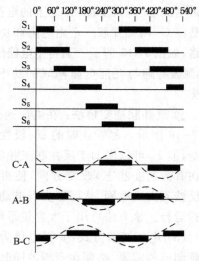

图 7-19　三相 AC 电流的产生

当电动机处于电动状态时,整流器工作于整流状态,逆变器工作于逆变状态,此时 $0° < \alpha < 90°$,$U_d > 0$,直流电流的极性为上正(＋)下负(－),电流从整流器的正极流出进入逆变器,能量便从电网输送到电动机。当电动机处于再生状态时,可以调节整流器的控制角,使其为 $90° < \alpha < 180°$,则 $U_d < 0$,直流电路的极性为上负(－)下正(＋),此时整流器工作在有源逆变状态,逆变器工作在整流状态。由于功率开关的单向导电性,电流 I_d 的方向不变,再生电能由电动机反馈到交流电网。

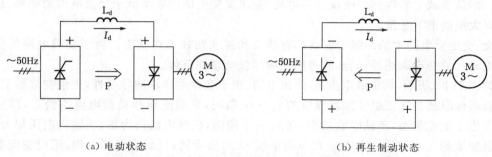

（a）电动状态   （b）再生制动状态

图 7-20　电流型变频器的电动状态与再生制动状态

7.3.4　交-交变频技术

交-交变频电路是直接把电网固定频率的交流电变成不同频率的交流电的变频电路。它没有中间环节,变频器按电网电压过零自然换相,直接采用普通晶闸管就可以实现,变频器效率也比较高,输出波形较好,但由于其交流输出电压是直接由交流输入电压波的某些部分包络所构成,因而主输出频率比输入交流电源的频率低得多,为电网频率的 1/3 左右,功率因数较低,特别是在低速运行时更低,需要适当补偿。鉴于以上特点,交-交变频器特别适合于大容量的低速传动,在轧钢、水泥、牵引等方面应用广泛。

1）基本工作原理

在某些场合,同一套晶闸管在一定条件下,既工作在整流状态,又工作在逆变状态,称为变流器。若变流器输出的交流电被返送回电网,即为有源逆变;反之,逆变的交流电不返回到交流电网,而是直接送给负载使用,则称为无源逆变。有源逆变电路中,采用两组反并联连接的变流器,可在负载端得到电压极性和大小都能改变的输出直流电压,实现直流电动机的四象限运行,若能适当控制正、反两组变频器的切换频率,则在负载端就能获得交变的输出电压,就称为交流-交流直接变频。

图 7-21 所示为双半波可控整流电路。图7-21(a)中的两个晶闸管采用共阴极连接,因而在负载上能获得上正下负的输出电压;图7-21(b)中的两个晶闸管变成了共阳极连接,在负载上能获得极性为上负下正的输出电压。

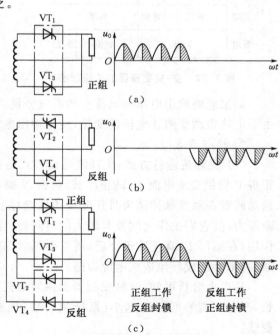

图 7-21　双半波可控整流电路及输出波形

若要改变输出电压,只需改变晶闸管的触发延迟角 α。如果晶闸管的触发延迟角 α 按特定规律变化,那么在每一个输入电源电压的周期中,经整流后相应的输出电压平均值也能按某一规律改变其大小和方向。图 7-21(c) 所示电路,共阴极组(正组)和共阳极组(反组)反并联相连接,在共阴极组电路工作时,共阳极组电路断开;而共阳极组电路工作时,共阴极组电路断开,这样,在负载上获得交流电压。若以低于交流电网频率的速率交替地切换这两组电路的工作状态,就能在负载上得到相应的正负交替变化的交流电压输出,而达到交流-交流直接变频的目的。但从负载上所得到的电压波形可见,输出交变电压的频率低于交流电网的频率,且其中还含有大量的谐波分量。

交-交变频电路中的两组变流器都有整流和逆变两种工作状态。由于变频电路常应用在交流电动机的变频调速等场合,故考虑变频器接电感性负载。

如图 7-22 所示,在负载电流 i_0 的正半周,由于变流器的单向导电性,正组变流器工作,反组变流器被阻断。在正组变流器导电的 $t_1 \sim t_2$ 期间,负载电压和负载电流均为正,即正组变流器工作于整流状态,负载吸收功率;在 $t_2 \sim t_3$ 期间,负载电流仍为正,而输出电压却为负,此时正组变流器工作在逆变状态。在负载电流 i_0 的负半周,反组变流器工作,正组变流器被阻断。同理可见,在 $t_3 \sim t_4$ 期间,反组变流器工作在整流状态;在 $t_4 \sim t_5$ 期间,反组变流器工作在逆变状态。

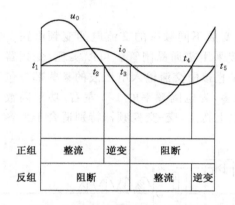

图 7-22 交-交变频器的工作状态

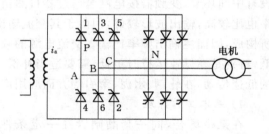

图 7-23 无环流反并联交-交变频器电路

如果忽略输出电压和电流中的谐波分量,输出电压 u_0 和电流 i_0 的波形如图 7-22 所示,由于电感负载要阻止电流的变化,使得输出电流 i_0 滞后于输出电压 u_0。

2)运行方式

(1)无环流运行方式:无环流运行方式是指整流电路中不允许出现环流,如图 7-23 所示。正桥 P 提供交流电流 I_P 的正半波,负桥 N 提供 I_N 的负半波。两组整流器交替工作,由于普通晶闸管在触发脉冲消失且正向电流完全停止后,需要 $10 \sim 50\ \mu s$ 的时间才能够恢复正向阻断能力,故它们工作之间要有较大的时间差。不仅如此,因为电路输出的电流具有一定的滞后作用,在测得 I_0 真正等于 0 后,还需要延时 $500 \sim 1\ 500\ \mu s$ 的时间才允许另一组晶闸管触发导通,否则会形成环流造成电源短路。

从以上分析可知,这种变频器提供的交流电流在过零时必然存在一小段死区,延时时间越长,产生环流的可能性越小,系统越可靠,但输出频率会越低,通常只是电网频率的 1/3 或更低。

为了真正实现无环流运行方式,最主要的是要能准确而迅速地检验过零信号,不管主电路的工作电流是大还是小,零电流检测环节都必须能对主电路的电流产生响应。过去的零电流检测在输入侧使用交流电流互感器,在输出侧使用直流电流互感器,现在使用由光隔离器组成的零电流检测器进行检测,效果非常好。

(2)自然环流运行方式:自然环流运行方式与直流可逆调速系统一样,同时对两组整流器施加触发脉冲,且保持 $a_p + a_n = \pi$ 的这种控制方式。但为了限制环流,不至于造成电源短路,一般在正、负组之间接有抑制环流的电抗器,这是因为,除有环流外,还存在着环流电抗器在交流输出电流作用下引起的"自感应环流",如图7-24所示。产生自感应环流的根本原因是因为交-交变频输出的是交流,其上升和下降在环流电抗器上引起自感应电压,使两组的输出电压产生不平衡,从而构成两倍电流输出频率的低次谐波脉动环流。

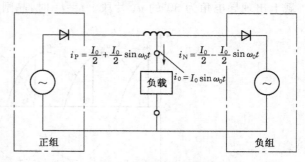

图7-24 自感应环流变频器原理

分析得知,自感应环流的平均值可达总电流平均值的57%,这显然加重了整流器负担。但由于这种自感应环流正好在交流接近0时出现最大值,对保持电流的连续性是十分有利的。此外,在环流方式下运行,负载电压为环路电抗器的中点电压,两组输出产生的谐波正好抵消,因此,电压输出波形较好。

完全不加控制的自然环流运行方式只能用于特定的场合。

3)矩形波交-交变频

18个晶闸管组成的三相变三相有环流、三相零式交-交变频如图7-25所示。这是比较简单的一种三相交-交变频。每一相由两个三相零式整流器组成,提供正相电流的是共阴极组①、③、⑤;提供负相电流的是共阳极组②、④、③,为了限制环流,采用了限环流电感L。

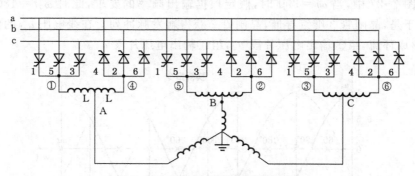

图7-25 三相脉冲零式变频器电路

为了方便分析,假设负载是纯电阻性,并且采用零线,让各相位彼此独立。在负载上,电流波形与电压波形完全一致,因此可以只分析输出电压波形。

这里以A相为例进行分析,其他两相只和A相相位差120°,分析方法完全相同。

假设三相电源电压 u_a、u_b、u_c 完全对称。当给定一个恒定的触发延迟角 $\alpha = 90°$,得正组①的输出电压波形如图7-26所示。在 $t=0$ 时,正组①的3个晶闸管同时获得 $\alpha = 90°$ 的工作指令。在 $t=t_1$ 时,A相满足导通条件,晶闸管1导通,u_a 输出。晶闸管1导电角60°,u_a 过零,晶闸管 1 关闭。当 $t=t_2$ 时,B 相满足条件,晶闸管 5 导通,输出 u_b 的 60° 片段。当 $t=t_3$ 时,C 相满足条件,晶闸管 3 导通,输出 u_c 的 60° 片段。而当 $t=t_4$ 时,发出换相指令,组④的 3 个晶闸管同时获得 $\alpha=90°$ 的工作指令,组①的触发脉冲被封锁掉,组①退出工作状态。如触发脉冲是脉冲序列,或是触发脉冲的宽度为 120°,则 $t=t_4$ 时,晶闸管 2 符合导通条件,负载上出现导电角为 30° 的 u_y 片段。$t=t_5$ 时,晶闸管 6 导通,输出 60° 的 u_z 片段,依此类推。

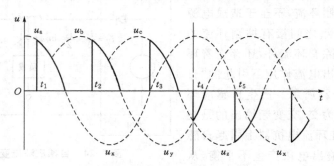

图 7-26 输出电压为方波时的波形

所谓组触发,是指每组 3 个晶闸管同时获得 $\alpha=90°$ 的工作指令。根据相电压的同步作用,谁符合导通条件,谁就被触发而导通。晶闸管的关断靠电压自然过零,换相指令按给定的输出频率发生。当不给定输出频率时,电路就采用自然换相的方式运行。

什么是自然换相呢?假设电流是连续的,不考虑重叠角。当 $t=0$ 时,正组①的 3 个晶闸管同时获得触发延迟角 $\alpha=60°$ 的工作指令。晶闸管 1 符合导通条件,负载上出现从最大值到 0.5 的一段 u_a,延续时间是 120°。当 $\omega t=120°$ 时,晶闸管 5 导通,输出的电压为 u_b 片段。当晶闸管 5 被触发导通后,晶闸管受到线电压 u_{ba} 的封锁作用,阴极电位高于阳极电位,晶闸管 1 被关断。这就是电源侧的自然换相。

由于采用了限环流电感电路,换桥指令就是封锁发往组①的触发脉冲,开放发往组④的触发脉冲。如图 7-27 中,当 $\omega t=300°$ 时,假定根据输出频率的要求,此时 $\omega_0 t=180°$,需要发出换桥指令。于是,晶闸管 3 继续导通,晶闸管 2 获得触发脉冲列。在线电压 u_{ab} 的作用下,晶闸管 2 导通,形成环流,组①输出电压片段 u_c,组④输出电压片段 u_y。

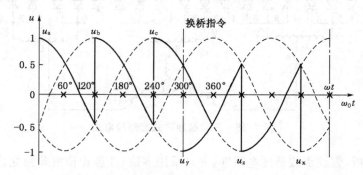

图 7-27 电流连续时组触发输出的电压波形

由于电网角频率 ω 是固定的,而输出电压的角频率 ω_0 是任意值,所以换组时间是随比值 ω/ω_0 的变化而变化的,由图 7-27 可见,如果在 $\omega t=240°$ 时发出换组指令,换组时间将延续 120° 电角度,此值为最长。当比值不是整数时,例如等于 1.83,从负组换到正组的时间为 60°,

而从正组换到负组的时间是 30°，相差 1 倍。电网电压和输出电压之间并无同步关系，所以换组指令何时出现是随机的。图 7-27 中的换组指令是从 $\omega t = 0°$ 开始。

7.4 变频技术应用实例

变频技术的应用可分为两大类，一类是用于传动调速；另一类是用于静止电源。

7.4.1 高频镇流器

高频镇流器是采用变频技术进行设计的照明电路，具有光效高、寿命长、功耗低和无频闪等特点，在照明设备中广泛使用。

如图 7-28 所示为 Lc 耦合串联谐振高频镇流器的基本电路。此电路为国内外普遍采用的所谓触发式半桥振荡驱动电路，适用于多种荧光灯。

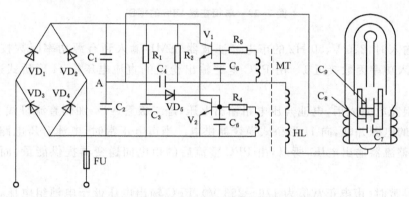

图 7-28　20～50 kHz 晶体管高频镇流器基本电路

其电路主要由整流电路（$VD_1 \sim VD_4$）、滤波电路（C_1、C_2）和振荡电路或称逆变电路（V_1、V_2、MT、HL、C_7）所组成，是一个典型的交-直-交变频电路。它通过整流桥将 220 V 直接全波整流为直流电，再经两只电解电容器串联分压滤波，以降低电容器的端电压，从而降低成本并提高可靠性。也可采用一只耐压高的电解电容器，以减小空间。然后由两只晶体管 V_1 和 V_2，通过高频扼流圈 HL、灯丝和电容器 C_7 串联谐振，将直流电逆变为 20～50 kHz 或更高频率的交流电。R_1、C_3 和 VD_5 组成启动电路用的锯齿波发生器，借以激励高频振荡，产生高频高压电流经过灯丝预热 0.4～1 s，灯管一次启辉，灯管启辉后由高阻变为低阻，改变了振荡参数，致使工作频率和工作电压均降至额定值。此时 HL 起限流稳流作用。由于 HL 电阻很小，所以高频镇流器消耗的有功功率只有 0.5～1 W，从而实现了节能。一般功率因数为 0.6 左右。

图中 C_7、C_8、C_9 构成多重启辉网络，一旦灯丝烧断（无论是烧断一端还是两端），只要灯管不漏气且有发射能力，仍可启辉。

7.4.2 不间断电源

不间断电源（UPS）通常是在市电停电后即刻启动输出电源，保证电源不中断。通常有交流工频和直流输出两种形式。输出的电源能维持一段时间，且要求稳频稳压。

图 7-29 为单相在线式不间断电源的框图。它是由逆变器主电路、控制电路、驱动电路、电

池组、充电器、滤波器和保护电路等组成。

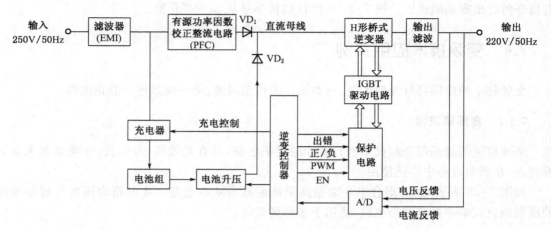

图 7-29 单相在线 UPS 的框图

当市电输入时,220 V、50 Hz 的市电经滤波器(EMI)输入到有源功率因数校正整流电路(PFC),使输入功率因数接近1。由 PFC 电路输出稳定的直流电压给 H 形桥式逆变器,同时电池组充电。

当电池组充电完成后,电池升压电路输出电压,经二极管 VD₂ 加到直流母线上,同时与来自 PFC 电路的电源并联,向 H 形桥式逆变器供电。当市电正常时,电池升压电路的输出电压略低于 PFC 整流器输出电压,所以,由 PFC 整流后的市电向逆变器提供能量,而电池组不提供能量。

当市电异常时(市电正常值为 176～253 V),PFC 输出电压低于电池组电压,这时电池升压后向逆变器提供能量,充电器停止工作,同时,有源功率因数整流电路关闭。

H 形全桥式逆变器的作用是将直流母线上的 400 V 电压逆变成 220 V、50 Hz 正弦交流电压并经输出滤波器输出。图 7-30 所示为 H 形全桥逆变器电路,它由 V_9、V_{10}、V_{11}、V_{12} 构成。驱动信号来自 EXB840 的输出。驱动信号真值表如表 7-2 所示。

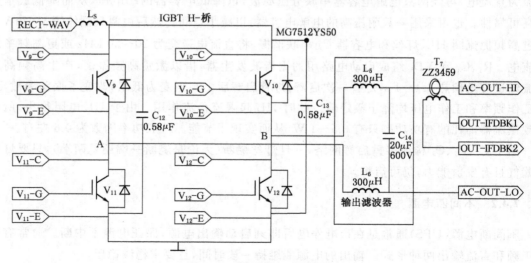

图 7-30 H 形全桥逆变器电路

表 7-2　驱动信号真值表

正/负	PWM	V_9	V_{10}	V_{11}	V_{12}
0	0	0	0	1	1
0	1	1	0	0	1
1	0	0	0	1	1
1	1	0	1	1	0

　　控制器由单片机及其他辅助电路组成,主要负责脉宽调制(PWM)波的产生、输出正弦波与市电同步、UPS 管理以及报警和保护。

　　逆变器是 UPS 的重要组成部分之一。现在都选用 IGBT 作为主功率变换器的开关管,逆变器的调制频率为 20 kHz,由逆变控制器、H 形桥式逆变器、驱动和保护电路组成。

　　逆变控制器由基准正弦波发生器、误差放大器与 PWM 调制器构成。逆变器的输出电压、反馈信号和基准正弦波信号送到误差放大器,其输出误差信号再与 20 kHz 三角波通过电压比较器进行比较,调制出 PWM 信号,如图 7-31 所示。但实际应用中上述功能已由单片机独立完成。

　　硬件保护电路的主要功能是死区抑制时间的产生、逆变器关闭的执行、4 个桥臂驱动信号的产生等。PWM 信号和正负信号来自单片机,经死区抑

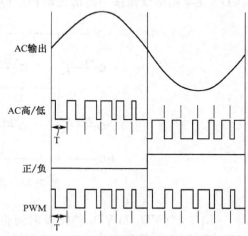

图 7-31　逆变控制器输出的 PWM 波

制时间 1 μs 后分 4 路送至桥臂的驱动器。死区抑制时间的长短取决于 IGBT 管的开通和关闭速度及驱动器自身的延迟。

　　驱动电路如图 7-32 所示,它由隔离的辅助电源和驱动器 EXB840 构成,完成对 4 个 IGBT

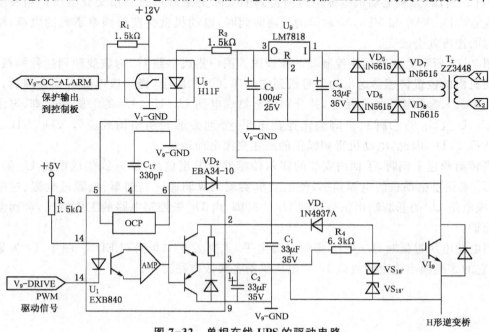

图 7-32　单相在线 UPS 的驱动电路

的控制。驱动器同时带有过饱和保护的功能。

驱动电路与 GE 之间的导线必须用双绞线,而且应尽量短,以克服驱动过程的干扰。

7.4.3　变频调速控制器

图 7-33 所示为模拟三相交流电压的产生原理图。变频调速控制器的主要作用是将无刷电动机内的位置传感器所检测到的转子的瞬间位置信息进行解调、预放大和功率放大,然后按一定的逻辑代码输出,并触发与电枢线圈连接的功率场效应管 VD_2、VD_3、VD_4、VD_5、VD_6、VD_7,使电枢的绕组按一定的逻辑程序得到模拟的三相交流电压。

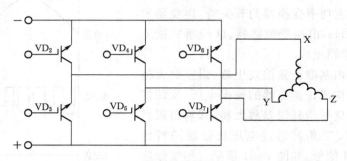

图 7-33　模拟三相电压的产生原理图

图中,当 VD_3 和 VD_4 的栅极瞬间得到高电平时,VD_3 和 VD_4 导通,而 VD_2、VD_5、VD_6、VD_7 截止,电枢线圈 XY 中有电流流过,方向是 X 流向 Y;当 VD_2 和 VD_5 瞬间得到高电平时,VD_2 和 VD_5 导通,VD_3、VD_4、VD_6、VD_7 截止,线圈 XY 中又有电流流过,方向是 Y 流向 X;如此反复,在很短的时间内,线圈 XY 中出现交变电流。当功率场效应管的开关波形采用不等的间隔 PWM 方式时,线圈 XY 中就得到模拟的正弦波形。同理,线圈 XZ 和 YZ 的分析和线圈 XY 一样。所以,无刷电动机电枢绕组内得到的实际上是模拟的三相交变电压。当改变功率场效应管 VD_3、VD_4 和 VD_2、VD_5 等的导通时间时,电动机就会获得频率不同的电源,则电动机转运的速度就会改变。

图 7-34 所示为变频调速控制器的原理图。图中集成电路 U_7 为该变频调速器的核心,无刷电动机内的位置传感器送出的信号送到它的④、⑤、③脚上,经集成电路内部处理后,由①、②、⑲、⑳、㉑、㉔脚输出控制信号,并分别送至集成电路 U_9、U_{10}、U_{11} 的②脚和③脚,再由集成电路 U_9、U_{10}、U_{11} 的⑤脚和⑦脚输出逻辑电平,分别去触发功率场效应管 VD_2、VD_3、VD_4、VD_5、VD_6、VD_7,因此,电动机得到模拟的三相交流电而运转。

当转动调速手柄时,手柄内安装的霍尔传感器就发出信息,输入到集成电路 U_7 的⑪脚,通过 U_7 来调整电动机的电源频率,使电动机实现无级调速。当刹车、电源过电流、过电压时,集成电路 U_6 的⑥脚输出信号达到 U_7 的⑭脚,由 U_7 来控制电路的工作情况,从而使电路得到保护。

当电源电压过低时,U_6 的⑦脚输出高电平,点亮发光二极管(LED)。图中 T_1 为集成稳压块,它的③脚输出稳定的直流 15 V 电压供给各集成电路工作。

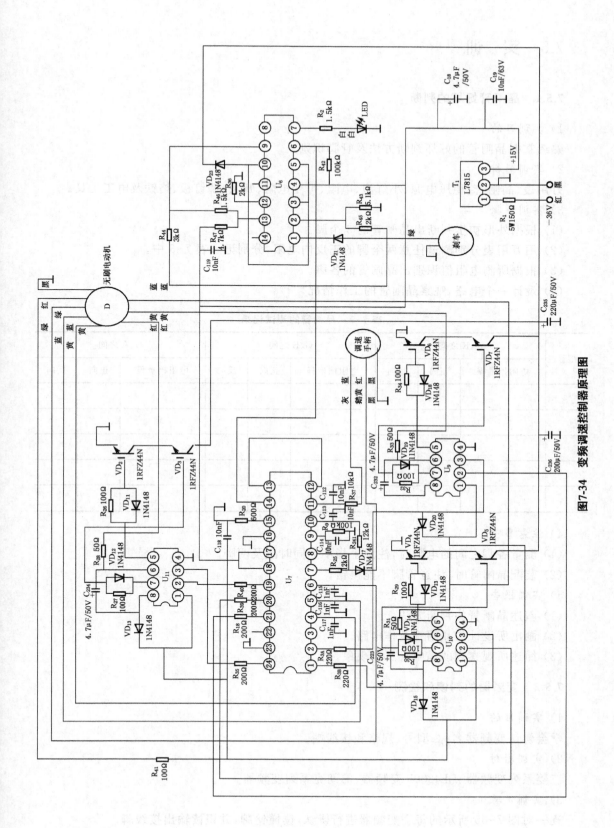

图7-34 变频调速控制器原理图

7.5 实 训

7.5.1 晶闸管好坏的判断

1）实训目的

熟练掌握晶闸管的好坏判断方法及管脚识别。

2）实训器材

万用表、晶闸管、稳压电源、小灯泡、电阻、可变电阻、开关、铆钉板、烙铁及电工工具。

3）实训步骤

（1）根据外形初步判断出晶闸管的3个脚。

（2）用万用表分别测量任意两个脚的正反向电阻，分别记入表7-3中。

（3）根据所测电阻值识别出晶闸管的各脚。

（4）设计一个电路，观察晶闸管的工作情况。

表7-3 晶闸管的测试记录

型号	A、K 之间			G、K 之间			G、A 之间		
	电阻挡量程	正向	反向	电阻挡量程	正向	反向	电阻挡量程	正向	反向

4）注意事项

（1）测量各脚之间的电阻时，注意手指不能同时碰及两脚。

（2）装配晶闸管时，注意管脚不能接错。

5）实训报告

（1）叙述晶闸管的判断方法。

（2）画出所设计的晶闸管工作电路。

（3）简述所观察到的晶闸管工作现象。

7.5.2 变频器的判读和检测

1）实训目的

学会辨认变频器名称、型号、规格和接线端。

2）实训器材

三菱系列变频器、LEI2005变频器、佛朗克系列变频器。

3）实训步骤

逐一对图7-35所示的每个变频器进行辨认，读懂铭牌，并识读输出接线脚。

（a）三菱 F540J 简易轻负载变频器

（b）三菱 F540L－S 一般负载变频器

（c）三菱 FR-S520/540 简易变频器

（d）三菱 FR-S500 简易变频器

（e）LEI2005 简易变频器

（f）佛朗克简易型变频器

（g）佛朗克通用变频器

（h）佛朗克傻瓜变频器

图 7-35　常用变频器

习题 7

（1）什么是变频技术？变频技术分为哪几类？

（2）晶闸管的导通条件是什么？

（3）晶闸管的主要技术参数有哪些？

（4）画出晶闸管的伏安特性图。

（5）GTO 的主要参数有哪些？使用时要注意什么？

（6）IGBT 有哪些特点？

（7）对 IGBT 的驱动电路有哪些要求？

（8）为什么在使用 IGBT 时要加过压、过流保护？

（9）写出交流异步电动机的转速公式，并说明其意义。

（10）变频器的控制主要分为哪几类？简述之。

（11）什么是电压型和电流型逆变器？各有什么特点？

（12）串联电感式电压型逆变电路能否再生制动？为什么？

（13）试述交-交变频器主要特点。

（14）试简述交-直-交变频器的组成。

（15）试述电子镇流器的工作原理。

（16）试述 UPS 的工作原理。

（17）试述模拟三相电压的产生方法。

8 电工绘图与仿真软件

[主要内容与要求]

（1）掌握 CADe-SIMU 绘图仿真软件工具菜单栏使用。

（2）掌握 CADe-SIMU 绘图仿真软件中"选项"设置。

（3）掌握 CADe-SIMU 绘图仿真软件中元器件选取。

（4）掌握 CADe-SIMU 绘图仿真软件中绘图方法。

（5）掌握 CADe-SIMU 绘图仿真软件中电器电路仿真。

（6）检查 CADe-SIMU 绘图仿真软件中仿真失败故障。

CADe-SIMU 绘图仿真软件是一款非常容易学习与操作的电工软件。它不但可以快捷绘制电气线路图，而且还能将绘制电气线路图实现电路仿真。其特点是器件库中包括各种电气元器件符号，而且每一种对应的器件还细分了多种类型，并且做成了工具条方便使用。当然，对于特殊器件，也可以自己动手做库元器件。因此，掌握这款软件，进行电工绘图就比较简便、快捷。

8.1 概述

8.1.1 软件下载与打开

目前 CADe-SIMU 软件界面已经全部汉化，但没有帮助说明。因此，对工具条中的器件必须认识，才可对电器电路图进行绘制。

下面介绍该软件的使用方法。

1）启动 CADe-SIMU 程序

上网下载 CADe-SIMU 电气仿真软件，解压后，包含的文件如图 8-1 所示。不用安装，直接打开 CADe-SIMU.exe 文件，就可打开程序界面窗口，如图 8-2 所示。任意点击中心位置的软件标签部分，输入自带密码，则可进入软件操作界面，如图 8-3 所示。

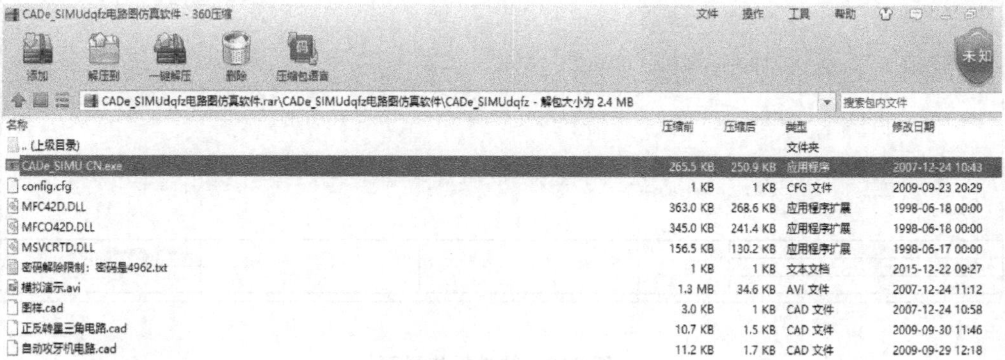

图 8-1　CADe-SIMU 程序包含的文件

关于 CADe_SIMU... - CADe_S1
文件(F) 编辑(E) 绘图 模拟 查看(V) 显示 窗口(W) 帮助(H)
Version 1.0
QQ: 570238943
汉化: 雪梨 Mail: 570238943@qq.com
Stop

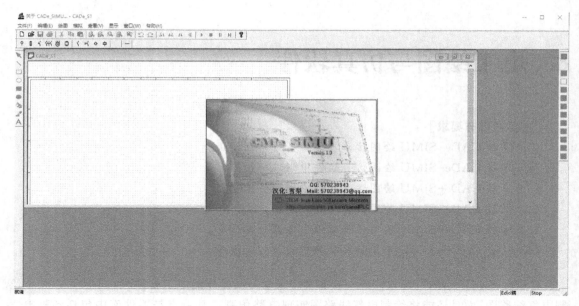

图 8-2 程序界面窗口

关于 CADe_SIMU... - [CADe_S1]
文件(F) 编辑(E) 绘图 模拟 查看(V) 显示 窗口(W) 帮助(H)

图 8-3 软件操作界面

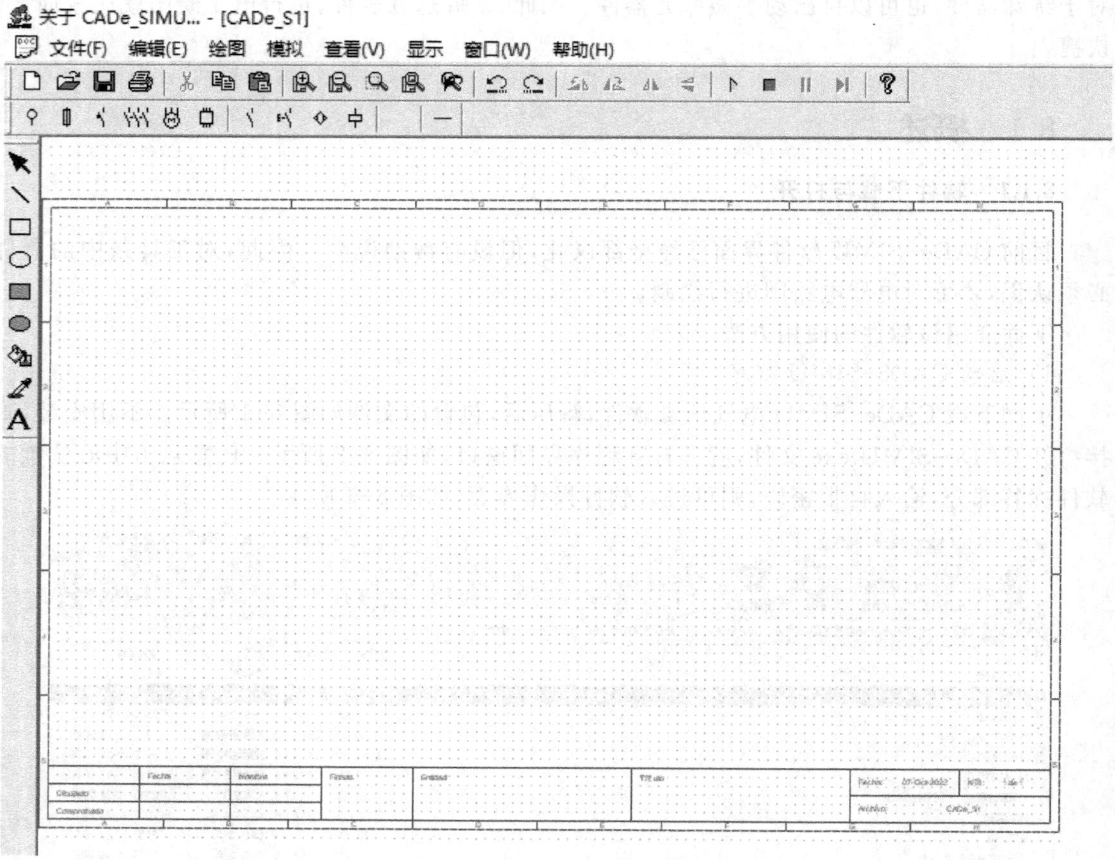

2）设置绘图情景

打开 CADe-SIMU.cx 软件，在"文件"下拉菜单中点击"选项"，弹出的"选项"对话框窗口如图 8-4 所示，在此对话框中选择"图纸"的大小，即可进行"图表设置""视图选项"等的设定。

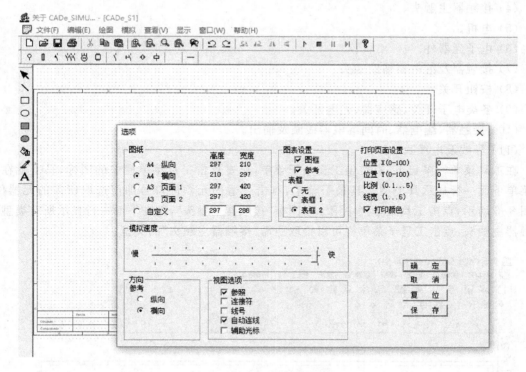

图 8-4　"选项"对话框

3）工具菜单栏

CADe-SIMU 程序界面窗口中有工具菜单栏，如图 8-5 所示。工具菜单栏从左到右分别是：

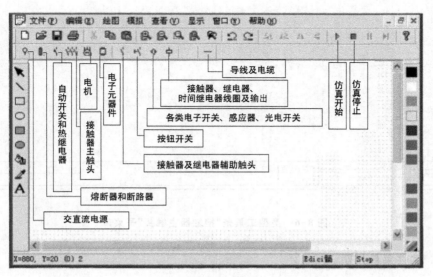

图 8-5　工具菜单栏界面

（1）交直流电源。

（2）熔断器和断路器。

（3）自动开关和热继电器。

（4）接触器主触头。

（5）电机。

（6）电子元器件。

（7）接触器及继电器辅助触头。

（8）按钮开关。

（9）各类电子开关、感应器、光电开关。

（10）接触器、继电器、时间继电器线圈及输出。

（11）导线及电缆。

在工具菜单栏条目下，有类型工具条子菜单，只要点击工具菜单栏中的图标，马上就在工具菜单下面一行显示其类型工具条子菜单，点击合适的元器件符号即可选取所需的元器件。如图8-6所示，点击工具菜单栏中第4个图标"接触器主触头"，则在下面一行显示所有类型的接触器主触头，点击工具子菜单栏可以拾取所需"接触器主触头"的类型。

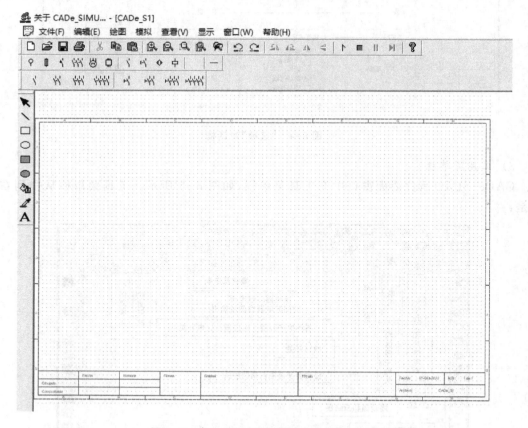

图 8-6 类型工具条"接触器主触头"子菜单

8.1.2 软件菜单说明

CADe-SIMU软件操作菜单相对简单，共分二级，第一级为主菜单，第二级为子菜单。

1）元器件菜单的结构

CADe-SIMU 软件器件菜单的结构如图 8-7 所示。上排第一级为主菜单，下排第二级为子菜单。

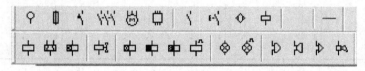

图 8-7 元器件菜单的结构

2）元器件主菜单释义

元器件的第一级主菜单如图 8-8 所示，其中上排为器件符号，下排为器件符号说明。

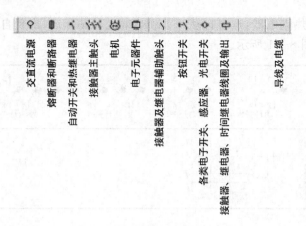

图 8-8 主菜单含义

3）元器件子菜单释义

（1）交直流电源：点击交直流电源图标后，出现交直流电源的详细选择子菜单，如图 8-9 所示。

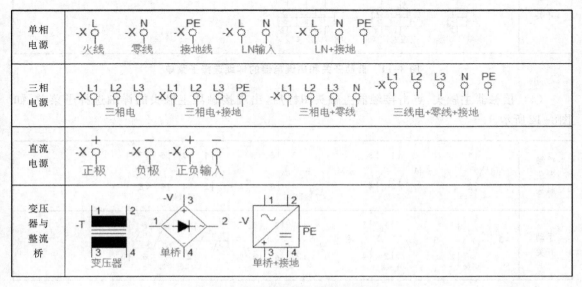

图 8-9 电源的详细选择子菜单

（2）熔断器和断路器：点击熔断器和断路器图标后，出现熔断器的详细选择子菜单，如图8-10所示。

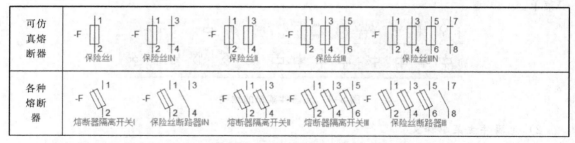

图8-10 熔断器和断路器的详细选择子菜单

（3）自动开关和热继电器：点击自动开关和热继电器图标后，出现自动开关和热继电器的详细选择子菜单，如图8-11所示。

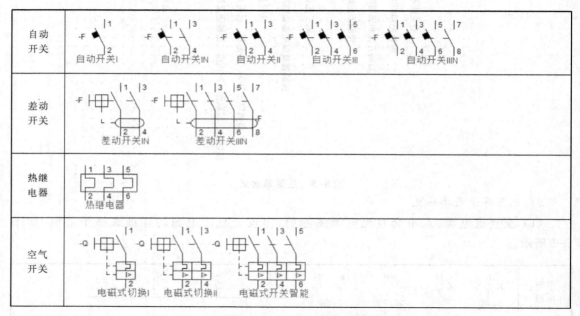

图8-11 自动开关和热继电器的详细选择子菜单

（4）接触器主触头：点击接触器主触头图标后，出现接触器主触头的详细选择子菜单，如图8-12所示。

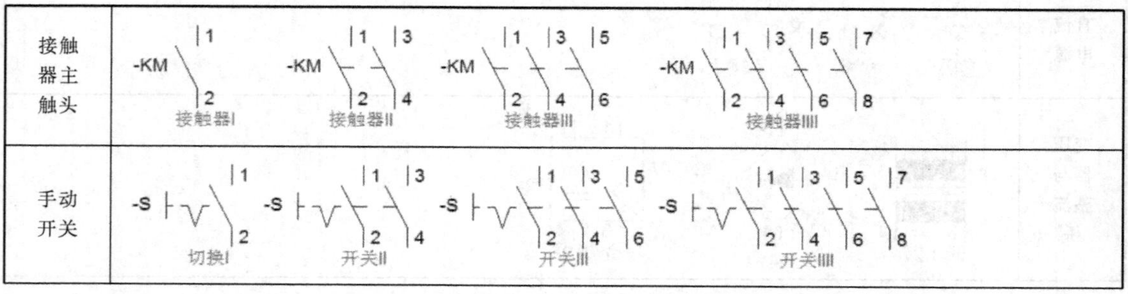

接触器主触头	-KM　1／2 接触器I	-KM　1　3／2　4 接触器II	-KM　1　3　5／2　4　6 接触器III	-KM　1　3　5　7／2　4　6　8 接触器IIII
手动开关	-S　1／2 切换I	-S　1　3／2　4 开关II	-S　1　3　5／2　4　6 开关III	-S　1　3　5　7／2　4　6　8 开关IIII

图8-12 接触器主触头的详细选择子菜单

（5）电机：点击电机图标后，出现电机的详细选择子菜单，如图8-13所示。

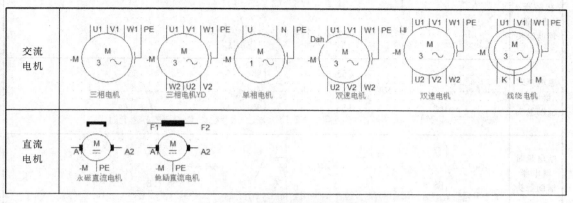

图 8-13　电机的详细选择子菜单

（6）电子元器件：点击电子元器件图标后，出现电子元器件的详细选择子菜单，如图8-14所示。

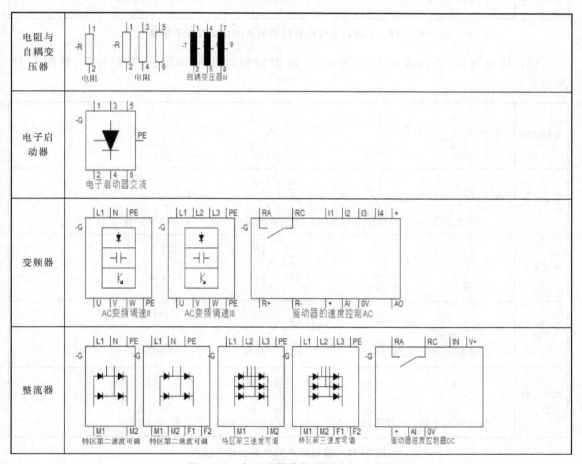

图 8-14　电子元器件的详细选择子菜单

（7）接触器及继电器辅助触头：点击辅助触头图标后，出现辅助触头的详细选择子菜单，如图 8-15 所示。

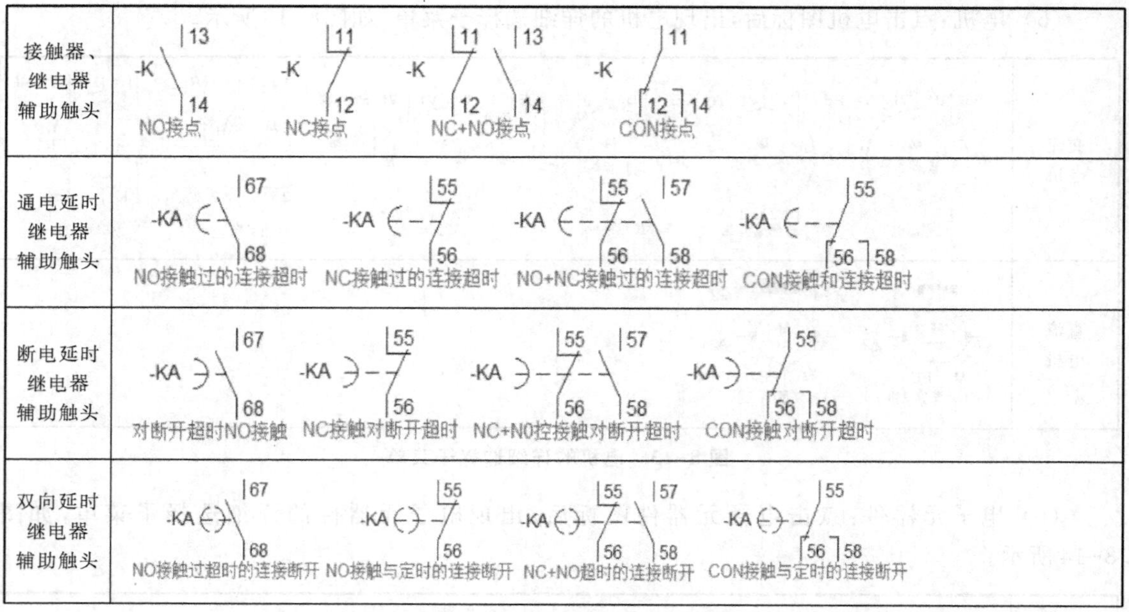

接触器、继电器辅助触头	-K NO接点	-K NC接点	-K NC+NO接点	-K CON接点
通电延时继电器辅助触头	-KA NO接触过的连接超时	-KA NC接触过的连接超时	-KA NO+NC接触过的连接超时	-KA CON接触和连接超时
断电延时继电器辅助触头	-KA 对断开超时NO接触	-KA NC接触对断超时	-KA NC+NO控接对断开超时	-KA CON接触对断开超时
双向延时继电器辅助触头	-KA NO接触过超时的连接断开	-KA NO接触与定时的连接断开	-KA NC+NO超时的连接断开	-KA CON接触与定时的连接断开

图 8-15　接触器及继电器辅助触头的详细选择子菜单

（8）按钮开关：点击按钮开关图标后，出现按钮开关的详细选择子菜单，如图8-16所示。

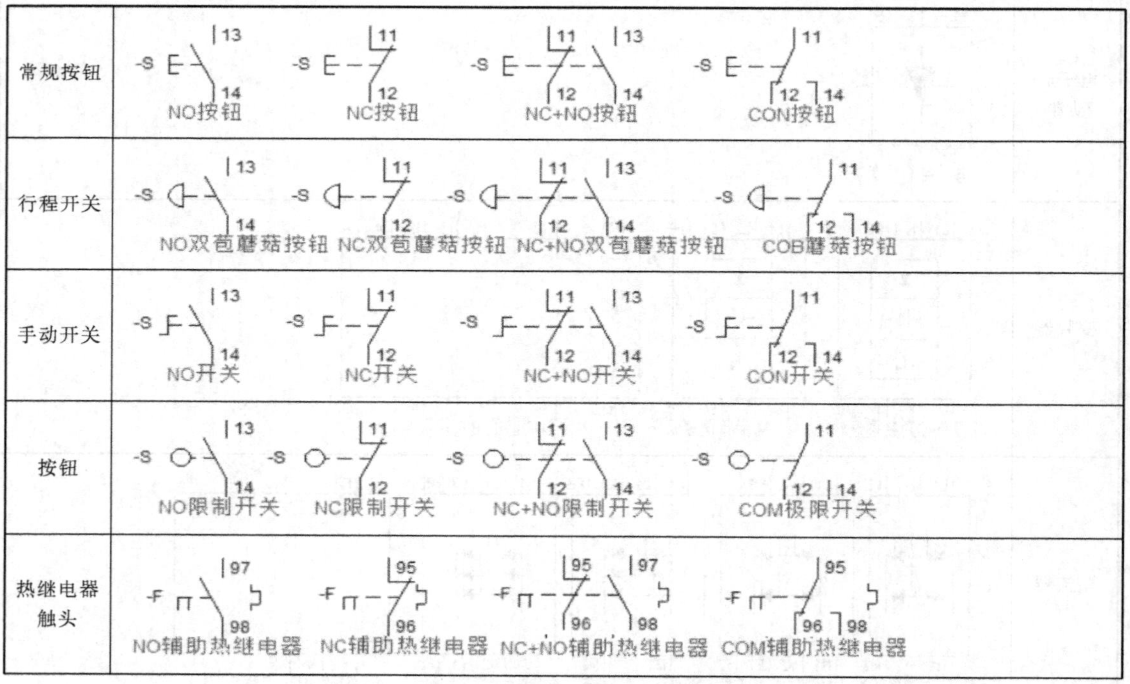

常规按钮	-S NO按钮	-S NC按钮	-S NC+NO按钮	-S CON按钮
行程开关	-S NO双苞蘑菇按钮	-S NC双苞蘑菇按钮	-S NC+NO双苞蘑菇按钮	-S COB蘑菇按钮
手动开关	-S NO开关	-S NC开关	-S NC+NO开关	-S CON开关
按钮	-S NO限制开关	-S NC限制开关	-S NC+NO限制开关	-S COM极限开关
热继电器触头	-F NO辅助热继电器	-F NC辅助热继电器	-F NC+NO辅助热继电器	-F COM辅助热继电器

图 8-16　按钮开关的详细选择子菜单

（9）各类电子开关、感应器、光电开关：点击各类电子开关、感应器、光电开关图标后，出现各类电子开关、感应器、光电开关的详细选择子菜单，如图8-17所示。

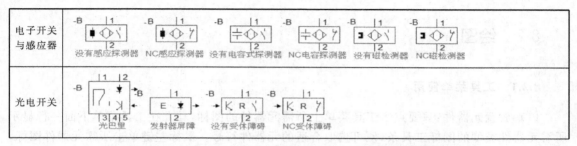

<table>
<tr><td>电子开关
与感应器</td><td>没有感应探测器   NC感应探测器   没有电容式探测器   NC电容探测器   没有磁检测器   NC磁检测器</td></tr>
<tr><td>光电开关</td><td>光巴里   发射器屏障   没有受体障碍   NC受体障碍</td></tr>
</table>

图 8-17　各类电子开关、感应器、光电开关的详细选择子菜单

（10）接触器、继电器、时间继电器线圈及输出：点击线圈及输出图标后，出现线圈及输出的详细选择子菜单，如图 8-18 所示。

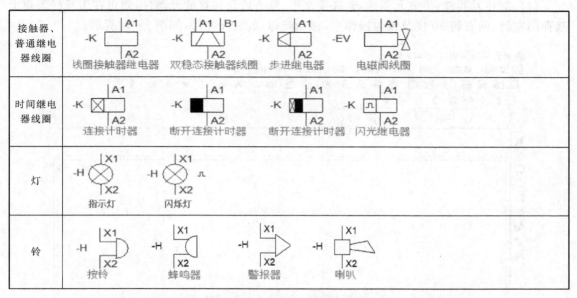

<table>
<tr><td>接触器、
普通继电
器线圈</td><td>线圈接触器继电器   双稳态接触器线圈   步进继电器   电磁阀线圈</td></tr>
<tr><td>时间继电
器线圈</td><td>连接计时器   断开连接计时器   断开连接计时器   闪光继电器</td></tr>
<tr><td>灯</td><td>指示灯   闪烁灯</td></tr>
<tr><td>铃</td><td>按铃   蜂鸣器   警报器   喇叭</td></tr>
</table>

图 8-18　接触器、继电器、时间继电器线圈及输出的详细选择子菜单

（11）导线及电缆：点击导线及电缆图标后，出现导线及电缆的详细选择子菜单，如图 8-19 所示。

<table>
<tr><td>各种颜色
导线与节点</td><td>红色   蓝色   绿色   红色   蓝色   红色</td></tr>
<tr><td>三平行
导线</td><td></td></tr>
<tr><td>引出线</td><td></td></tr>
<tr><td>端子</td><td>-x   单端子   双端子   三端子   四端子</td></tr>
</table>

图 8-19　导线与电缆的详细选择子菜单

8.2 绘图

8.2.1 工具菜单使用

（1）放置元器件：只要点击工具菜单上所需元器件的图标，马上在工具菜单下面一行显示所需元器件类型的图标工具条，便可选取合适的元器件符号。鼠标左键单击所需元器件图标，则该元器件在绘图窗口弹出，移动光标，元器件会随之移动，此时若在绘图窗口中某一处点击鼠标左键则可将元器件放在该处。鼠标右击，便可取其它元器件。

（2）移动元器件：按住绘图窗口中元器件，左键拖动可移动其位置，按右键可取消操作。

（3）旋转元器件：拾取元器件，若需要水平、垂直或反向摆放元器件，则可在工具栏菜单上选择向左转、向右转 90 度及镜像操作后，移动光标，放置元器件，如图 8-20 所示。

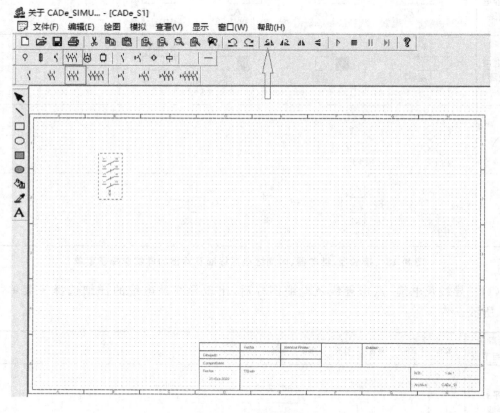

图 8-20　旋转元器件

（4）删除元器件：单击需要删除的元器件，该元器件变为红色，按 Delete 进行删除。

（5）参数设置：左键双击元器件弹出对话框，在对话框中可设置元器件名称、序号等。同一元器件要同一名称，大小写也要相同。

（6）连接导线：选取导线，然后用左键点选元器件的接点，拖出一条直线直到下一个元器件的接点，最后松开左键可绘出一条连接线段。连线时注意光标前的小黑点要放在元器件的连接点上。

8.2.2 绘图

以绘制单向连续运转控制电机线路图为例,说明用 CADe-SIMU 绘图仿真软件绘制电工线路图的过程。

1)布置元器件

总的布置要求是:布局合理、上下对正、高度平齐、间隔合适、比例适当、符合规范要求。

单向连续运转控制电机线路共分主电路和控制电路两部分。

(1)主电路元器件:有三相电源、主熔断器、接器主触头、热继电器和三相电动机等元器件。

(2)控制电路元器件:有分路熔断器、停止按钮、启动按钮、接触器辅助触点和热继电器动断触点等元器件。

(3)选择所有的元器件符号:根据电路连接要求,选择所需要的元器件符号,将全部元器件在绘图窗口上整齐摆放,如图 8-21 所示。

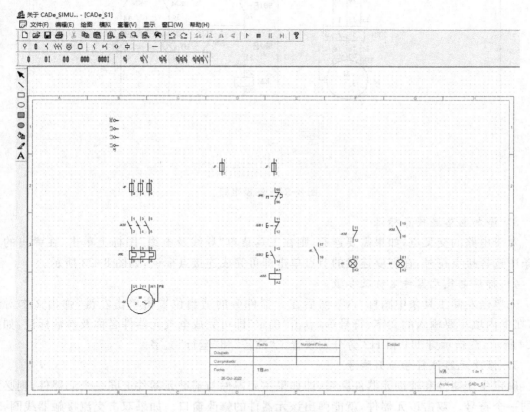

图 8-21 布置元器件

2)连接电路

(1)单击工具菜单导线及电缆图标,在弹出的工具条中选择导线连接符号。

(2)根据电路图的要求把各个控制线路元器件连接起来。用直导线对两元器件进行连接,然后用左键点选元器件的接点,拖出一条直线到下一个元器件的接点,最后松开左键可绘出一条连接线段。对于有转折的线路,可以先拖出 2 条或多条直线,使两元器件实现直角连接。

（3）导线连接分主电路和控制电路。一般主电路用红线，控制电路用蓝线。

（4）导线连接原则，按照从上至下、从左至右、先主后辅的原则进行，如图 8-22 所示。

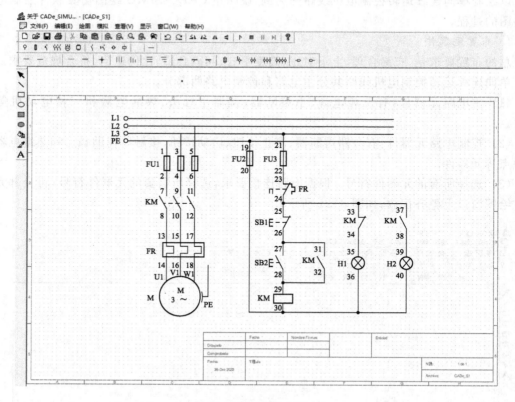

图 8-22　连接电路

3）添加电路连接点标记

对于电路的交叉点，如果需要连通，则在工具菜单"导线及电缆"图标上单击，在弹出的工具条中选择接点符号，在需要连接的节点单击即可完成连接点标记，如图 8-23 所示。

4）标注电气元器件名称及参数

先单击左侧工具条中图标"A"，然后在元器件旁的适当位置再单击左键，弹出文本对话框，在框内填写要输入的文字、符号等，点击"确定"即可完成电气元器件名称及参数标注，如图 8-24 所示，在指示灯 H1 和 H2 旁分别放置了"准备"和"运行"文字。

5）修改元器件符号与引脚号

确定主元器件和辅助元器件联系，即如果主元器件与辅助元器件上同一个元器件，则必须用同一个符号。双击该元器件，就能弹出该元器件的修改窗口。如果双击交流接触器线圈，修改符号为 KM，那么交流接触器的触点也要修改为 KM，这样仿真时才能联系起来，否则仿真时出错。点击要修改的元器件，元器件变为红色，然后双击元器件，在弹出的对话框中可修改符号与引脚号，并在相应的符号打钩，以显示或关闭相应的符号，如图 8-25 所示。

6）添加连接符

在"文件"下拉菜单中，点击"选项"，在弹出的对话框"视图选项"中，对"连接符"打钩，生成带连接符的电路图，如图 8-26 所示。

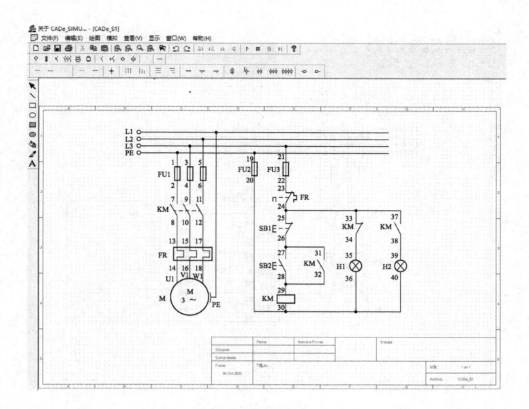

图 8-23　添加电路连接点

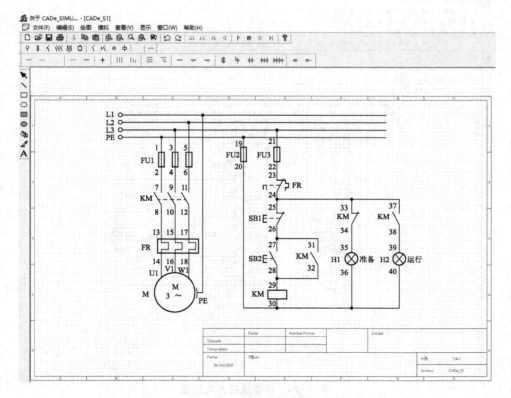

图 8-24　标注电气元器件名称及参数

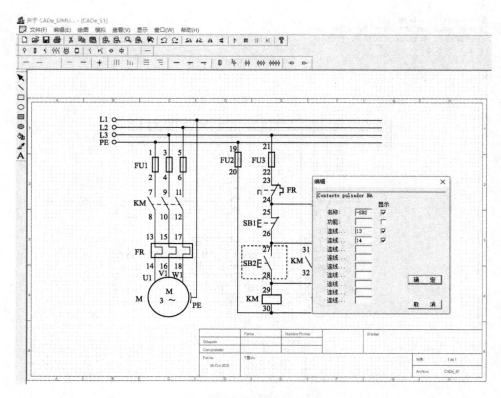

图 8-25　修改器件标志与引脚号

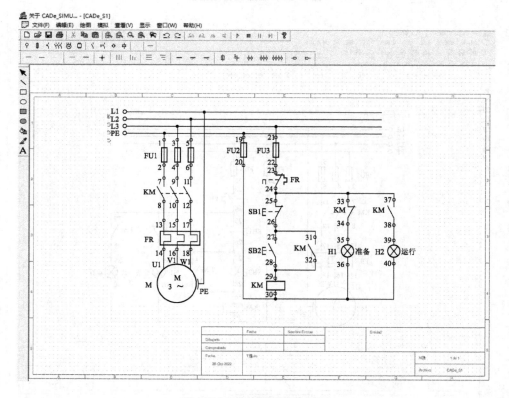

图 8-26　带连接符的电路图

7）保存文件

如若保存电气控制线路图,可在"文件"下拉菜单中点击"另存为",输入文件名保存即可,如图 8-27 所示。

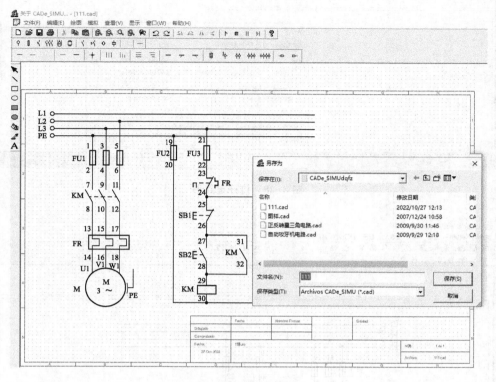

图 8-27   保存文件

8.3   电气电路仿真

1）打开所需仿真的电路图

直接打开 CADe-SIMU.exe 文件,启动 CADe-SIMU 程序,任意点击中心位置的软件标签部分,输入自带密码,点击"确认"(如果点击"取消",尽管允许绘图和打开电路图,则仿真时报错,无法仿真)。进入软件操作界面,点击操作工具栏中"文件"下拉菜单的"打开"选项,弹出"打开对话框",在对话框中输入要打开文件的文件名,点击"确认",就可打开文件,如图 8-28 所示。

2）电路仿真

要仿真成功,需注意控制电路继电器线圈只支持 220 V。此软件仿真不成功检查很简单,电流到了什么地方,导线会变成暗红色虚线闪烁,元器件动作了会变成红色。如果导线不通可能没有连接好,删除导线重新画就好了。

在打开的电路图中,单击运行按钮 ▶,开始仿真。单击 ■ 停止。

（1）单击运行按钮 ▶,指示灯 H1 点亮,电路进入准备阶段。所有通电的导线都暗红色虚线闪烁,元器件动作了会变成红色,如图 8-29 所示。

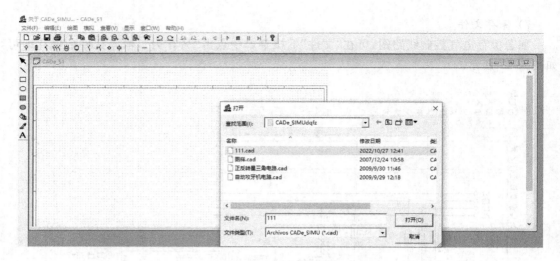

图 8-28　打开电路图

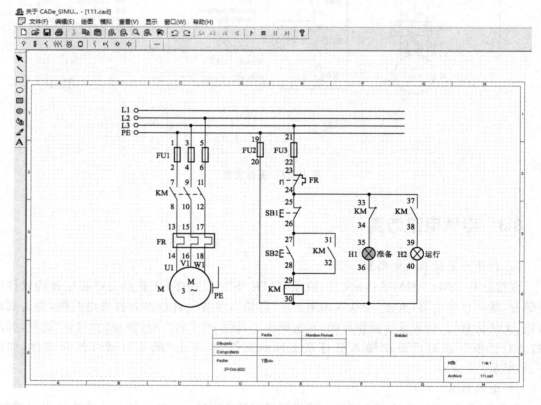

图 8-29　电路进入准备阶段

　　（2）热继电器仿真：在仿真状态下，单击"FR"线圈，可动作，即热继电器辅助触点断开，且变为灰色，如图 8-30 所示，单击复位。

　　（3）熔断器仿真：在仿真状态下，单击"FU₁、FU₂、FU₃"，可仿真熔断器烧断的情况，如图 8-31 所示。点击 FU₁ 可看到 FU₁ 内的线断开，且变为灰色。

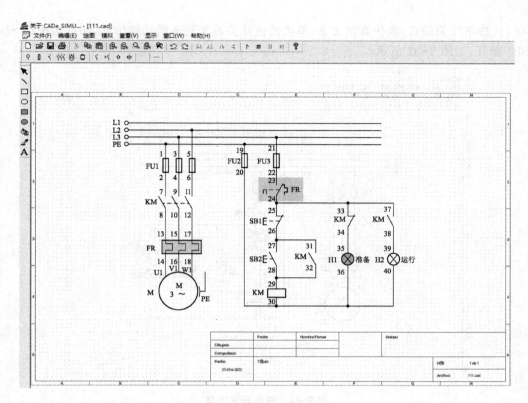

图 8-30 热继电器仿真

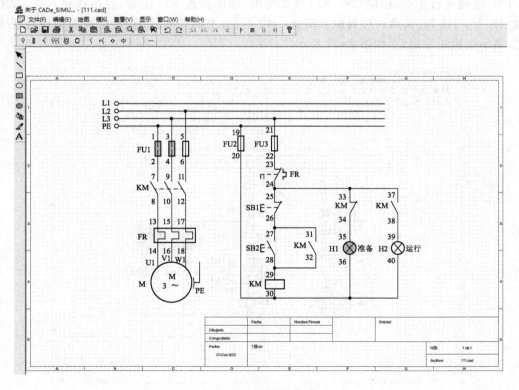

图 8-31 熔断器仿真

（4）按钮开关仿真：在仿真状态下，单击按钮开关可实现通断动作仿真，如点击按住 SB1，则 SB1 断开，如图 8-32 所示。

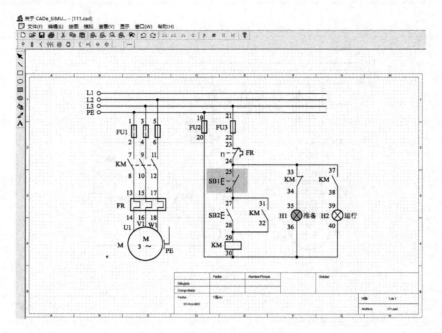

图 8-32　按钮开关仿真

（5）电路运行仿真：按住 SB2，KM 线圈得电，辅助触点 KM 闭合，控制线路自锁；常闭辅助触点断开，H1 熄灭，常开仿真触点闭合，H2 点亮，主触点 KM 闭合，电机等动作器件变为灰色，表示电机正在运行，如图 8-33 所示。

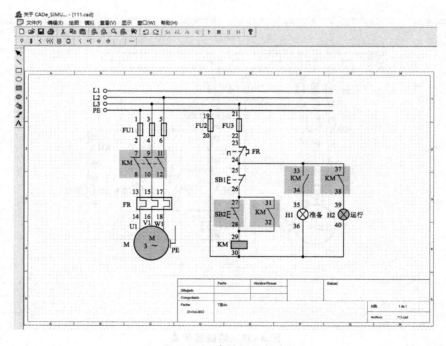

图 8-33　电路运行仿真

（6）自锁运行：如图 8-34 所示，放开 SB2，控制线路自锁，电动机继续运行。

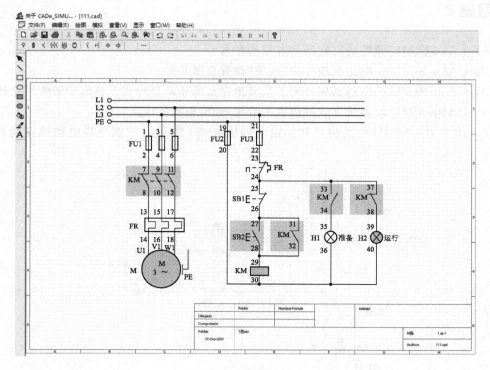

图 8-34　自锁运行

（7）停车仿真：如图 8-35 所示，按下 SB1，控制线路失电，返回准备状态。

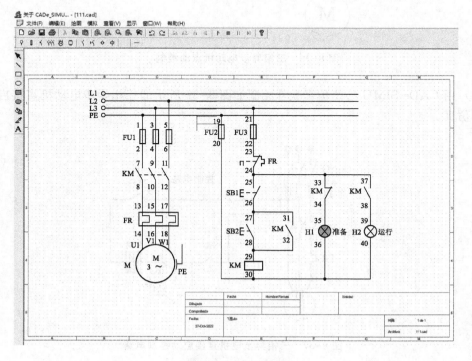

图 8-35　停车仿真

习题 8

（1）CADe-SIMU 绘图仿真软件具有哪些特点？

（2）CADe-SIMU 绘图仿真软件的"选项"设置有哪几种？

（3）CADe-SIMU 绘图仿真软件的工具菜单栏由哪些部分构成？各部分的作用是什么？

（4）CADe-SIMU 绘图仿真软件仿真失败时，如何查找故障点？

（5）用 CADe-SIMU 绘图仿真软件绘制如图 8-36 所示的三相异步电动机点动控制并仿真。

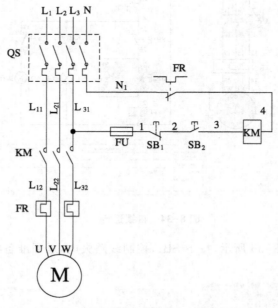

图 8-36　三相异步电动机点动控制

（6）用 CADe-SIMU 绘图仿真软件绘制如图 8-37 所示的三相异步电动机直接启动控制电路并仿真。

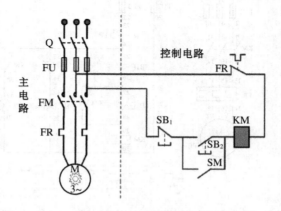

图 8-37　三相异步电机直接启动控制电路

（7）用 CADe-SIMU 绘图仿真软件绘制如图 8-38 所示的三相异步电动机正转控制线路并仿真。

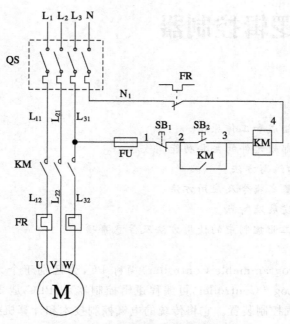

图 8-38　三相异步电机正转控制线路

9 可编程逻辑控制器

[主要内容与要求]

(1) 掌握 PLC 的组成和工作原理。

(2) 掌握 PLC 内部软元件的主要功能。

(3) 掌握梯形图的编写方法。

(4) 掌握 PLC 的基本指令及应用方法。

(5) 了解 PLC 的发展及特点。

(6) 了解 PLC 在工业控制中的使用方法及注意事项。

可编程控制器(Programmable Controller)简称 PC,为区别于个人计算机(PC),常称为 PLC(Programmable Logic Controller,可编程逻辑控制器)。PLC 是 20 世纪 60 年代末发展起来的一种新型的电气控制装置。它将传统的电气控制技术和计算机技术、自动化技术、通信技术融为一体,目前已被广泛应用于各种生产机械和工业过程的自动控制中。

PLC 是以微处理器为核心的新型工业自动控制装置,也可以说它就是一种最重要、最可靠、应用最广泛的工业控制微型计算机。在 PLC 中,利用了大规模集成电路技术、微电子技术,已从早期的逻辑控制发展到位置控制、伺服控制、过程控制等许多领域。

9.1 PLC 概述

9.1.1 PLC 的特点

目前,国际上生产 PLC 的厂家很多,它们遍及美国、日本及欧洲各国,各公司的产品也有所不同。但无论哪个厂家的产品,就其技术而言大同小异。PLC 的特点可概括如下:

(1) 通用性好,有极高的可靠性。

(2) 环境适应性好,抗干扰能力强。

(3) 模块化组合结构,使系统构成十分灵活。

(4) 编程语言简单易学,便于掌握。

(5) 很强的输入输出接口。

(6) 可进行在线修改,柔性好。

(7) 有较大的存储能力。

(8) 体积小、维护方便。

(9) 具有许多智能外围接口,可实现网络化。

其核心可以概括为:

(1) 用微处理器代替了传统的各类继电器控制的装置。

（2）用编程代替了复杂的连线。

（3）输入/输出接口直接与外部装置连接。

（4）模块化结构，方便扩展。

9.1.2　PLC 的定义

1987 年，国际电工委员会（IEC）颁布了 PLC 的定义和对 PLC 的规定：可编程控制器是一种数字运算操作的电子系统，专为在工业环境下应用而设计；它采用可编程序的存储器，用来在其内部存储执行逻辑运算、顺序控制、定时、计数和算术运算等操作的指令，并通过数字的、模拟的输入和输出，控制各种类型的机械或生产过程；可编程序控制器及其有关设备，都应按易于与工业控制系统形成一个整体、易于扩充其功能的原则设计。

由上述定义可见，PLC 是一个工业计算机，采用编程方式实现逻辑运算、顺序控制、定时、计数和算术运算等操作，具有数字量、模拟量的输入和输出能力。

9.1.3　PLC 的种类

PLC 经过 30 多年的发展，技术已趋成熟，新的 PLC 生产厂不断出现，推出的 PLC 品种越来越多，型号规格也不统一，通常可按下列情况分类：

1）*按结构形式分类*

从结构上看，可以分成两大类：一类是一体化的单元结构形式（整体式）；另一类是框架和模块组成的插件式结构，输入/输出点数都取决于用户实际配置，灵活方便。

2）*按输入/输出点数、容量和功能分类*

从硬件基本规格、存储容量和软件的应用功能综合分析比较，可将 PLC 分成小型、中型和大型 3 种类型。

9.1.4　PLC 的组成

PLC 是以微处理器为核心的电子系统，它与计算机所用的电路类似。PLC 的结构框图如图 9-1 所示。

1）*输入/输出接口*

这是 PLC 与被控设备连接的部件。输入部件接收现场设备的控制信号，如限位开关、操作按钮、传感器信号等，并将这些信号转换成中央处理器（CPU）能够接收和处理的数字信号。输出部件则相反，它是 CPU 按照用户编制的程序对输入数据处理后，产生的一系列控制信号，把它转换成被控制设备或显示设备所能接收的电压或电流信号，以驱动电磁阀、接触器等被控设备。

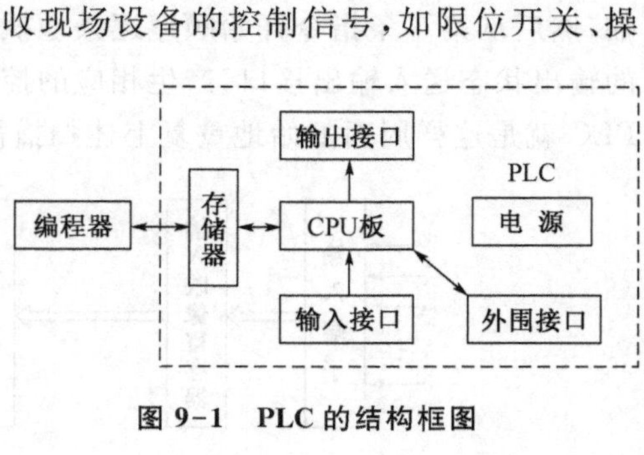

通常输入/输出接口与 CPU 板之间采用光电隔离器实现隔离。

图 9-1　PLC 的结构框图

2）CPU 板

CPU 板是 PLC 的"大脑"，主要是处理和运行用户程序，监控 CPU 和输入/输出部件的状态，并做出逻辑判断，按需要将各种不同状态的变化输出给有关部分，指示 PLC 的现行工作状态或做必要的应急处理。

不同型号的 PLC 采用的 CPU 型号不同。一般厂商采用自行设计的专用芯片。

系统程序存储器主要存放系统管理和监控程序及对用户程序做编译处理的程序。系统程序根据各种 PLC 不同的功能,已由制造厂家在出厂前固化,用户不能改变。

3)电源部件

电源部件将交流电源转换成供 PLC 的 CPU、存储器等电子电路工作所需要的直流电源,使 PLC 能正常工作。一些型号 PLC 还可向外部装置(接近开关、继电器等)提供 24 V 直流电源。

4)编程器

编程器是 PLC 的外围设备。可通过编程器输入、检查、修改、调试用户程序,也可用它在线监视 PLC 的工作情况。

在 PLC 运行时,不需要编程器。一般地,在调试程序、对 PLC 的运行状态进行监控时,才接入编程器。

编程器分为简易型和全功能型两种。简易型通常是便携式的,适合在工业现场使用,但功能较少,程序的输入不方便。

全功能型编程器是装有编程软件的微型计算机,具有方便的编程、调试、监控、管理等功能。在较复杂的控制领域应该选用全功能型编程器。

5)编程软件

世界上各大 PLC 公司都有自己的一套编程软件,且它们之间大都不能通用。如西门子公司的 S7-200 系列 PLC 采用的编程软件是 STEP7-Micro/WIN32。在应用 PLC 时,要注意根据 PLC 的型号选择合适的编程软件。

9.1.5　PLC 的工作原理

PLC 是一种工业控制计算机,但是,其外形并不像普通计算机(微机)。其操作使用方法、编程语言、工作过程都与普通微型计算机有很大不同。

PLC 虽然采用了计算机技术,但应用时可以不必对计算机的概念做深入了解,只需将它看成是由普通继电器、定时器、计数器等组成的装置。

PLC 采用的是周期性循环扫描工作方式。用户首先根据其完成的某个控制工作的要求编制好程序,然后输入到 PLC 的用户程序存储器中。PLC 运行时,首先对输入端的状态扫描,然后从第 1 条指令开始顺序逐条地执行用户程序,直到用户程序结束,最后才将用于控制的输出状态送入输出接口,产生相应的控制过程,然后又返回第 1 条指令,开始新的一轮扫描。PLC 就是这样周而复始地重复上述扫描循环。PLC 循环扫描过程如图 9-2 所示。

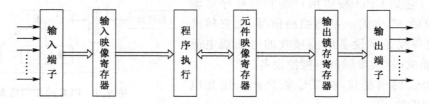

图 9-2　PLC 的循环扫描工作过程

PLC 的工作过程可分为输入采样、程序执行、输出刷新 3 个阶段。PLC 的工作过程是按这 3 个阶段进行周期性循环扫描的。

(1)输入采样阶段:首先按顺序采样所有输入端子的状态,并将输入点的状态或输入数据存入对应的输入映像寄存器中,即对输入状态刷新。此后即使输入状态有变化,输入映像寄存器中的值也不会改变。当输入信号状态发生变化时,只能在下一个扫描周期的输入采样阶段被读入。

(2) 程序执行阶段:在这个阶段,PLC 对用户程序顺序扫描。在执行每一条指令时,所需的输入状态(条件)可从输入映像寄存器中读出,按程序进行相应的逻辑运算,运算结果再存入相关的元件映像寄存器中。

(3) 输出刷新阶段:当所有指令执行完毕,输出映像寄存器中的状态才转存到输出锁存寄存器中,从而产生输出,驱动外部负载。

经过上述 3 个阶段,完成一个扫描周期,PLC 又返回,从第 1 个阶段重新开始执行。

9.1.6 PLC 程序的表达方式

PLC 是以程序的方式实现控制的,因此需要把控制任务所叙述的功能变换成程序。程序的编制就是用一定的语言把一个控制任务描述出来。PLC 与计算机的显著区别之一,就是PLC 的编程语言使用方便,易于掌握。尽管国内外生产厂家采用的编程语言不尽相同,但程序的表达方式常用下面 4 种:梯形图、指令语、逻辑功能图和高级语言。

下面以三相电动机启动、停止控制线路为例说明 PLC 的控制方式,如图 9-3 和图 9-4 所示。主要以常用的西门子公司的 S7-200 系列为例来说明。

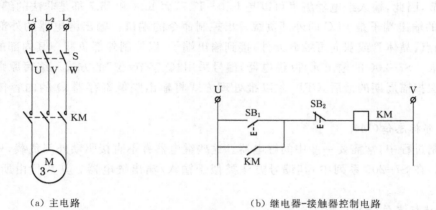

图 9-3 电动机启动、停止控制线路

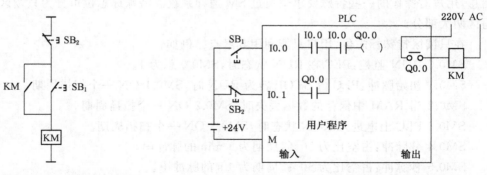

(a) 继电器实现启动、停止控制的接线图   (b) 用 PLC 实现控制的接线图(框内为梯形图)

图 9-4 用 PLC 实现电动机启动、停止控制的接线图和梯形图

9.2 PLC 内部元件

由于 PLC 是为在工业环境中的应用而设计的,在 PLC 编程时可以不考虑其内部的复杂结构,也不必使用计算机的编程语言,而把 PLC 内部看作是由许多"软继电器"等逻辑部件组成的。这样,就可以借用传统的继电器控制系统的概念来理解和编写应用程序。利用 PLC 所提供的编程语言,按照用户不同的控制任务和要求编制不同的应用程序,这就是 PLC 的应用程序设计。

主要以常用的西门子公司的 S7-200 系列为例来介绍。尽管其他公司的产品与此有区别,但掌握其中一种后,因相差不大,可很快掌握。

1) 输入/输出继电器(I/Q)

PLC 的输入端子是从外部接收信号的窗口"0"输入端子与输入映像寄存器的相应位构成输入继电器。编程时其常开(ON)和常闭(NC)触点使用次数不限。

输入点的状态,在每次扫描周期开始时采样,采样结果以"1"或"0"的方式写入输入映像寄存器,作为程序处理时输入点状态"通"或"断"的根据。

S7-200 的输入元件(继电器)编号采用"I 字节/位"的方式。可用的字节数由所用的 CPU 的型号决定。一个字节由 8 位二进制组成,因此,位的取值为 0~7。如:CPU216 输入寄存器有 8 个字节,因此,输入继电器编号可以是 I0.0~I7.7,而 I0.8 和 I8.7 都是非法的编号。

PLC 的输出端子是 PLC 向外部负载发出控制命令的端口。输出继电器的外部输出触点(继电器触点、晶体管或双向可控硅元件)接到输出端子,以控制外部负载。其内部的软触点使用次数不限。S7-200 的输出元件(继电器)编号采用"Q 字节/位"的方式。编写原则同上。

在每次扫描周期的最后,CPU 才以批处理方式将输出映像寄存器 Q 的内容传送到输出端点。

2) 内部标志位(M)

在控制过程中,常需要一些中间继电器。这些继电器并不直接驱动外部负载,只起到中间控制作用。在 S7-200 系列中,其编号方法类似于输入/输出继电器。其数量由所用的 CPU 的型号决定。

3) 特殊标志位(SM)

特殊标志位是用户程序与系统程序之间的界面,为用户提供一些特殊的控制功能及系统信息,用户对操作的一些特殊要求也通过 SM 通知系统。特殊标志位可分为只读区和可读/可写区两大部分。

在只读区特殊标志位,用户只能利用其触点。例如:

SM0.0 RUN 监控:PLC 在 RUN 状态时,SM0.0 总为 1。

SM0.1 初始脉冲:PLC 由 STOP 转为 RUN 时,SM0.1 ON 一个扫描周期。

SM0.2 当 RAM 中保存的数据丢失时,SM0.2 ON 一个扫描周期。

SM0.3 PLC 上电进入 RUN 状态时,SM0.3 ON 一个扫描周期。

SM0.4 分脉冲:占空比为 50%,周期为 1 min 的脉冲串。

SM0.5 秒脉冲:占空比为 50%,周期为 1 s 的脉冲串。

SM0.6 扫描时钟:一个扫描周期为 ON,下一个周期为 OFF,交替循环。

SM0.7 指示 CPU 上 MODE 开关的位置:0=TERM,1=RUN,通常用来在 RUN 状态下

启动自由端口通信方式。

可读/写特殊标志位用于特殊控制功能。例如：用于自由通信口设置的 SMB30、用于定时中断间隔时间设置的 SMB34/SMB35、用于高速计数器设置的 SMB36～SMB65、用于脉冲串输出控制的 SMB66～SMB85 等。

4）状态元件（S）

状态元件是使用顺控继电器指令编程时的重要元件，通常与顺序控制指令 LSCR、SCRT、SCRE 结合使用，实现顺控流程编程的方法即 SFC（Sequential Function Chart）编程。状态元件的数目取决于 CPU 型号。例如：CPU214 中 S 元件的编号为 S0.0～S15.7。

5）定时器（T）

PLC 中定时器的作用相当于时间继电器，其设定值由程序赋予。每个定时器有一个 16 位（二进制）的当前值寄存器以及一个状态位，称为 T-bit。定时器的数目取决于所选用 CPU 型号。

6）计数器（C）

计数器的结构与定时器基本一样，其设定值在程序中赋予。它有一个 16 位的当前值寄存器及一个状态位，称为 C-bit。计数器用来计数输入端子或内部元件送来的脉冲数。一般计数器的计数频率受扫描周期的影响，不可以太高。高频信号的计数可用指定的高速计数器（EBC）。计数器数目也取决于所用的 CPU 型号。

7）变量寄存器（V）

S7-200 系列 PLC 有较大容量的变量寄存器，用于模拟量控制、数据运算、设置参数等用途。变量寄存器可以位（bit）为单位使用，也可按字节（B）、字（W）、双字（D）为单位使用。其数目取决于所用的 CPU 型号。

8）累加器（AC）

S7-200 系列 PLC 的 CPU 中提供 4 个 32 位累加器（ACC0～ACC3）。累加器支持以字节（B）、字（W）和双字（D）的存取。以字节或字为单位存取累加器时，是访问累加器的低 8 位或低 16 位。

9）模拟量输入/输出（AIW/AQW）

PLC 允许外部的模拟量输入/输出，在其内部有 A/D（模/数）和 D/A（数/模）和转换功能。其编号为偶数，如：AIW0，AQW2 等。

表 9-1 给出了 S7-200 的主要技术指标。

表 9-1　S7-200 的主要技术指标

指　　标	CPU212	CPU214	CPU215	CPU216
用户程序容量（字）	512	2K	4K	4K
用户数据容量（字）	512	2K	2.5K	2.5K
输入映射寄存器	I0.0～I7.7	I0.0～I7.7	I0.0～I7.7	I0.0～I7.7
输出映射寄存器	Q0.0～I7.7	Q0.0～I7.7	Q0.0～I7.7	Q0.0～I7.7
模拟量输入	AIW0～AIW30	AIW0～AIW30	AIW0～AIW30	AIW0～AIW30
变量寄存器	V0.0～I1023.7 V0.0～I199.7	V0.0～I4095.7 V0.0～I1023.7	V0.0～I5119.7 V0.0～I5119.7	V0.0～I5199.7 V0.0～I5199.7
标志位	M0.0～M15.7 MB0～MB13	M0.0～M31.7 MB0～V13	M0.0～M31.7 MB0～MB13	M0.0～M31.6 MB0～MB13

指 标	CPU212	CPU214	CPU215	CPU216
特殊标志位	SM0.0~SM45.7 SM0.0~SM29.7	SM0.0~SM85.7 SM0.0~SM29.7	SM0.0~SM194.7 SM0.0~SM29.7	SM0.0~SM194.7 SM0.0~SM29.7
定时器 保持型延时通定时器:1 ms 保持型延时通定时器:10 ms 保持型延时通定时器:100 ms 延时通定时器 1 ms 延时通定时器: 10 ms 延时通定时器: 100 ms	$64(T_0 \sim T_{63})$ T_0 $T_1 \sim T_4$ $T_5 \sim T_{31}$ T_{32} $T_{33} \sim T_{36}$ $T_{37} \sim T_{63}$	$128(T_0 \sim T_{127})$ T_0, T_{64} $T_1 \sim T_4, T_{65} \sim T_{68}$ $T_5 \sim T_{31}, T_{69} \sim T_{95}$ T_{32}, T_{96} $T_{33} \sim T_{36}, T_{97} \sim T_{100}$ $T_{37} \sim T_{63}, T_{101} \sim T_{127}$	$256(T_0 \sim T_{255})$ T_0, T_{64} $T_1 \sim T_4, T_{65} \sim T_{68}$ $T_5 \sim T_{31}, T_{69} \sim T_{95}$ T_{32}, T_{96} $T_{33} \sim T_{36}, T_{97} \sim T_{100}$ $T_{37} \sim T_{63}, T_{101} \sim T_{255}$	$256(T_0 \sim T_{255})$ T_0, T_{64} $T_1 \sim T_4, T_{65} \sim T_{68}$ $T_5 \sim T_{31}, T_{69} \sim T_{95}$ T_{32}, T_{96} $T_{33} \sim T_{36}, T_{97} \sim T_{100}$ $T_{37} \sim T_{63}, T_{101} \sim T_{255}$
计数器	C0~C63	C0~C127	C0~C255	C0~C255
高速计数器	HC0	HC0~HC2	HC0~HC2	HC0~HC2
状态元件	S0.0~S7.7	S0.0~S15.7	S0.0~S31.7	S0.0~S31.7
累加器	AC0~AC3	AC0~AC3	AC0~AC3	AC0~AC3
跳转/标号	0~63	0~255	0~255	0~255
调用/子程序	0~15	0~63	0~63	0~63
中断程序	0~31	0~127	0~127	0~127
中断事件	0,1,8~10,12	0~20	0~23	0~26
PID 回路	不支持	不支持	0~7	0~7
通信口号	0	0	0	0 和 1

9.3 PLC 编程简介

9.3.1 梯形图

梯形图是 PLC 编程采用的最主要的方式。在形式上类似于继电器控制电路,如图 9-5 所示。它是用图形符号连接而成,这些符号依次为动合触头、动断触头、并联连接、串联连接、继电器线圈等。每一触头和线圈均对应有一个编号。不同机型的 PLC,其编号方法不同。

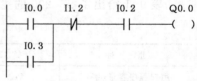

图 9-5 梯形图

梯形图直观易懂,为电气人员所熟悉,因此是应用最多的一种编程语言。

梯形图与继电器控制电路在电路的结构形式、元件的符号以及逻辑控制功能等方面是相同的,但它们又有很多不同之处。

梯形图具有以下特点:

(1) 梯形图按自上而下、从左到右的顺序排列。每个继电器线圈为一个逻辑行,即一层阶梯。每一逻辑行起于左母线,然后是触头的各种连接,最后终止于继电器线圈(有的还加上一条右母线)。整个图形呈梯形,故称为梯形图。

(2) 梯形图中的继电器不是继电器控制电路中的物理继电器,它实质上是存储器中的每一位触发器(单元),因此称为"软继电器"。相应位的触发器为逻辑"1"态,表示继电器线圈接通,动合触头闭合,动断触头打开。

梯形图中继电器的线圈是广义的,除了输出继电器、辅助继电器线圈外,还包括计时器、移位寄存器以及各种算术运算的结果等。

(3) 梯形图中,一般情况下(除有跳转指令和步进指令等的程序段外),某个编号的继电器线圈只能出现一次,而继电器触头则可无限使用,既可是动合触头,又可是动断触头。

(4) 梯形图是 PLC 形象化的编程手段,梯形图两端的母线是没有任何电源可接的。梯形图中并没有真实的物理电流流动,而仅只是"概念"电流,是用于解释用户程序中满足输出执行条件的形象表示方式。"概念"电流只能从左向右流动,层次改变只能先上后下。

(5) 输入继电器供 PLC 接受外部输入信号,而不能由内部其他继电器的触头驱动。因此,梯形图中只出现输入继电器的触头,而不出现输入继电器的线圈。输入继电器的触头表示相应的输入信号。

(6) 输出继电器供 PLC 做输出控制用。它通过开关量输出模块对应的输出开关(晶体管、双向晶闸管或继电器触头)去驱动外部负载。因此,当梯形图中输出继电器线圈满足接通条件时,就表示在对应的输出点有输出信号。

(7) PLC 的内部继电器不能做输出控制用,其触头只能供 PLC 内部使用。

(8) 当 PLC 处于运行状态时,PLC 就开始按照梯形图符号排列的先后顺序(从上到下、从左到右)逐一处理。也就是说,PLC 对梯形图是按扫描方式顺序执行程序,因此不存在几条并列支路同时动作的因素,这在设计梯形图时可减少许多有约束关系的联锁电路,从而使电路设计大大简化。

9.3.2 指令(语句表)

指令就是用助记功能缩写符号来表达 PLC 的各种功能,通常每一条指令由指令语和作用器件编号两部分组成。从以下程序中看出它类似于计算机的汇编语言,但又比一般的汇编语言简单得多,这种程序表达方式,编程设备简单,逻辑紧凑,系统性强,连接范围不受限制,但比较抽象。目前各种 PLC 都有指令的编程功能。

以图 9-5 的梯形图为例,其对应的指令程序如下:

步序	指令语	器件号
0	LD	I0.0
1	O	I0.3
2	AN	I1.2
3	A	I0.2
4	=	Q0.0

9.3.3 逻辑功能图

逻辑功能图方式基本上沿用了半导体逻辑电路的逻辑方块图,控制每一种功能都使用一个运算方块,其运算功能由方块内的符号确定,常用"与"、"或"、"非"3 种逻辑功能表达。控制逻辑和功能方块有关的输入均画在方块的左边,输出画在方块的右边。采用逻辑功能图的表达方式,对于熟悉逻辑电路和具有逻辑代数基础的人来说,用这种方法编程会感到方便。

图 9-6 所示绘出了用 PLC 实现三相异步电动机启
动、停止控制的逻辑功能图程序。

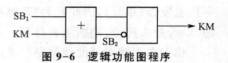

图 9-6　逻辑功能图程序

9.3.4　高级语言

在大型 PLC 中,为了完成具有数据处理及 PID 调节较为复杂的控制,也采用 BASIC、
PAS、CAL 等计算机语言,这样 PLC 就具有更强的功能。

目前生产的各种类型的 PLC,基本上同时具备两种或两种以上编程语言,而且以同时使
用梯形图和指令的占大多数。虽然厂家及型号都不同的 PLC,其梯形图、指令有些差异,使用
符号不一,但编程的原理和方法是一致的。

9.4　基本指令和编程方法

9.4.1　编程规则

(1)程序以指令列按序编制,指令语句的顺序与控制逻辑有密切关系,随意颠倒、插入和
删除指令都会引起程序出错或逻辑出错。

(2)操作数必须是所用机器允许范围内的参数,参数超出元素允许范围将引起程序出错。

(3)命令语句表达式指令编程与梯形图编程相互对应,两者可以相互转换。

9.4.2　基本指令

1)常开触点基本输入/输出指令(LD/A/O/=)

LD(load):常开触点逻辑运算开始。

A(And):常开触点串联连接。

O(Or):常开触点并联连接。

=(Out):线圈驱动。

其梯形图与指令表的对应关系如图 9-7 所示。

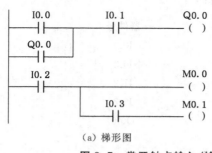

(a)梯形图

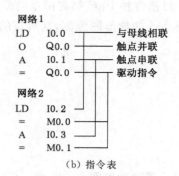

(b)指令表

图 9-7　常开触点输入/输出梯形图与指令表的对应关系

在对应于梯形图的每个逻辑行,总是以 LD(或 LDN)开始,接着对串联触点,用 A 指令;
而对并联触点,则用"O"指令。梯形图的最右边是输出驱动线圈,其对应指令为"="。

2)常闭触点基本输入/输出指令(LDN/AN/ON)

LDN(Load Not):常闭触点逻辑运算开始。

AN(And Not):常闭触点串联连接。

ON(Or Not):常闭触点并联连接。

需要说明的是,这里的触点指的是内部的触点,不要与外部所连接开关的闭/开混淆。

3)立即处理指令

梯形图源于继电器控制线路图。但 PLC 是按扫描方式工作的,因而编程时一定要记住 PLC 是以扫描方式工作的。由于扫描处理方式,PLC 的输入信号变化频率不可太高,即外部开关在 ON/OFF 之间转换的时间应比扫描周期长。为了使输入/输出的响应更快,S7-200 引入立即处理指令——LDI 、LDNI 、AI 、ANI、OI、ONI 及 =I 指令。在程序中遇到立即指令时,若涉及输入触点,则 CPU 绕过输入映像寄存器,直接读入输入点的通/断状态作为程序处理的根据,但不对输入映像寄存器进行更新处理;若涉及输出线圈,则除将结果写入输出映像寄存器外,更直接以结果驱动实际输出而不等待程序结束指令。

4)电路块的串/并联指令

OLD(Or Load):串联电路块的并联。

ALD(And Load):并联电路块的串联。

串联电路块是指两个或两个以上的触点相串联,并联电路块是指两个或两个以上的触点相并联。

其梯形图与指令表的对应关系如图 9-8 所示。OLD/ALD 用于连接两个分支。

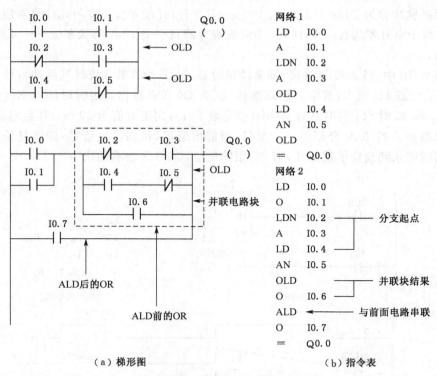

（a）梯形图　　　　　　　　　　（b）指令表

图 9-8　电路块的串/并联梯形图与指令表

5)置位/复位指令

置位/复位的梯形图与指令表如图 9-9 所示。

S　S-BIT　N：从 S-BIT 起,共 N 个元件置为逻辑 1。

R　S-BIT　N：从 S-BIT 起,共 N 个元件清为逻辑 0。

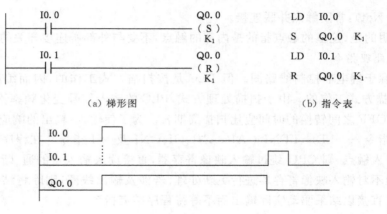

(a) 梯形图　　　　　　　　　　　　　(b) 指令表

(c) 时序图

图 9-9　置位/复位的梯形图与指令表

6）定时器

S7-200 的定时器按工作方式分为两大类：

（1）TON：延时通定时器（On Delay Timer）。

（2）TONR：积算型延时通定时器（Retentive On Delay Timer）。

按时基脉冲分为 1 ms、10 ms、100 ms 等 3 种，详细元件类型与元件号对应关系请参见表 9-1。每个定时器均有一个 16 bit 当前值寄存器及一个 1 bit 的状态位——T-bit（反映其触点状态）。

在图 9-10 中，当 I0.0 接通时，即驱动定时器 T_{33} 开始计数（数时基脉冲）；计时到设定值 K_{100} 时，T_{33} 状态 bit 置 1，其常开触点接通，驱动 Q0.0 有输出。定时时间由 K_{100} 乘时基值得到，当 K_{100} 取 20 时，T_{33} 的时基为 10 ms（参见表 9-1），则定时值为 20 ms；其后当前值仍增，但不影响状态位。当 I0.0 分断时，T_{33} 复位，当前值清零，状态位也清零，即回复原始状态。若 I0.0 接通时间未到设定值就断开，则 T_{33} 跟随复位，Q0.0 不会有输出。

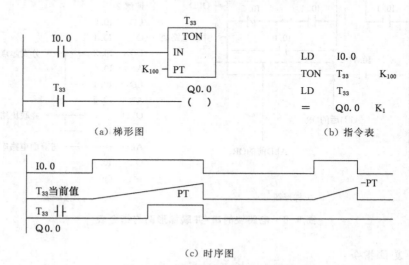

(a) 梯形图　　　　　　　　　　　　　(b) 指令表

(c) 时序图

图 9-10　定时器的程序与时序图

7）计数器

S7-200 的计数器按工作方式分为两大类：

(1) CTU：加计数器。

(2) CTUD：加减计数器。

每个计数器有一个 16 bit 的当前值寄存器及一个状态位 C-bit。CU 为加计数脉冲输入端，CD 为减计数脉冲输入端，R 为复位端，PV 为设定值。当 R 端为 0 时，计数脉冲有效；当 CU 端（CD 端）有上升沿输入时，计数器当前值加 1（减 1）。当计数器当前值大于或等于设定值时，C-bit 置 1，即其常开触点闭合。R 端为 1 时，计数器复位，即当前值清零，C-bit 也清零。计数范围为 $-32768 \sim 32767$，当达到最大值 32767 时，再来一个加计数脉冲，则当前值转为 -32768。同样，当达到最小值 -32768 时，再来一个减计数脉冲，则当前值转为最大值 32767。全角程序及时序图如图 9-11 所示。

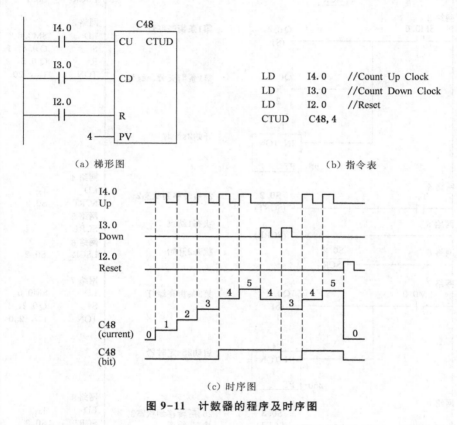

(a) 梯形图   (b) 指令表

(c) 时序图

图 9-11　计数器的程序及时序图

8）顺序控制指令

用梯形图及指令表方式编程深受广大电气技术人员的欢迎。但对于一些复杂的控制系统，尤其是顺序控制程序，由于内部联锁、互动关系极其复杂，其梯形图往往长达数百行，通常要由熟练的电气工程师才能编制出这样的程序。

若利用 IEC 标准的 SFC（Sequential Function Chart）语言来编制顺序控制程序，则初学者也很容易编写复杂的顺控程序，使得工作效率大大提高。同时，这种编程方法为调试、试运行带来极大的方便，因而深受用户欢迎。

S7-200 系列 PLC 利用下面的 3 条简单的顺控继电器指令（Sequential Control Relay）与状态元件 S 结合，就可以类似 SFC 的方式来编程：

(1) LSCR：顺控状态开始，操作元件为 S。

(2) SCRT:顺控状态转移,操作元件为 S。

(3) SCRE:顺控状态结束。

图 9-12 所示例子说明了 SCR 指令的工作情况。

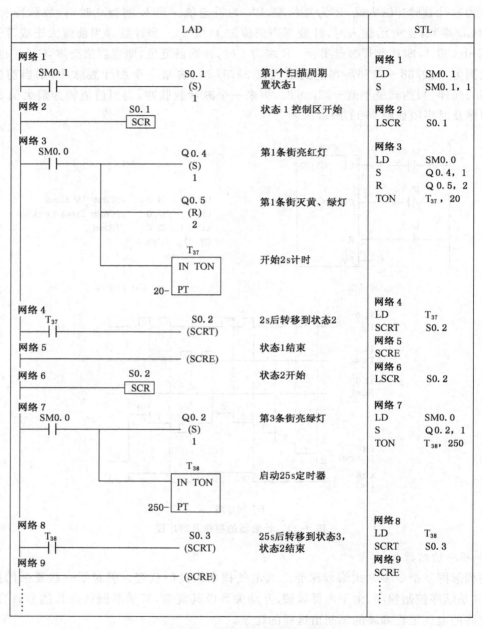

图 9-12 顺序控制指令的应用

其步骤如下:

(1) 第 1 步:初始脉冲 SM0.1 在开机后第 1 个扫描周期将状态 S0.1 置 1。在第 1 步中要驱动 Q0.4,复位 Q0.5、Q0.6。第 1 步的工作时间为 2 s,通过开 T_{37} 定时器计时。2 s 时间到,转移到第 2 步。

（2）第2步：通过 T_{37} 常开触点将状态 S0.2 置 1，同时自动将原工作状态 S0.1 清 0。在第2步中要驱动 Q0.2。第2步的工作时间为 25 s，因而开 T_{38} 计时。25 s 时间到，转移到第3步。

（3）第3步：通过 T_{38} 常开触点将状态 S0.3 置 1，同时自动将原工作状态 S0.2 清 0。以下情况类推。

对于每一个状态，即每一顺序步，均由 3 个要素组成：

（1）驱动输出，即在这一步要做什么。

（2）转移条件，即满足该条件则退出这一步。

（3）转移目标，即下一状态是什么。

上面的例子也可以用图 9-13 的状态转移图来表示。

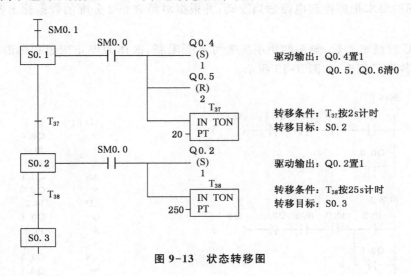

图 9-13　状态转移图

9.5　PLC 应用举例

在对 PLC 的基本工作原理和基本梯形图格式及编程方法有了一定的了解之后，就可以结合实际加以应用，用 PLC 构成一个实际的控制系统。下面通过几个例子来说明 PLC 的应用，以便熟悉梯形图的画法以及利用它编程的一般和特殊的问题。

9.5.1　采用 PLC 控制的三相异步电动机正、反、停控制

采用传统的继电器控制的三相异步电动机正反转控制电路如图 9-14 所示。要采用 PLC 控制，首先要列出继电器-接触器控制与 PLC 的对照表。

1）编制现场信号与 PLC 软继电器编号对照表

输入设备：按钮和热继电器，分配 PLC 的输入继电器。

输出设备：交流接触器，分配 PLC 的输出继电器。

根据上述安排，做出表 9-2 所示对照表。

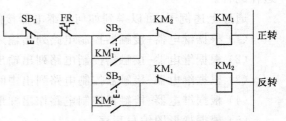

图 9-14　三相异步电动机正反转控制电路

表 9-2　I/O 和所用内部继电器地址分配表

分　类	名　称	现场信号	PLC 编号
输入信号	停止按钮	SB$_1$	I0.0
	正转按钮	SB$_2$	I0.1
	反转按钮	SB$_3$	I0.2
	热继电器	FR	I0.3
输出信号	正转接触器	KM$_1$ 线圈	Q0.0
	反转接触器	KM$_2$ 线圈	Q0.1

2）作梯形图

按梯形图的要求把原控制电路适当改动,并根据对照表 9-2 分配的数据标出各触头、线圈的文字符号。

改用 PLC 软继电器后,触头的使用次数可不受限制,故作为停止按钮和热继电器的输入继电器,触头各用了两次,如图 9-15 所示。

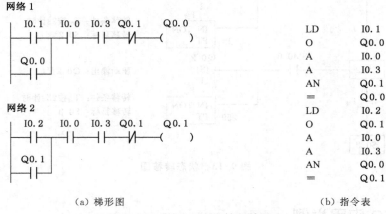

（a）梯形图　　　　　　　　　　（b）指令表

图 9-15　用 PLC 实现控制的程序

3）编制程序

根据梯形图自上到下、从左到右的顺序,按它们的逻辑关系写出程序清单。

说明:

（1）在网络 1 中,I0.1 与 Q0.0 并联以实现自锁控制。

（2）在梯形图中,I0.0 采用常开触点,这是假设 I0.0 连接在停止按钮 SB$_1$ 的常闭触点上。也就是说在未按下 SB$_1$ 时,连接在 I0.0 外部的为闭合的触点。如果连接在 I0.0 上的为 SB$_1$ 的常开触点,则在梯形图中就应该采用常闭触点。在 PLC 应用中要注意外部触点与内部触点的这种配合。

通过上述例子,可以得到如何将继电器接触器控制线路改成 PLC 控制的一般步骤:

（1）根据继电器-接触器控制电路列出输入状态表。

（2）根据继电器-接触器控制电路列出输出状态表。

（3）根据继电器-接触器控制电路列出中间、时间元件状态表。

（4）根据继电器-接触器控制电路作出梯形图。

（5）根据梯形图编写程序。

（6）根据输入/输出状态表作出现场接线图。

（7）将程序通过编程器送入 PLC 机调试。

9.5.2 智力竞赛抢答器控制

参加智力竞赛的 A、B、C 3 人的桌上各有一只抢答按钮，分别为 SB_1、SB_2 和 SB_3，用 3 盏灯 L_1、L_2 和 L_3 显示他们的抢答信号。当主持人接通抢答器 SA_1 后抢答开始，最先按下按钮的抢答者对应的灯亮，与此同时，应禁止另外两个抢答者的灯亮，指示灯在主持人按下复位开关 SA_2 后熄灭。

其接线图如图 9-16 所示。梯形图如图 9-17 所示。

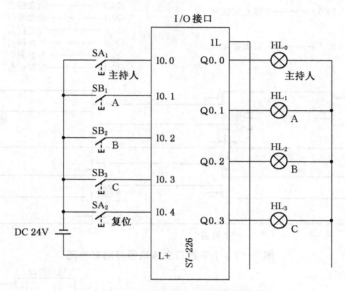

图 9-16　智力竞赛抢答器的接线图

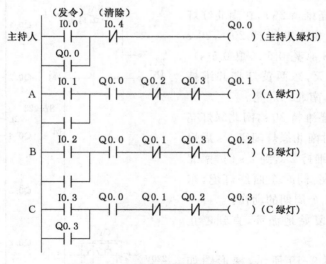

图 9-17　智力竞赛抢答器的梯形图

9.5.3 十字路口交通信号灯控制

城市交通的十字路口,在东、西、南、北方向装设红、绿、黄 3 色交通信号灯。为了交通安全,红、绿、黄灯必须按照一定时序轮流发亮。其要求是:

(1)启动:当按下启动按钮时,信号灯系统开始工作。

(2)停止:当需要信号灯系统停止工作时,按下停止按钮即可。

信号灯正常时序如图 9-18 所示。

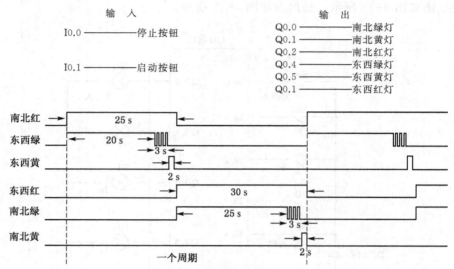

图 9-18 十字路口交通信号灯的时序图

(1)信号灯系统开始工作时,南北红灯亮,同时东西绿灯亮。

(2)南北红灯亮维持 25 s,在南北红灯亮的同时东西绿灯也亮并维持 20 s,20 s后,东西绿灯闪亮 3 s(亮 0.5 s,熄 0.5 s),绿灯闪亮 3 s 后熄灭,东西黄灯亮并维持 2 s 后,东西红灯亮,南北绿灯亮。

(3)东西红灯亮维持 30 s,南北绿灯亮维持 25 s,到 25 s 时南北绿灯闪亮 3 s 后熄灭,南北黄灯亮,并维持 2 s,到 2 s 时,南北黄灯熄,南北红灯亮,同时东西红灯熄,东西绿灯亮,开始第 2 个周期的动作。

(4)以后周而复始地循环,直到停止按钮被按下为止。

其接线图如图 9-19 所示,梯形图如图9-20 所示。

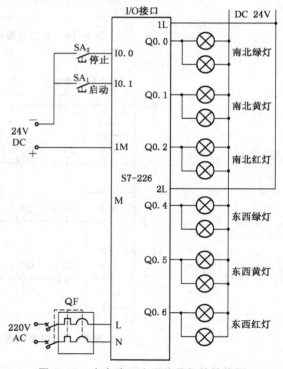

图 9-19 十字路口交通信号灯的接线图

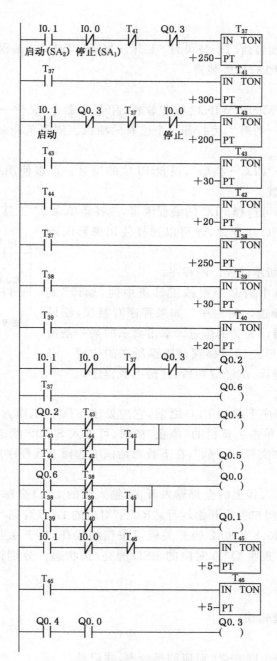

图 9-20 十字路口交通信号灯的梯形图

9.6 实 训

9.6.1 PLC 基本逻辑指令训练

1）实训目的

熟悉 S7-200 编程软件的使用方法；加深对逻辑指令的理解。

2）实训器材

（1）微型计算机（预装西门子公司的 STEP7-Micro/WIN32 编程软件）。

（2）VTV-90HC PLC 训练装置。

3）实训步骤

（1）打开 STEP7-Micro/WIN32 编程软件,用菜单命令"文件→新建",生成一个新的项目。用菜单命令"文件→打开",可打开一个已有的项目。用菜单命令"文件另存为"可修改项目的名称。

（2）选择菜单命令"PLC→类型",设置 PLC 的型号。可以使用对话框中的"通信"按钮,设置与 PLC 通信的参数。

（3）用"检视"菜单可选择 PLC 的编程语言,选择菜单命令"工具选项",点击窗口中的"通用"标签,选择 SIMATIC 指令集,还可以选择使用梯形图或 STL（语句表）。

（4）输入图 9-21 所示的梯形图程序。

（5）用"PLC"菜单中的命令或按工具条中的"编译"或"全部编译"按钮来编译输入的程序。如果程序有错误,编译后在输出窗口显示与错误有关的信息。双击显示的某一条错误,程序编辑器中的矩形光标将移到该错误所在的位置。必须改正程序中所有的错误,编译成功后,才能下载程序。

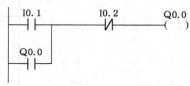

图 9-21　基本逻辑指令训练的梯形图

（6）设置通信参数。

（7）将编译好的程序下载到 PLC 之前,它应处于 STOP 工作方式。将 PLC 上的方式开关放在非 STOP 位置,单击工具栏的"停止"按钮,可进入 STOP 状态。单击工具栏的"下载"按钮,或选择菜单命令"文件→下载",在下载对话框中选择下载程序块,单击"确认"按钮,开始下载。

（8）断开数字量输入板上的全部输入开关,输入侧的 LED 全部熄灭。下载成功后,单击工具栏的"运行"按钮,用户程序开始运行,"RUN"对应的 LED 灯亮。

用接在输入端子 I0.1 和 I0.2 的开关模拟按钮的操作,将开关接通后又立即断开,发出启动信号和停止信号,观察 Q0.0 对应的 LED 的亮/灭状态。分别记录不同组合时 Q0.0 的状态。

4）注意事项

输入程序不要出现错误。

5）实训报告

（1）在编程器中找出图 9-21 对应的指令表,并记录。

（2）记录两按钮不同状态组合时,输出状态的结果。

（3）对结果进行分析。

9.6.2　定时指令训练

1）实训目的

熟悉定时指令,并掌握定时指令的基本应用。

2）实训器材

VTV-90HC PLC 训练装置。

3）实训步骤

（1）输入程序：将图 9-22 所示的程序输入到 PLC 中，运行并观察结果。

（2）利用 TON 指令编程，产生连续方波输出，设周期为 3 s，占空比为 2∶1。

4）注意事项

输入程序不要出现错误。

5）实训报告

（1）记录观察结果。

（2）画出输出波形的时序图。

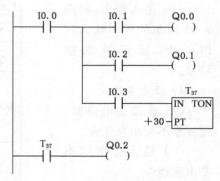

图 9-22 定时指令训练的梯形图

9.6.3 电动机控制

1）实训目的

用 PLC 控制两台电动机的启动和停止，熟悉 PLC 的基本指令。

2）实训器材

（1）VTV-90HC PLC 训练装置。

（2）VTV-90HC-1 电机控制模拟实验板。

（3）PLC 主机（S7-200，CPU226）。

3）实训步骤

控制要求：按下启动按钮 SB_1（I0.0），KM_1 接通，电动机 M_1 运行。5 s 后 KM_2 接通，电动机 M_2 运行，即完成启动。按下停止按钮 SB_2（I0.1），电动机 M_2 停止运行，10 s 后 M_1 停止运行。

系统接入过流保护 FR_1（I0.2）、FR_2（I0.3）。

（1）系统接线如图 9-23 所示。

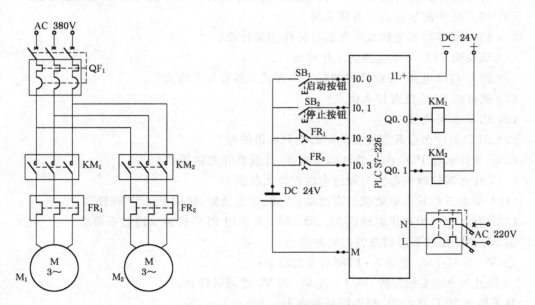

图 9-23 电动机控制的接线图

（2）输入程序：将图 9-24 所示的程序输入到 PLC 中，运行并观察结果。

4）注意事项

（1）连接主电路时，要注意不可出现错误。

（2）输入程序时不要出现错误。

5）实训报告

（1）记录按下启动按钮、停止按钮时，观察到的电动机的运行情况和持续时间。

（2）画出输出波形的时序图。

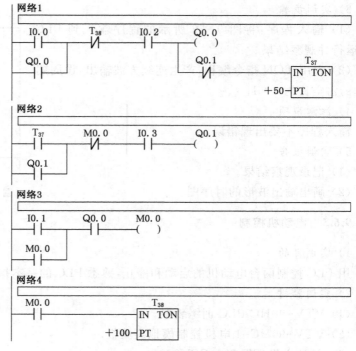

图 9-24　电动机控制的梯形图

习题 9

（1）传统的继电器-接触器控制的主要缺陷是什么？

（2）与继电器系统相比较，PLC 的优点表现在哪些方面？

（3）PLC 程序的表达方式有哪几种？

（4）PLC 由哪些部分构成？各部分的作用是什么？

（5）试说明 PLC 等效电路的工作原理。

（6）PLC 与继电器-接触器控制在工作方式上各有什么特点？

（7）插件式 PLC 机有什么优点？

（8）PLC 有何用处？

（9）PLC 为什么会具有较高的可靠性和可维护性？

（10）为什么称 PLC 内部器件如定时器、计数器等为软器件？

（11）什么叫软继电器？与硬继电器有什么区别？

（12）要求三相异步电动机具有启动、点动、停止功能，试用 PLC 实现控制。

（13）有 3 台三相异步电动机 M_1、M_2、M_3，要求用 PLC 控制实现如下要求：

① M_1、M_2 在按下启动按钮时同时启动；

② M_3 在 M_1、M_2 启动 5 s 时间后方能启动；

③ 停止时 M_3 必须先停，隔 2 s 后 M_2 和 M_1 才同时停止。

要求给出 PLC 接线图、梯形图及指令表。

10 综合练习

10.1 初中级电工理论练习

10.1.1 判断题

(1) 若有 50 mA 的电流流过人体,则会产生触电,甚至会发生生命危险。(T)

(2) 触电的危险程度完全取决于通过人体的电流大小。(T)

(3) 发生触电时,要先救人,后去切断电源。(F)

(4) 发现有人触电时,应立即请示领导再拉电源开关。(F)

(5) 触电方式主要是单相触电。(F)

(6) 人工呼吸是触电现场救人的唯一方法。(F)

(7) 对触电人进行抢救,在现场禁止注射强心针。(T)

(8) 220 V 灯线的相线必须经开关装设。(T)

(9) 带电灭火要使用不导电的灭火剂进行灭火,如二氧化碳灭火器、干粉灭火器等。(T)

(10) 接地装置是指用电设备的接地体与接地线的总称。(T)

(11) 保护接零线不得使用单股硬线,不得加接熔断器及开关。(T)

(12) 为防止电压互感器铁芯和金属外壳意外带电而造成触电事故,电压互感器外壳必须进行保护接地。(T)

(13) 接地线的接地电阻增大,主要是因接地体太小引起的。(F)

(14) 变压器铁芯应接地,但只允许有一点接地。(T)

(15) 在电源电路中,PE 表示保护中性线。(F)

(16) 划线时,必须先确定基准线。(T)

(17) 螺钉旋具在使用时为避免触电应在金属杆上穿套绝缘管。(T)

(18) 钳工攻螺纹和套螺纹的螺纹,主要是三角形螺纹。(T)

(19) 套螺纹圆杆的直径一般与螺纹的直径相等。(F)

(20) 攻螺纹时,加工塑性小的材料(如铸铁)比加工塑性大的材料(如纯铜)底孔直径要选得小点。(T)

(21) 安装锯条时,锯齿向后方,并应尽量使锯条拉紧。(F)

(22) 对直径大、壁薄的钢管进行弯形加工时,不论采用冷弯或热弯均应向管内灌满、灌实沙子后再进行。(T)

(23) 将两导线端连接,手动压接钳与锡焊相比提高了效率和质量。(T)

(24) 采用电弧焊时,焊条直径主要取决于焊接工件的厚度,而电流大小的调整主要取决于焊条直径的大小。(T)

（25）使用功率小的电烙铁去焊接大的电器元件，会产生虚焊，从而影响焊接质量。（T）

（26）用喷灯进行火焰钎焊时，打气加压越高越好。（T）

（27）喷灯可分为煤油喷灯和汽油喷灯两种，其中煤油喷灯也可以用汽油作为燃料。（F）

（28）一般工厂中用的降压变压器接成 Dyn 接法，是因为低压绕组每相所承受的电压降低可减少绝缘费用。同时，二次绕组接成星形，在负载侧可以得到三相四线制。（T）

（29）单相三孔插座安装接线时，保护接地孔与零线孔直接相连可保证在故障情况下起到保护作用。（F）

（30）线管配线时，管内导线最小截面铜芯线不小于 1 mm²，铝芯线不小于 2.5 mm²。（T）

（31）钢管与钢管连接时，最好要用管箍连接，尤其是埋地管和防爆线管。（T）

（32）降低白炽灯泡的额定工作电压，发光效率将大大降低。（T）

（33）照明控制电路中，开关的作用是控制电路的接通或断开，所以开关既可接在相线上也可接在零线上。（F）

（34）塑料护套线是一种具有塑料保护层的双芯或多芯绝缘导线，具有防潮、耐酸、耐腐蚀和安装方便等优点，因此可以直接敷设在空心板、墙壁以及建筑物内。（F）

（35）采用灌沙法弯曲管子时，所用的沙子必须烘干后使用，否则在加热时管内的水分蒸发形成高压，可导致管子破裂而引起伤害事故。（T）

（36）多台焊机用一个接地装置不可采用串联方法连接。（T）

（37）合闸供电时，先将高压跌落开关合上，再合上低压开关，再向用电线路供电。在开闸停电时，与合闸时相反。这种操作顺序不能搞乱。（T）

（38）矩形汇流排不管是横放还是竖放，只是安装形式不同，其载流量是一样的。（F）

（39）电缆线路的机械损伤通常是因弯曲过度、地沉时承受过大的拉力、热胀冷缩时引起铅护套磨损及龟裂等造成。（T）

（40）贮油柜里的油不能灌满。（T）

（41）冲击合闸试验第 1 次合闸时间应不少于 20 min。（F）

（42）通常情况下，重载启动时电动机的启动电流很大，为限制启动电流可接入频敏变阻器或启动电阻实现控制。（F）

（43）安装 Z3040 型摇臂钻床电气设备时，三相交流电源的相序可用立柱夹紧机构来检查。（T）

（44）Z3040 型摇臂钻床的立柱夹紧和摇臂升降的电动机都设有过载保护。（F）

（45）凸轮控制器在桥式起重机控制线路中所起的作用是控制电动机的启动与停止。（F）

（46）车间照明配线中，所选用的导线只要其额定电压大于线路的工作电压，载流量大于线路工作电流即能安全运行。（F）

（47）零件拆卸时，拆前应先记住安装顺序和校验一些主要精度。（T）

（48）画零件草图和装配图后，绘制零件工作图，然后再以零件工装图绘制装配图的目的是在图纸上进行一次装配。（T）

（49）直流耐压试验是考验被试品绝缘层承受各种过电压能力的有效方法，对保证设备安全运行有重要意义。（F）

（50）在外界磁场作用下，能呈现出不同磁性的物质叫作磁性材料。（T）

（51）软磁材料在外界磁场的作用下不易产生较强的磁感应强度。（F）

（52）绝缘漆的主要性能指标是介电强度、绝缘电阻、耐热性、热弹性。（F）

（53）电工用硅钢片分为热轧和冷轧两种。（T）

（54）绝缘材料的主要作用是隔离带电导体。（F）

（55）工厂中常用的白炽灯、高压汞灯、金属卤化物灯属于气体放电光源。（F）

（56）用电压降法检查三相异步电动机一相绕组的短路故障，对于10 kW以上的电动机应选用20 V电压进行检查。（F）

（57）三相异步电动机的绝缘电阻低于0.2 MΩ，说明绕组与地间有短路现象。（T）

（58）绕线型电动机绕组匝间绝缘的耐压试验，应在转子固定和转子绕组开路的情况下进行。（T）

（59）用灯泡检查法检查三相异步电动机定子绕组引出线首尾端，若灯亮则说明两相绕组为负串联。（F）

（60）钳形电流表可在不断开电路的情况下测电流，而且测量精度较高。（F）

（61）用万用表测量电阻时，测量前或改变欧姆挡位后都必须进行一次欧姆调零。（T）

（62）不能用万用表测电容、电感。（F）

（63）示波器的Y轴增幅钮与Y轴衰减钮都能改变输出波形的幅度，故两者可以相互代用。（F）

（64）示波器的扫描速度和时基因数互为倒数，它们从两个方面描述了横向扫描的快慢状况。（T）

（65）示波器衰减电路的作用是将输入信号变换为适当的量值后再加到放大电路上，目的是为了扩展示波器的幅度测量范围。（T）

（66）用示波器测量电信号时，被测信号必须通过专用探头引入示波器，其目的是阻抗匹配和信号衰减。（T）

（67）电桥的灵敏度只取决于所用检流计的灵敏度，而与其他因素无关。（F）。

（68）电子示波器只能显示被测信号的波形，而不能用来测量被测信号的大小。（F）

（69）直流双臂电桥又称为惠斯登电桥，是专门用来测量小电阻的仪表。（F）

（70）改变直流单臂电桥的供电电压值，对电阻的测量精度不会产生影响。（T）

（71）对长时期不使用的仪器，只要保管好就行了。（F）

（72）数字式万用表在测量直流电流时，仪表应与被测电路并联。（F）

（73）功率表在测量时，必须保证电流线圈与负载相串联，电压线圈与负载相并联。（T）

（74）凡有灭弧罩的接触器，一定要装妥灭弧罩后才能启动电动机。（T）

（75）若低熔点材料的熔体不易熄弧，则会引起熔断器过热。（F）

（76）若高熔点材料的熔体不易熄弧，则会引起熔断器过热。（F）

（77）串联磁吹灭弧方式，磁吹力的方向与电流方向无关。（T）

（78）并联磁吹灭弧方式，磁吹力的方向与电流方向无关。（F）

（79）变压器的空载状态是指：一次绕组加上交流电源电压U_1，二次绕组开路（不接负载）。因此，一次绕组中没有电流通过。（F）

（80）在电子设备用的电源变压器中，安放静电屏蔽层的目的是减弱电磁场对电子线路的干扰。（T）

（81）低压断路器的选用原则是其额定工作的电压大于等于线路额定电压；热脱扣器的整定电流不小于所控制负载的额定电流。（F）

（82）瞬动型位置开关的触头动作速度与操作速度有关。（F）

（83）运动的物体靠近接近开关时，接近开关能立即发出控制信号。（T）

（84）控制继电器只能根据电量变化，接通或断开控制电路。（F）

（85）交流电磁铁的电磁吸力与励磁电流和气隙的大小有关。气隙越大，磁阻越大，电磁吸力就越小。（F）

（86）电磁换向阀是利用电磁铁推动滑阀移动来控制液体流动方向的，因此在机床液压系统中可以实现运动换向。（T）

（87）电磁离合器是通过改变励磁电流的大小，调节主动轴传递到生产机械的旋转速度的。（T）

（88）电流互感器的结构和工作原理与普通变压器相似，它的一次绕组并联在被测电路中。（F）

（89）交流接触器的银或银合金触点在分断时电弧产生黑色的氧化层电阻，会造成触点接触不良，因此必须锉掉。（F）

（90）造成接触器触点熔焊的原因有 3 个：①选用规格不当；②操作频率过高；③触头弹簧损坏，初压力减小，触头闭合过程中产生振动。（T）

（91）交流接触器铁芯上的短路环断裂后会使动静铁芯不能释放。（F）

（92）电弧除可将触点烧伤破坏绝缘外，对于电器没有其他不利影响。（F）

（93）交流接触器启动工作时，由于铁芯气隙大、电抗小，所以线圈的启动电流是工作电流的十几倍；直流接触器启动时，电流的情况也是这样。（F）

（94）低压断路器闭合后在一定时间内自行分断，是因为内部过电流脱扣器延时整定值不对。（T）

（95）凡有灭弧罩的接触器为了观察方便，空载、轻载试启动时，允许不装灭弧罩启动电动机。（F）

（96）熔断器主要用于用电设备的短路保护，只要额定电压和额定电流选择得当，熔断器可以互换或代替使用。（F）

（97）主回路中的两个接触器主触头出线端中任两相调换位置，可实现正反转控制。（T）

（98）接触器常开辅助触头闭合时接触不良，则自锁电路不能正常工作。（T）

（99）复合联锁正反转控制线路中，复合联锁是由控制按钮和接触器的辅助常开触点复合而成的。（T）

（100）电流互感器及电压互感器二次侧都应接熔断器做短路保护。（F）

（101）照明用低压断路器的瞬时整定值应等于 2.5～3 倍的线路计算负载电流。（F）

（102）热继电器误动作是因为其电流整定值太大造成的。（F）

（103）低压断路器闭合后如在一定时间内自行分断，是因为过电流脱扣器延时整定值不对，即过电流脱扣器瞬间整定值太小。（F）

（104）变压器在运行时，由于导线存在一定电阻，电流通过绕组时要消耗一部分能量，这部分损耗叫作铁损。（F）

（105）变压器取油样后要及时进行化验，且应在油样温度低于室温时启封开瓶。（F）

（106）变压器在使用中铁芯会逐渐氧化生锈，因此其空载电流也就相应逐渐减小。（F）

（107）变压器温度的测量主要是通过对其油温的测量来实现的。如果发现油温较平时相同负载和相同冷却条件下高出 10 ℃时，应考虑变压器内发生了故障。（T）

（108）变压器在空载时，其电流的有功分量较小，而无功分量较大，因此空载运行的变压

器,其功率因数很低。(T)

(109)变压器的额定功率是指当一次侧施以额定电压时,在温升不超过允许温升的情况下,二次侧所允许输出的最大功率。(F)

(110)变压器的铜损耗是通过空载试验测得的,而变压器的铁损耗是通过短路试验测得的。(F)

(111)油浸式变压器防爆管上的薄膜若因外力而破裂,则必须将变压器停电修理。(F)

(112)变压器是一种利用电磁感应的原理,将某一数值的交流电压转变为频率相同的另一种或两种以上的交流电压的电器设备。(T)

(113)电力变压器绝缘套管的作用是作为引出线的接线端子。(F)

(114)变压器并列运行时,其联络组别应一样,否则会造成短路。(T)

(115)从空载到满载,随着负载电流的增加,变压器的铜损耗和温度都随之增加,一、二次绕组在铁芯中的合成磁通也随之增加。(F)。

(116)变压器铁芯中的硅钢片合硅量越高越好。(T)

(117)变压器油在变压器中起散热和绝缘双重作用。(T)

(118)ZGX 系列整流式弧焊机为获得陡降的外特性,通常使用磁放大器。(T)

(119)单相变压器一次额定电压是指一次绕组所允许施加的最高电压,而二次额定电压则是指当一次绕组施加额定电压时,二次绕组的开路电压。(T)

(120)带有电容滤波的单相桥式整流电路,其输出电压的平均值取决于变压器二次电压有效值,与所带负载的大小无关。(F)

(121)从空载到满载,变压器的磁滞损耗和涡流损耗是基本不变的。(T)

(122)当直流励磁增大时,电路滑差离合器的转速反而降低;反之,转速将上升。(F)

(123)整流式直流弧焊机,接电源后,电流不稳定的主要原因有主回路接触器抖动、风压开关抖动及控制绕组接触不良等。(T)

(124)BX2 系列弧焊机是通过调节动、静铁芯间隙来调整焊接电流的。(F)

(125)只要三相定子绕组每相都通入交流电流,便可产生定子旋转磁场。(F)

(126)起重机起吊时,在起重臂下行走,必须戴好安全帽。(F)

(127)旋转式直流弧焊机适用于移动频繁的情况下工作。(F)

(128)对大型同步电动机,各阻尼端环间一般用柔性连接片连接。(T)

(129)AX320 型直流弧焊发电机具有 4 个磁极,是交替分配的。(F)

(130)感应法是精确检测电缆故障点的唯一有效办法。(F)

(131)1 kV 及 1 kV 以下的电缆一般可不做耐压试验。(T)

(132)多片汇流排并联使用时,因散热条件变差、温升增高和集肤效应的影响,所以通过的负荷并不是多片汇流排允许载流量之和。(T)

(133)制作电缆终端头的作用主要是为了方便接线以及防止电缆在空气中受到各种气体的腐蚀。(F)

(134)交流无触点开关中两只晶闸管不加触发电压,它们就都处于截止状态,相当于电源开关断开。(T)

(135)交流无触点开关中的晶闸管导通后,在电源电压过零时会自动关断。(T)

(136)在实用交流调压设备中,越来越普遍地使用双向晶闸管来取代两只反向并联的普通晶闸管。(T)

（137）调速系统的静态转速降是由电枢回路电阻压降引起的。转速负反馈之所以能提高系统特性的硬度，是因为它减小了电枢回路电阻引起的转速降。（F）

（138）转速负反馈调速系统能够有效地抑制一切被包围在负反馈环内的扰动作用。（T）

（139）基本逻辑顺序控制器主要由输入、输出和矩阵板等3部分组成。（T）

（140）起重设备和吊装工具规格应比起吊设备或工件的重量小。（F）

（141）起吊设备时，只允许一人指挥，同时指挥信号必须明确。（T）

（142）单相变压器一次额定电压是在保证绝缘安全的前提下所能施加的最高电压，而二次额定电压是一次侧为额定电压时二次侧的空载电压。（F）

（143）力矩式自整角机的精度等于角度误差，这种误差取决于比转矩和轴上的阻转矩，比转矩越大，角误差就越大。（F）

（144）不论是单相还是三相自整角机，由于产生的力矩较小，只能用于遥控、随动或自动调节等系统中。（F）

（145）变压器无论带什么性质的负载，只要负载电流继续增大，其输出电压就必然降低。（F）

（146）电流互感器在运行中，二次绕组绝不能开路，否则会感应出很高的电压，容易造成人身和设备事故。（T）

（147）交流电动机额定功率是指在额定工作状态下运行时轴上允许输出的机械功率。（T）

（148）交流电动机额定电压是指电动机在额定工作时定子绕组规定使用的线电压。（F）

（149）直流电动机额定电流是指轴上带有机械负载时的输出电流。（F）

（150）并励直流电动机励磁电压等于电动机的额定电压。（T）

（151）交流电动机过载时引起定子电流增加，转速升高。（F）

（152）异步电动机定子绕组有一相开路时，对三角形连接的电动机，如用手转动后即能启动。（F）

（153）异步电动机过载引起定子电流减小。（F）

（154）异步电动机如果在切断电源的同时，振动立即消失，则是电磁性振动。（T）

（155）交流电机若铭牌上有两个电流值，表明定子绕组在两种接法时的输入电流。（T）

（156）电力拖动的主要组成部分是电动机、控制设备和保护设备以及生产机械传动装置。（T）

（157）全压启动控制线路的方法可以直接启动一般电动机。（F）

（158）欠电压是指线路电压低于电动机应加的额定电压。（T）

（159）减压启动有几种方法，其中延边三角形减压启动可适用于任何电动机。（F）

（160）三相绕线转子异步电动机用频敏变阻器启动，启动过程中其等效电阻的变化是从大变到小，其电流变化也是从大变到小。（T）

（161）运行时只有三相绕组为△接法的笼形异步电动机才能用 Y-△接法启动。（T）

（162）常用的减压启动方法有，定子绕组串电阻启动、自耦变压器减压启动、Y-△启动。（T）

（163）反接制动是用改变电动机转子绕组中的电源相序，使电动机受到制动力矩的作用而迅速停止的制动方法。（F）

（164）能耗制动就是在切断电动机电源的同时，立即将直流电源加在定子绕组上，产生静

止磁场,以消耗动能产生制动作用,使电动机立即停止转动的制动方法。(F)

(165) 绕线转子异步电动机的启动方法主要有转子回路串电阻启动和频敏变阻器启动两种。(T)

(166) 机床电路中如发生短路故障应迅速切断电源,以保证其他电器元件和线路不受损坏。(T)

(167) 绕线转子异步电动机在转子电路中串接电阻或频敏变阻器,用以限制启动电流,同时也限制了启动转矩。(F)

(168) 直流电机一般采用碳-石墨电刷,只有在低压电机中才用黄铜-石墨电刷或青铜-石墨电刷。(T)

(169) 一台直流电动机在满负载运行中,如观察电刷边缘大部分有轻微火花,停车检查时发现换向器上有黑痕出现,但不严重,且用汽油能擦去,而电刷下有轻微痕迹,则不允许这台电动机长期连续运行。(F)

(170) 复励发电机中的串励绕组只起辅助作用,励磁所消耗的功率不大,因此它对电机的性能影响很小。(F)

(171) 并励电动机运行时若突然断开励磁电路,则电刷电流急剧减小,转速也会降低到0。(F)

(172) 修理后的直流电动机一定要先经过空载试验,然后才能进行耐压试验。(F)

(173) 并励直流电动机的启动转矩较大,过载能力强,但空载时有"飞车"危险。(F)

(174) 没有换向极的并励直流电动机在带负载运行时,其电刷应从物理中性线处沿电枢旋转方向向后移动一段适当的距离。(F)

(175) 串励直流电动机具有较大的启动转矩,当负载转矩增加时,电动机转速会自动下降,从而使输出功率变化不大。(T)

(176) 只有在主磁极没有剩磁的情况下,并励直流发电机才能输出电压。(F)

(177) 直流电动机启动时,不管启动方式如何,均需在电枢施加电压之前,先在励磁绕组上接入额定励磁电压,以保证足够的转矩和不致"飞车"。(T)

(178) 根据直流电动机的电枢反应结果,应使主磁极与换向极的交替排列关系为逆着电动机旋转方向。(F)

(179) 三相异步电动机的转速取决于电源频率和极对数,而与转差率无关。(T)

(180) 交流电动机的三相相同绕组中,通以三相相等电流,可形成圆形旋转磁场。(F)

(181) 三相异步电动机的转速越低,电动机的转差率越大,电动势频率越高。(T)

(182) 直流发电机若改做直流电动机使用,其换向极绕组不用改变;反之,若把直流电动机当作直流发电机使用时,其换向极绕组也不用改接。(T)

(183) 直流发电机的输入功率减去空载损耗等于输出功率,再减去电枢铜损耗,就等于电磁功率。(F)

(184) 直流电动机的电磁功率等于电枢电流与电枢电动势的积,而输出转矩等于电磁转矩与空载转矩之差。(T)

(185) 对于未装有换向极的直流发电机,在带负载运行后,其物理中性线将顺着电枢旋转方向向前移动一个角度,因而电枢也应相应地向前适当移动一下。(T)

(186) 并励直流发电机的输出电流等于电枢电流与励磁电流之和,而并励直流电动机的输入电流等于电枢电流与励磁电流之差。(F)

（187）带有额定负载转矩的三相异步电动机,若使电源电压低于额定电压,则其电流就会低于额定电流。（F）

（188）双速三相异步电动机调速时,将定子绕组由原来的△接法改成 Y－Y 接法,可使电动机的极对数减少一半,使转速增加一倍。此调速方法适合于拖动恒功率性质的负载。（T）

（189）绕线转子异步电动机在转子回路中串入频敏变阻器进行启动,频敏变阻器的特点是其电阻值随着转速的上升而自动、平滑地减小,使电动机能平稳地启动。（T）

（190）电阻分相电动机主绕组和辅助绕组中的阻抗都是感性的,两相电流的相位差不可能达到 90°电角度,而且其值也不大。（T）

（191）单相异步电动机的体积较同容量的三相异步电动机大,而且功率因数、效率和过载能力都比同容量的三相异步电动机低。（T）

（192）三相力矩异步电动机与普通三相异步电动机在性能上的不同点在于力矩异步电动机具有较硬的机械特性,当负载增大时,转速虽然下降,但输出转矩近似不变。（F）

（193）直流电机在额定负载下运行时,其火花等级不应超过 2 级。（F）

（194）直流测速发电机的工作原理与直流发电机一样,但负载电阻不要太大。（T）

（195）电压负反馈调速系统对直流电动机电枢电阻和励磁电流变化带来的转速变化无法进行调节。（T）

（196）接近开关也称晶体管无触头位置开关。（T）

（197）交流电动机额定容量为 1 kW 以上的绕组全部更换后,耐压试验电压应为 $2U_N+1$ kV,但至少应为 1 500 V。（T）

（198）对修理后的直流电动机进行空载试验,其目的在于检查各机械运转部分是否正常、有无过热现象、有无异常噪声和振动。（T）

（199）直流电动机的电刷对换向器的压力均有一定要求,各电刷压力之差不应超过 $\pm5\%$。（F）

（200）直流电动机在更换半数以上的电刷之后,最好先以 1/4～1/2 额定负载运行 10 h 以上,使电刷有较好配合后再满载运行。（F）

（201）在使用他励式电枢控制的直流伺服电动机时,一定要防止励磁绕组断电,以免电枢电流过大而造成电枢超速。（T）

（202）测速发电机是一种将转子速度转换为电气信号的机电式信号元件。（T）

（203）伺服电动机分直流和交流两大类,前者输出功率较小,后者输出功率较大。（F）

（204）检测同步电动机绕组接地,可用 500 V 绝缘电阻表测量对地绝缘电阻,也可用万用表 R×1 kΩ 挡测量。（T）

（205）电磁调速电动机的拆卸、起吊时,吊钩应钩在电动机吊环或吊孔内,严禁吊在电动机轴颈上。（T）

（206）直流电动机在空载下,使电动机超过额定转速 20% 运行 2 min,以考验转子绕组、换向器以及两者的焊接质量。（T）

（207）直流电机在叠绕组的电枢上,线圈短路处比其他地方要热得多,在波绕组电枢上,有短路线圈时,就会有好几个地方发热。（T）

（208）直流电机电枢对地短路,一种原因是电枢绕组对地短路,另一种原因是换向器对地短路。（T）

（209）直流电动机主要由定子和转子两部分组成。（T）

（210）直流电动机电刷磨损后，应按电机制造厂规定的同一型号进行更换。（T）

（211）直流电动机的换向器上的云母片应比换向片表面高 1 mm 左右。（F）

（212）直流电动机的滑动轴承主要用在小型直流电动机中。（F）

（213）如果直流电动机的轴承没有洗净或润滑脂内有杂质、水分，轴承极易损坏。（T）

（214）直流电动机的轴套到轴径上有冷套和热套两种方法。（F）

（215）直流电动机的轴承其润滑脂应填满整个轴承室空间。（F）

（216）中小型直流电动机转子的平衡试验有时以转速分类，一般的 2 极、4 极、6 极电动机进行动平衡，其他的只进行静平衡。（T）

（217）直流电动机的电刷必须放在几何中性线位置上。（T）

（218）直流电动机修理后，对各绕组及换向器对机壳进行耐压试验，试验电压为正弦波形、频率 50 Hz 的交流电。（T）

（219）对于重载启动的同步电动机，启动时应将励磁绕组电压调到额定值。（F）

（220）同步电动机的转子在拆卸时必须沿轴径中心缓慢抽出。（T）

（221）异步电动机的调速方法主要有以下几种：依靠改变定子线组的极对数调速、改变转子电路的电阻调速、变频调速和串级调速等。（T）

（222）同步电动机的启动方法有辅助电动机启动法、异步启动法和调频启动法。（T）

（223）直流电动机弱磁调速时，随着转速的升高，电动机的输出转矩将相应上升，但电动机的输出功率近似不变。（F）

（224）直流电动机改变电枢电压调速，电动机的励磁应保持为额定值。当工作电流为额定电流时，则允许的负载转矩不变，所以属于恒转矩调速。（T）

（225）直流电动机启动时，常在电枢电路中串入附加电阻，其目的是为增大启动转矩。（F）

（226）桥式起重机设立零位保护的目的是防止当控制器的控制手柄不在零位、电源断电后又重新送电时，电动机自行启动而发生事故。（T）

（227）若将复励电动机的串励绕组接错，在电枢电压和并励绕组磁动势都一定时，随着负载转矩的增加，其电枢转速必然会下降。（F）

（228）无论是转矩与转速无关的负载，还是转矩随转速上升而增大的负载，只要电动机的机械特性是下降的，直流电动机就可稳定运行。（T）

（229）并励电动机基本上是一种恒速电动机，能较方便地进行调速，而串励电动机的特点则是启动转矩和过载能力较大，且转速随着负载的变化而显著变化。（T）

（230）一台他励直流电动机在带额定负载运行且保持其他条件不变的情况下，若在励磁回路串入一定电阻，则电机不会过载，其温升也不会超过额定值。（T）

（231）随着负载转矩的不断增大，串励电动机的铁损耗和机械损耗都将增大。（F）

（232）他励直流电动机在一定负载转矩下稳定运行时，若电枢电压突然大幅度下降，则电枢电流将减小到一定数值，其方向不变。（F）

（233）并励直流电动机的机械特性曲线之所以具有较硬的特性，是由于它的机械特性曲线是上翘的。（F）

（234）直流电动机电枢串电阻调速是恒转矩调速，改变电压调速是恒转矩调速，弱磁调速是恒功率调速。（T）

（235）机械损耗与铁损耗合称为同步发电机的空载损耗，它随着发电机负载的变化而变

化。(F)

（236）同步发电机与相近容量的电网并联运行时，如果负载不变，那么再增加一台发电机的有功或无功输出时，必须相应地减小其他发电机的有功或无功输出，以维持功率平衡。否则，就会使电网的频率或电压发生改变。(T)

（237）在晶闸管–直流电动机调速系统中，直流电动机的转矩与电枢电流成正比，也与主电路的整流电流有效值成正比。(F)

（238）调速系统中采用电流正反馈和电压负反馈是为提高直流电动机的调速范围。(T)

（239）三相异步电动机无论怎样使用，其转差率都在 0～1 之间。(F)

（240）三相异步电动机的额定温升，是指电动机额定运行时额定温度。(F)

（241）为了提高三相异步电动机的启动转矩，可使电源电压高于电动机的额定电压，从而获得较好的启动性能。(F)

（242）步进电动机的步距（或转速）不受电压波动和负载变化的影响，而只与脉冲频率成正比，它能按控制脉冲数的要求立即启动、停止和反转。(T)

（243）直流电动机的电枢绕组若为单叠绕组，则其并联支路数等于极数，在同一瞬时相邻磁极下电枢绕组导体的感应电动势方向相反。(T)

（244）对于异步电动机，其定子绕组匝数增多会造成嵌线困难，浪费铜线，并会增大电动机阻抗，从而降低最大转矩和启动转矩。(T)

（245）三相异步电动机的定子绕组，无论是单层还是双层，其节距都必须是整数。(T)

（246）当电路中的参考点改变时，某两点间的电压也将随之改变。(F)

（247）灯泡的灯丝断裂后再搭上使用，灯泡反而更亮，其原因是灯丝电阻变小而功率增大了。(T)

（248）自感电动势的大小正比于线圈中电流的变化率，与线圈中电流的大小无关。(T)

（249）在感性负载两端并联适当的电容器后，可使通过感性负载的电流量减小，使电路的功率因数得到改善。(F)

（250）对感性电路，若保持电源电压不变而增大电源的频率，则此时电路中的总电流将减小。(T)

（251）对加反向电压后即可关断的晶闸管，统称为可关断晶闸管。(F)

（252）单管功率放大器的静态工作点设置较高，是造成本电路效率低的主要原因。(T)

（253）当单相桥式整流电路中任一整流二极管发生短路时，输出电压的数值将下降一半，电路变成半波整流电路。(F)

（254）单结晶体管的等效电路是由一个二极管和两个电阻组成的，所以，选用一个适当的二极管和两个电阻正确连接后，就能用来取代单结晶体管。(F)

（255）放大器的放大作用是针对变化量而言的，其放大倍数是输出信号与输入信号的变化量之比。(T)

（256）直流放大器可以放大交流信号，但交流放大器却不能放大直流信号。(T)

（257）用硅稳压管组成稳压电路时，稳压管应加反向电压，使用时负载电阻应与稳压管串联。(F)

（258）晶闸管是以门极电流的大小去控制阳极电流的大小的。(F)

（259）在石英晶体振荡电路中，有时可用一小电感线圈代替石英晶体，使电路继续振荡。

(T)

(260) 任何一种晶闸管的输出电流都是单方向的直流电流。(F)

(261) 电压放大器主要放大的是信号的电压幅值,而功率放大器主要放大的是信号的功率。(T)

(262) 在放大电路中,不论是 PNP 管还是 NPN 管,只要基极电位升高,其集电极电位就必定降低。(F)

10.1.2 选择题

(1) 在通常条件下,对人体而言,安全电压值一般为(c)。

  a. 小于 6 V   b. 小于 22 V   c. 小于 36 V   d. 小于 220 V

(2) 在通常情况下,对人体而言,安全电流值一般为(a)。

  a. 小于 10 mA   b. 小于 20 mA   c. 小于 50 mA   d. 小于 200 mA

(3) 下述电源的频率,对人体更加危险的是(b)。

  a. 10~20 Hz   b. 40~60 Hz   c. 100~1 kHz   d. 1 kHz 以上

(4) 实验表明,成年男子的平均摆脱电流约为(a)。

  a. 16 mA   b. 50 mA   c. 0.5 A   d. 1 A

(5) 胸外心脏按压法每分钟的动作次数为(b)。

  a. 12 次   b. 60 次   c. 90 次   d. 120 次

(6) 在发生了电气火灾而又必须带电灭火时,应使用(c,d)。

  a. 水流喷射   b. 泡沫灭火机   c. 二氧化碳灭火机   d. 干粉灭火机

(7) 测量两配合零件表面的间隙用(b)。

  a. 游标卡尺   b. 塞尺   c. 千分尺   d. 钢卷尺

(8) 下列工具中(c)手柄处是不绝缘的。

  a. 斜口钳   b. 剥线钳   c. 电工刀   d. 一字形螺丝刀

(9) 测量车间电气设备的绝缘状态时可用(c)。

  a. 万用表×10 k 挡   b. 250 V 兆欧表   c. 500 V 兆欧表

(10) (a)专供剪断较粗的金属丝线材及电线电缆。

  a. 斜口钳   b. 尖嘴钳   c. 剥线钳   d. 裁纸刀

(11) 在砖墙上冲打导线孔时用(d)。

  a. 台式钻   b. 手提式电钻   c. 手枪式电钻   d. 冲击钻

(12) 多股铝导线的焊接,可采用(b)。

  a. 钎焊   b. 气焊   c. 电弧焊   d. 烙铁焊

(13) 电工用硅钢片分为热轧和冷轧两种,硅钢片的主要特性是(c)。

  a. 无磁导率   b. 磁导率低   c. 磁导率高

(14) 磁性材料按其特性不同分为软磁材料和硬磁材料两大类,硬磁材料的主要特点是(b)。

  a. 剩磁弱   b. 剩磁强   c. 无磁   d. 无法确定

(15) 滚动轴承的安装方法有 3 种:热套法、冷压法和敲入法,热套法中油加热的方法是把轴承或可分离轴承的内圈放入油箱中加热至(c)。

  a. 40~60 ℃   b. 60~80 ℃   c. 80~100 ℃   d. 100~120 ℃

(16) 锉刀长短的选择,主要取决于(b)。

  a. 工件加工余量的大小 b. 工件加工面的长短 c. 加工精度的高低

(17) 在通孔将钻穿时,应(b)进给量。

  a. 增大   b. 减小   c. 不改变   d. 随意

(18) 一个 220 V、40 W 电烙铁的电阻值约为(b)。

  a. 600 Ω   b. 1 200 Ω   c. 2 000 Ω   d. 2 400 Ω

(19) 220 V 正弦交流电压是交流电的(c)。

  a. 峰值   b. 峰-峰值   c. 有效值   d. 平均值

(20) 指针式万用表实质上是一个(a)。

  a. 带整流器的磁电式仪表 b. 磁电式仪表 c. 电动式仪表

(21) 指针式万用表性能的优劣,主要看(a)。

  a. 灵敏度高低 b. 功能多少   c. 量程大小   d. 价格高低

(22) 指针式万用表测量交流电压,只在(c)频率范围内测量的精度才符合要求。

  a. 0~60 Hz b. 50~60 Hz c. 45~1 000 Hz d. 1 kHz~10 kHz

(23) 钳形电流表与一般电流表相比(c)。

  a. 测量误差较小 b. 测量误差一样 c. 测量误差较大 d. 与表的精度有关

(24) 数字式万用表的基本量程(通常为最低直流电压挡)限度为(c)。

  a. 最低   b. 适中   c. 最高   d. 无法确定

(25) 数字式万用表的显示部分通常采用(a)。

  a. 液晶显示器 b. 发光管显示 c. 荧光显示 d. PDP 显示

(26) 智能化的数字式万用表,一般都具有的功能是(c)。

  a. 波形显示 b. 图形描绘 c. 故障自查 d. 波形存储

(27) 常用的直流电桥是(a)。

  a. 单臂电桥 b. 双臂电桥 c. 单臂和双臂电桥 d. 多臂电桥

(28) 在测量直流电桥时,电池电压不会对直流电桥(b)。

  a. 造成任何影响 b. 影响灵敏度 c. 影响是不能测量大电阻

(29) 示波管将电信号转换成(c)。

  a. 声信号   b. 机械信号 c. 光信号   d. 图形信号

(30) 示波管构造的 3 个基本部分,除了电子枪、偏转系统,还有(a)。

  a. 荧光屏   b. 电子束   c. 管壳   d. 电子管

(31) 利用示波器测量电压,常用的方法是(b)。

  a. 比较法   b. 读数法   c. 时标法   d. 标尺法

(32) 利用示波器测量时间,一般有两种方法,一为直接测量法;二为(b)。

  a. 替换法   b. 时标法   c. 李沙育图形法

(33) 指针式万用表的读数部分通常采用(d)。

  a. 液晶显示器 b. 发光管显示 c. 荧光显示 d. 指针指示

(34) 有一电源电压为 24 V,现在只有额定电压 12 V 的信号灯,要使用这些信号灯时,应
  该(b)。

  a. 直接接到电源上,即可使用

  b. 将两个同瓦数的信号灯串联接到电源上

  c. 无法使用这些信号灯

  d. 将两个同瓦数的信号灯并连接到电源上

(35) 在一组结构(直径、长度、匝数等)完全相同的线圈中,电感量最大的是(c)。

  a. 空心线圈   b. 硅钢片心线圈   c. 坡膜合金心线圈

(36) 普通功率表在接线时,电压线圈和电流线圈的关系是(b)。

  a. 电压线圈必须接在电流线圈的前面   b. 视具体情况而定

  c. 电压线圈必须接在电流线圈的后面   d. 不需要区分

(37) 测量 $1\,\Omega$ 以下的电阻应选用(b)。

  a. 直流单臂电桥   b. 直流双臂电桥   c. 万用表的欧姆挡

(38) 单相变压器在进行短路试验时,应将(a)。

  a. 高压侧接入电源,低压侧短路

  b. 低压侧接入电源,高压侧短路

  c. 高压侧接入电源,低压侧短路,然后再将低压侧接入电源,高压侧短路

(39) 变压器二次侧开路时,经过一次绕组的电流称为(a)

  a. 空载电流   b. 负载电流   c. 输入电流   d. 输出电流

(40) 变压器在负载运行时,一、二次绕组内的电流之比近似等于(b)。

  a. 绕组匝数比   b. 匝数比的倒数   c. 匝数比的平方

(41) 绕组绕制时,左手将导线拉向绕制前进的相反方向(a)左右的角度。

  a. 5°   b. 10°   c. 20°   d. 30°

(42) 修复后的小型变压器的各绕组之间和它们对铁芯(地)的绝缘电阻,其值不应低于(b)。

  a. $0.5\,\Omega$ b. $1\,M\Omega$ c. $10\,M\Omega$ d. $100\,M\Omega$

(43) 电流互感器二次额定电流一般规定为(d)。

  a. 1 A   b. 2 A   c. 3 A   d. 5 A

(44) 电压互感器二次绕组额定电压一般规定为(b)。

  a. 24 V   b. 100 V   c. 220 V   d. 380 V

(45) 如果变压器温升为 55 ℃,环境温度为 40 ℃,则变压器温度不允许超过(c)。

  a. 80 ℃   b. 40 ℃   c. 120 ℃   d. 160 ℃

(46) 变压器铁芯压紧的工序必须(d)进行。

  a. 从左边到右边 b. 从右边到左边 c. 从两边向中部 d. 从中部向两边

(47) 变压器的结构有心式和壳式两类,其中心式变压器的特点是(b)。

  a. 铁芯包着绕组 b. 绕组包着铁芯 c. 一、二次绕组绕在同一铁芯柱上

(48) 为降低变压器铁芯中的(a),叠片间要互相绝缘。

  a. 涡流损耗   b. 空载损耗   c. 无功损耗   d. 短路损耗

(49) 在额定负载下运行的油浸变压器各部分的温升不应超过额定温升限值,其中油面上的温升限值为(b)。

  a. 40 K   b. 55 K   c. 65 K   d. 75 K

(50) 对于中小型电力变压器,投入运行后每隔(c)要大修一次。

  a. 1 年   b. 2~4 年   c. 5~10 年   d. 15 年

(51) 油浸式电力变压器在实际运行中,上层油温一般不宜经常超过(a)。

a. 85 ℃   b. 95 ℃   c. 105 ℃   d. 125 ℃

(52) 在 10 kV 级电力变压器做耐压试验时,试验电压应为(b)。

a. 20 kV   b. 30 kV   c. 50 kV   d. 80 kV

(53) BX2 系列交流弧焊机,其焊接变压器上都有一组电抗绕组,其主要作用为(c)。

a. 调节焊接电流   b. 降低输出电压   c. 限制短路电流

(54) 电流互感器额定电流应在运行电流的(b)范围内。

a. 0%～100%   b. 20%～120%   c. 50%～150%   d. 60%～180%

(55) 选定电压互感器二次侧熔断器额定值时,熔断器额定电流应大于最大负载电流,但不应超过(c)。

a. 1.2 倍   b. 1.4 倍   c. 1.5 倍   d. 2 倍

(56) 小型变压器一般采用(a)在绕线模具上绕制而成,然后套入铁芯。

a. 圆铜线   b. 扁铜线   c. 塑料绝缘导线   d. 铝线

(57) 为了适应在不同用电地区能调整输出电压,电力变压器在其三相高压绕组末端的额定匝数和它的(b)位置处引出 3 个端头,分别接到分接开关上。

a. ±1%   b. ±5%   c. ±10%   d. ±20%

(58) 正常情况下,变压器油应是透明略带(b)。

a. 红色   b. 黄色   c. 紫色   d. 橙色

(59) 电力变压器耐压试验时间为(a)。

a. 1 min   b. 2 min   c. 5 min   d. 8 min

(60) 电流互感器二次绕组不允许(c)。

a. 接地   b. 短路   c. 开路

(61) 若发现变压器油温比平时相同负载及散热条件下高(c)以上时,应考虑变压器内部已发生了故障。

a. 5 ℃   b. 20 ℃   c. 10 ℃   d. 15 ℃

(62) 一实际变压器其二次电压、电流的实际测量值与安匝比的计算值之间的关系为(b)。

a. 二者完全相等   b. 实测值比计算值小   c. 实测值比计算值大

(63) 普通铁芯变压器的工作频率可达(c)。

a. 几十兆赫   b. 几兆赫   c. 几十千赫   d. 几千赫

(64) 测绘中,配合精度高的零件尽量(a)。

a. 不拆   b. 先拆   c. 后拆   d. 随意拆

(65) 设备修理按(b)可分为小修理、中修理和大修理。

a. 修理方法   b. 修理工作量大小   c. 修理精度

(66) 设备修理的方法有(c)修理法、定期修理法和检查后修理法。

a. 大修理   b. 小修理   c. 标准   d. 中修理

(67) 修理变压器时,若保持额定电压不变,而一次绕组匝数比原来少了一些,则变压器的空载电流与原来相比(b)。

a. 减少了一些   b. 增大了一些   c. 不变   d. 不能确定

(68) 直流电动机额定转速指电动机(a)运行时的转速,以每分钟的转数表示。

a. 连续   b. 短时   c. 断续   d. 长时

(69) 交流电动机在空载运行时,功率因数很(b)。

　　　　a. 高　　　　　　　b. 低　　　　　　　c. 先高后低　　　　d. 先低后高

(70) 三角形连接时异步电动机的定子绕组有一相开路时,电动机转速降低,其电动机的容量降低至原来的(b)。

　　　　a. 1/2　　　　　　b. 1/3　　　　　　c. 1/4　　　　　　d. 1/5

(71) 异步电动机过载时造成电动机(a)增加并发热。

　　　　a. 铜耗　　　　　　b. 铁耗　　　　　　c. 铝耗　　　　　　d. 空耗

(72) 三相异步电动机的直流电阻应该相等,但允许有不超过(b)的差值。

　　　　a. 2%　　　　　　b. 4%　　　　　　c. 6%　　　　　　d. 8%

(73) 对三相异步电动机进行耐压试验,试验时间为(b) min,若不发生击穿现象,即为合格。

　　　　a. 0.5 min　　　　b. 1 min　　　　　c. 2 min　　　　　d. 3 min

(74) 对三相异步电动机进行耐压试验后,其绝缘电阻比耐压试验前的电阻值(c)。

　　　　a. 稍大　　　　　　b. 稍小　　　　　　c. 相等　　　　　　d. 不能确定

(75) 三相异步电动机进行烘干后,待其机壳温度下降至(c)时,进行滴漆。

　　　　a. 40~50 ℃　　　b. 50~60 ℃　　　c. 60~70 ℃　　　d. 70~80 ℃

(76) 用电压降法检查三相异步电动机一相短路地,对 1 kW 以上电动机应选用(c)。

　　　　a. 10 V　　　　　 b. 20 V　　　　　 c. 30 V　　　　　 d. 50 V

(77) 三相异步电动机在切除故障线圈以后,电动机的输出功率要(b)。

　　　　a. 升高　　　　　　b. 降低　　　　　　c. 相等　　　　　　d. 不能确定

(78) 直流电动机励磁电压是指在励磁绕组两端的电压,对(b)电动机,励磁电压等于电动机的额定电压。

　　　　a. 他励　　　　　　b. 并励　　　　　　c. 串励　　　　　　d. 复励

(79) 直流电动机的绕组如果是链式绕组,其节距(b)。

　　　　a. 大小不等　　　　b. 相等　　　　　　c. 有两种

(80) 三相异步电动机为了使三相绕组产生对称的旋转磁场,各相对应边之间应保持(d)电角度。

　　　　a. 60°　　　　　　b. 80°　　　　　　c. 100°　　　　　　d. 120°

(81) 频敏变阻器主要用于(d)控制。

　　　　a. 鼠笼式转子异步电动机的启动　　　　b. 绕线转子异步电动机的调速
　　　　c. 直流电动机的启动　　　　　　　　　　d. 绕线转子异步电动机的启动

(82) 设三相异步电动机额定电流 $I=10$ A,进行频繁的带负载启动,熔断体的额定电流应选(d)。

　　　　a. 10 A　　　　　 b. 15 A　　　　　 c. 50 A　　　　　 d. 25 A

(83) 设三相异步电动机 $I=10$ A,△连接,用热继电器做过载及缺相保护时,热继电器的热元件的额定电流选(b)。

　　　　a. 16 A　　　　　 b. 11 A　　　　　 c. 20 A　　　　　 d. 25 A

(84) 三相笼形异步电动机用自耦变压器70%的抽头减压启动时,电动机的启动转矩是全压启动转矩的(b)。

　　　　a. 36%　　　　　　b. 49%　　　　　　c. 60%　　　　　　d. 70%

(85) 三相绕线转子异步电动机的整个启动过程中,频敏变阻器的等效阻抗变化趋势是

(b)。

    a. 由小变大   b. 由大变小   c. 恒定不变   d. 不能确定

(86) 当负载转矩是三相△接法的笼形异步电动机直接启动转矩的 1/2 时,减压启动设备应选用(b)。

    a. Y-△启动器   b. 自耦变压器   c. 频敏变阻器   d. 可变阻器

(87) 桥式起重机中的电动机过载保护通常采用(b)而不采用(a)。

    a. 热继电器   b. 过流继电器   c. 熔断器

(88) 某三相异步电动机的单向启、停控制电路接通电源时接触器衔铁便抖动,声音异常,甚至使熔断器熔断,如果按下停止按钮,并用试电笔测停止按钮连接端时有电,则这种故障原因可能是(b)。

    a. 电源电压偏低   b. 误将接触器动断触点做自锁触点

    c. 接触器线圈局部短路   d. 灭弧罩损坏

(89) 电动机直接启动时,其启动电流通常为额定电流的(c)。

    a. 2～4 倍   b. 4～6 倍   c. 6～8 倍   d. 8～10 倍

(90) 桥式起重机主钩电动机下放空钩时,电动机工作在(b)状态。

    a. 正转电动   b. 反转电动   c. 倒拉反转   d. 先正转再反转

(91) 直流电动机电枢绕组都是由许多元件通过换向片串联起来而构成的(b)。

    a. 单层闭合绕组   b. 双层闭合绕组   c. 3 层以上闭合绕组

(92) 直流电动机如要实现反转,需要对调电枢电源的极性,其励磁电源的极性(a)。

    a. 保持不变   b. 同时对调   c. 变与不变均可

(93) 单相异步电动机中,能方便地改变方向的型式是(b)。

    a. 阻容分相型   b. 电容分相型   c. 罩极型

(94) 在(c)中,由于电枢电流很小,换向较容易,因此都不设换向极。

    a. 串励直流电动机   b. 直流测速电动机

    c. 直流伺服电动机   d. 交磁电机扩大机

(95) 直流电动机在额定负载下运行时,其换向火花等级应不超过(c)。

    a. 1   b. 1/2   c. 3/2   d. 2

(96) 直流电动机的换向器表面应清洁光滑,换向片间的云母片不得高出换向器表面,凹进深度为(d)。

    a. 0.1～0.5 mm   b. 0.5～1 mm   c. 1 mm 以下   d. 1～1.5 mm

(97) 直流发电机换向极的极性沿电枢旋转方向看时,应(a)

    a. 与它前方主磁极极性相同   b. 与它前方主磁极极性相反

    c. 与它后方主磁极极性相同   d. 与它后方主磁极极性相反

(98) 直流电动机的电枢绕组若为单波绕组,则绕组的并联支路数应等于(a)。

    a. 主磁数   b. 主磁极对数   c. 2   d. 4

(99) 并励直流发电机在原动机带动下正常运转时,如电压表指示在很低的数值上不能升高,则说明电动机(a)。

    a. 还有剩磁   b. 没有剩磁   c. 励磁绕组断路   d. 励磁绕组断路

(100) 当用低压直流电源和直流毫伏表来检查直流电动机的电枢绕组时,若测得某相邻两换向片之间的电压比其他相邻两换向片之间的电压增加很多,则此电枢绕组元件(c)。

a. 正常　　　　　　b. 短路　　　　　　c. 断路　　　　　　d. 不能确定

(101) Y 接法的三相异步电动机在空载运行时,若定子一相绕组突然断路,则电动机(b)。

　　　a. 必然会停止转动　　　　　　　　b. 有可能继续运行

　　　c. 肯定会继续运行　　　　　　　　d. 不能确定

(102) 在额定恒转矩负载下运行的三相异步电动机,若电源电压下降,则电动机的温度将会(b)。

　　　a. 降低　　　　　　b. 升高　　　　　　c. 不变　　　　　　d. 不能确定

(103) 分相式单相异步电动机,在轻载运行时,若两绕组之间断开,则电动机(c)。

　　　a.立即停转　　　　b. 继续转动　　　　c. 有可能继续转动　　d. 烧坏

(104) 直流电动机的电枢绕组不论是单叠绕组还是单波绕组,一个绕组元件的两条有效边之间的距离都叫作(a)。

　　　a. 第 1 节距　　　b. 第 2 节距　　　c. 合成节距　　　　　d. 换向节距

(105) 直流电动机的电枢绕组若采用单波绕组,则绕组的并联支路数将等于(b)。

　　　a. 1　　　　　　　b. 2　　　　　　　c. 全磁极数　　　　　d. 主磁极对数

(106) 当直流发电机的负载电流不变时,表示其端电压与励磁电流之间的变化关系曲线称为(c)。

　　　a. 外特性曲线　　　　　　b. 空载特性曲线　　　　　　c. 负载特性曲线

(107) △接法的三相笼形异步电动机,若误接成 Y 形,那么在额定负载转矩下运行时,其铜耗和温升将会(b)。

　　　a. 减小　　　　　　b. 增大　　　　　　c. 不变　　　　　　d. 不能确定

(108) 对于装有换向极的直流电动机,为了改善换向,应将电刷(a)。

　　　a. 放置在几何中心线上　　　　　　b. 顺转向移动一角度

　　　c. 逆转向移动一角度　　　　　　　d. 放置在物理中心线上

(109) 直流伺服电动机在自动控制系统中用做(c)。

　　　a. 放大元件　　　b. 测量元件　　　c. 执行元件　　　　　d. 输出元件

(110) 修理后的直流电动机进行各项试验的顺序应为(c)。

　　　a. 空载试验—耐压试验—负载试验

　　　b. 空载试验—负载试验—耐压试验

　　　c. 耐压试验—空载试验—负载试验

　　　d. 耐压试验—负载试验—空载试验

(111) 对修理后的直流电动机进行各绕组之间耐压试验时,试验电压升到最高值后,应维持(b),然后再调低试验电压,最后切断电源。

　　　a. 0.5 min　　　b. 1 min　　　　c. 2 min　　　　　d. 3 min

(112) 在修理直流电动机时,如遇需要更换绕组、检修换向器等情况,最好对各绕组及换向器与机壳之间进行耐压试验,还要对各绕组之间进行耐压试验,其试验电压应采用(b)。

　　　a. 直流电　　　　　　b. 交流电　　　　　　c. 交直流电均可

(113) 直流电动机重绕各绕组的直流电阻与制造厂或安装时最初测得的数据进行比较,其相差不得超过(b)。

　　　a. ±1%　　　　b. ±2%　　　　c. ±4%　　　　d. ±5%

(114) 旋转式直流弧焊机内,三相电动机中如有一相断开,电动机启动后(a)。

        a. 转速很低   b. 转速很高   c. 没有转速

(115) 同步电动机是一种(b)。

        a. 直流电动机   b. 交流电动机   c. 控制电动机   d. 测速发电机

(116) 他励式电枢控制的直流伺服电动机,一定要防止励磁绕组断电以免电枢电流过大而造成(a)。

        a. 超速   b. 低速

        c. 先超速,后低速   d. 先低速,后超速

(117) 测速发电机可用做(c)。

        a. 执行元件   b. 放大元件   c. 校正元件   d. 测量元件

(118) 电磁调速电动机至少(b)停车检查一次,并用压缩空气清洁内部。

        a. 1 个星期   b. 1 个月   c. 半年   d. 1 年

(119) 电磁调速异步电动机由三相笼形异步电动机、(b)、电磁转差离合器和控制装置组成。

        a. 伺服电动机   b. 测速发电机   c. 直流电动机   d. 交流电动机

(120) 电磁调速电动机离合器失控,其转速是(b)。

        a. 最低速   b. 最高速   c. 没用转速   d. 转速不变

(121) 为了改善交磁电动机扩大机换向和防止自激,电刷应放在(b)。

        a. 几何中心上   b. 偏几何中心 1~3°电角度

        c. 偏几何中心 1~5°电角度   d. 偏几何中心 1~10°电角度

(122) 三相同步电动机的制动控制应采用(c)。

        a. 反接制动   b. 再生发电制动   c. 能耗制动   d. 刹车制动

(123) 他励直流电动机在所带负载不变的情况下稳定运行,若此时增大电枢电路的电阻,待重新稳定运行时,电枢电流和电磁转矩(b)。

        a. 增加   b. 不变   c. 减小   d. 不能确定

(124) 运行中的并励直流电动机,当其电枢回路的电阻和负载转矩都一定时,若降低电枢电压后主磁通仍维持不变,则电枢转速将会(a)。

        a. 降低   b. 升高   c. 不变   d. 不能确定

(125) 直流电动机经过一段时间的运行之后,在换向器的表面上形成一层氧化膜,其电阻较大,对换向(a)。

        a. 有利   b. 不利   c. 无影响   d. 不能确定

(126) 当直流电动机换向极磁场过弱时,电动机处于(c)。

        a. 直线换向   b. 超越换向   c. 延迟换向   d. 不能换向

(127) 一台并励直流电动机在带恒定的负载转矩稳定运行时,若因励磁回路接触不良而增大了励磁回路的电阻,那么电枢电流将会(b)。

        a. 减小   b. 增大   c. 不变   d. 不能确定

(128) 他励直流电动机的负载转矩一定时,若在电枢回路串入一定的电阻,则其转速将(b)。

        a. 上升   b. 下降   c. 不变   d. 不能确定

(129) 一台他励直流电动机拖动一台他励直流发电机,当其他条件不变,只减小发电机的

负载电阻时,电动机的电枢电流和负载转矩都将(a)。

    a. 增大   b. 减小   c. 不变   d. 不确定

(130) 三相绕线转子异步电动机的调速控制采用(d)的方法。

    a. 改变电源频率   b. 改变定子绕组磁极对数

    c. 转子回路串联频敏变阻器   d. 转子回路串联可调电阻

(131) 直流电动机的调速方案,越来越趋向于采用(c)调速系统。

    a. 直流发电机-直流电动机   b. 交磁电动机扩大机-直流电动机

    c. 晶闸管可控整流-直流电动机   d. 磁放大器二极管整流-直流电动机

(132) 一台他励直流电动机在带恒转矩负载运行中,若其他条件不变,只降低电枢电压,则在重新稳定运行后,其电枢电流将(a)。

    a. 不变   b. 下降   c. 上升   d. 不确定

(133) 当用并励直流电动机拖动的电力机车下坡时,如果不加以制动,由于重力作用,机车速度会越来越高。当转速超过电动机的理想空载转速后,电动机进入发电机运行状态,此时电枢电流将反向,电枢电动势将(c)。

    a. 小于外加电压   b. 等于外加电压   c. 大于外加电压   d. 不确定

(134) 当同步电动机在额定电压下带额定负载运行时,调节励磁电流的大小,可以改变(c)。

    a. 同步电动机的转速   b. 输入电动机的有功功率

    c. 输入电动机的无功功率

(135) 在调速系统中,当电流截止负反馈参与系统调节作用时,说明调速系统主电路电流(a)。

    a. 过大   b. 正常   c. 过小   d. 不确定

(136) 转速负反馈调速系统对检测反馈元件和给定电压造成的转速降(a)。

    a. 没有补偿能力   b. 有补偿能力   c. 对前者有补偿能力,对后者无补偿能力

(137) 有一台电机扩大机,其输出电压有规则摆动,且电刷下火花较大。此故障原因可能是(a)。

    a. 交流磁绕组内部连接极性接反   b. 补偿绕组内部连接极性接反

    c. 补偿绕组内部断路   d. 补偿绕组内部短路

(138) 降低电源电压后,三相异步电动机的临界转差率将(c)。

    a. 增大   b. 减小   c. 不变   d. 不确定

(139) 若将两台或两台以上变压器投入并联运行,必须满足一定的条件,首要条件是(a)。

    a. 各变压器应有相同的连接组别   b. 各变压器变化应相等

    c. 各变压器容量应相等   d. 各变压器阻抗应相等

(140) 在实际应用中,并励和复式直流电动机要实现电机反转,一般可采用的方法是(a)。

    a. 只能通过改变电枢中的电流方向来实现

    b. 在电枢中串入不同的电阻值

    c. 同时改变电枢和定子中的电流方向来实现

    d. 以上都可实现

(141) 异步电动机转子的转动方向、转速与旋转磁场的关系是(c)。

    a. 二者方向相同,转速相同

    b. 二者方向相反,转速相同

c. 二者方向相同,转子的转速略小于旋转磁场的转速

(142) 异步电动机中旋转磁场是下列因素产生的(b)。

    a. 由永久磁铁的磁场作用产生　　　　b. 由通入定子中的交流电流产生

    c. 由通入转子中的交流电流产生　　　　d. 以上各项

(143) 为使电容启动的单相异步电动机反转,须采取下述方法之一(c)。

    a. 将电容器换接到另一绕组中去　　　　b. 将转子轴抽出,转 180°后再装入

    c. 将两根电源线对调　　　　d. 以上各项都不能实现

(144) 在三相四线制的交流供电系统中,其中线电流(c)

    a. 始终为 0,可以去掉中线

    b. 始终大于 0,不可去掉中线

    c. 在三相负载为平衡时为 0,可以去掉中线

    d. 始终小于 0,不可去掉中线

(145) 在三相交流供电系统中,一对称的三相负载,接成△形与接成 Y 形时,其功率关系为(a)。

    a. 按成△形的功率比接成 Y 形的功率大 3 倍

    b. 按成△形的功率比接成 Y 形的功率大 1.73 倍

    c. 二者的功率相等,没有变化

(146) 已知三相交流电源的线电压为 380 V,若三相电动机每相绕组额定电压是 220 V,则应接成(c)。

    a. △形或 Y 形　　b. 只能接成△形　　c. 只能接成 Y 形　　d. 无法实现

(147) 已知三相交流电源的线电压为 380 V,若三相电动机每相绕组的额定电压是 380 V,则应接成(b)。

    a. △形或 Y 形　　b. 只能接成△形　　c. 只能接成 Y 形　　d. 无法实现

(148) 改变单相异步电动机旋转方向的方法是(c)。

    a. 将火线与地线对调　　　　b. 将定子绕组的首尾对调

    c. 将启动绕组与运转绕组互换　　　　d. 以上方法都不行

(149) 各段熔断器的配合中,电路上一级的熔断时间应为下一级熔断器熔断时间的(c)以上。

    a. 1 倍　　　　　　b. 2 倍　　　　　　c. 3 倍　　　　　　d. 4 倍

(150) 低压断路器的选用原则中,热脱扣器的整定电流应(c)所控制负载的额定电流。

    a. 不小于　　　　b. 小于　　　　　　c. 等于　　　　　　d. 大于

(151) 直流电磁铁的吸力与(d)有关。

    a. 线圈匝数　　　　　　　　b. 线圈内电流

    c. 气隙长度和铁芯截面积　　　　d. 以上所有的因素

(152) 容量较小的交流接触器采用(c)装置。

    a. 栅片灭弧　　　　b. 双断口触点灭弧　　　　c. 电动力灭弧

(153) 接触器触头重新更换后应调整(a)。

    a. 压力,开距,超程　　　　b. 压力

    c. 压力,开距　　　　d. 超程

(154) 造成交流接触器线圈过热而烧毁的原因是(d)。

a. 电压过高　　　　b. 电压过低　　　　c. 线圈短路　　　　d. 以上原因都有可能

(155) 当电源电压由于某种原因降低到额定电压的(c)及以下时,保证电源不被接通的措施叫作欠压保护。

　　　 a. 65%　　　　　 b. 75%　　　　　 c. 85%　　　　　 d. 95%

(156) 接触器触头熔焊会出现(b)故障现象。

　　　 a. 铁芯不吸合　　 b. 铁芯不释放　　 c. 线圈烧坏　　　 d. 触头短接

(157) 当电流较小时,用电动力灭弧时的电动力很小,考虑它有两个断口,一般适用于(b)做灭弧装置。

　　　 a. 交流接触器或直流接触器　　　　　 b. 交流接触器

　　　 c. 直流接触器

(158) 栅片一般由铁磁性物质制成,它能将电弧(c)栅片之间,并迫使电弧聚向栅片中心被栅片冷却,使电弧熄灭。

　　　 a. 离开　　　　　 b. 拉长　　　　　 c. 吸入　　　　　 d. 以上都不能

(159) 栅片灭弧效果在交流时要比直流时(a)。

　　　 a. 强　　　　　　 b. 弱　　　　　　 c. 没有差别　　　 d. 不能比较

(160) 栅片灭弧适用于(c)。

　　　 a. 直流电器　　　　　　　　　　　　 b. 直流电器和交流电器

　　　 c. 交流电器　　　　　　　　　　　　 d. 都不适应

(161) 容量较小的交流接触器采用(b,c)装置。

　　　 a. 栅片灭弧　　　 b. 双断口触点灭弧　　　　 c. 电动力灭弧

(162) 容量较大的交流接触器采用(a)装置。

　　　 a. 栅片灭弧　　　 b. 双断口触点灭弧　　　　 c. 电动力灭弧

(163) 热继电器从热态开始,通过 1.2 倍整定电流的动作时间是(c)以内。

　　　 a. 2 min　　　　 b. 10 min　　　　 c. 20 min　　　　 d. 30 min

(164) 热继电器从冷态开始,通过 6 倍整定电流的动作时间是(a)以上。

　　　 a. 5 s　　　　　　 b. 10 s　　　　　 c. 1 min　　　　　 d. 3 min

(165) 接近开关可用于行程控制、计数、测速、定位及检测金属体的存在,若要检测各种金属,则应选择(c)接近开关。

　　　 a. 电容型　　　　 b. 超声波型　　　 c. 高频振荡型　　 d. 永磁型

(166) 额定电压为 10 kV 的高压断路器进行交流耐压试验时,其交流试验电压为(d)。

　　　 a. 10 kV　　　　 b. 20 kV　　　　 c. 30 kV　　　　 d. 38 kV

(167) 高压互感器二次线圈的工频耐压标准:交接试验为(a)。

　　　 a. 1 000 V　　　 b. 2 000 V　　　 c. 3 000 V　　　 d. 与额定电压相同

(168) 通过额定电流时热继电器不动作,如果过载时能脱扣,但不能再扣,反复调整仍是这样,则说明(c)。

　　　 a. 热元件发热量太小　　　　　　　　 b. 热元件发热量太大

　　　 c. 双金属片安装方向反了　　　　　　 d. 热元件规格错

(169) 需要频繁启动电动机时,应选用(d)控制。

　　　 a. 闸刀开关　　　 b. 负荷开关　　　 c. 低压断路器　　 d. 接触器

(170) 低压断路器中的电磁脱扣承担(a)保护作用。

　　　　　a. 过流　　　　　　b. 过载　　　　　　　c. 失电压　　　　　　d. 欠电压

(171) 近年来机床电器逐步推广采用的无触头位置开关,80％以上采用的是(c)型。

　　　　　a. 电容　　　　　　b. 光电　　　　　　　c. 高频振荡　　　　　d. 电磁感应

(172) 改变非磁性垫片的厚度可调整电感式继电器的(a)。

　　　　　a. 释放电压(或电流)　　　　b. 吸合电压(或吸合电流)　　　　c. 以上都不能

(173) 熔丝熔断后,更换新熔丝时,应注意(a)。

　　　　　a. 更换同规格的新熔丝　　　　b. 加大熔丝的规格　　　　c. 减小熔丝的规格。

(174) 电缆根数少,敷设距离长的线路通常采用(a)敷设。

　　　　　a. 直接埋地　　　　b. 电缆沟　　　　　　c. 电缆桥架　　　　　d. 架空悬吊

(175) 直径较大的高、低压动力电缆一般应选用(b)电缆桥架敷设。

　　　　　a. 槽式　　　　　　b. 梯级式　　　　　　c. 柱盘式　　　　　　d. 任意

(176) 在安装 Z3040 型摇臂钻床电气设备时,三相交流电源的相序可用(a)来检查。

　　　　　a. 立柱夹紧机构　　b. 主轴正反转　　　　c. 两者都行　　　　　d. 两者都不行

(177) 根据 Z3040 型摇臂钻床的电气原理图,SA1 十字开关在(b)位置时所有的触点都不通。

　　　　　a. 左　　　　　　　b. 中间　　　　　　　c. 右　　　　　　　　d. 上方

(178) 电源电压的变化对白炽灯的发光效率影响很大,当电压升高 10％时其发光效率提高(b)。

　　　　　a. 10％　　　　　　b. 17％　　　　　　　c. 37％　　　　　　　d. 以上都对

(179) 卤钨灯工作时需(a)安装,否则将严重影响灯管的寿命。

　　　　　a. 水平　　　　　　b. 垂直向上　　　　　c. 垂直向下　　　　　d. 45°倾斜

(180) 高压汞灯要(b)安装,否则容易自灭。

　　　　　a. 水平　　　　　　b. 垂直　　　　　　　c. 45°倾斜　　　　　　d. 任意

(181) 灯具安装应牢固,灯具重量超过(b)时,必须固定在预埋的吊钩或螺钉上。

　　　　　a. 2 kg　　　　　　b. 3 kg　　　　　　　c. 4 kg　　　　　　　d. 5 kg

(182) 各种悬吊灯具离地面的距离不应小于(d)m。

　　　　　a. 1.4 m　　　　　b. 2 m　　　　　　　c. 2.2 m　　　　　　　d. 2.5 m

(183) 选择线管直径的依据主要是根据导线的截面积和根数,一般要求穿管导线的总截面积(包括绝缘层)不超过线管内径截面积的(b)。

　　　　　a. 30％　　　　　　b. 40％　　　　　　　c. 50％　　　　　　　d. 60％

(184) 管子的弯曲半径在明配管和暗配管时应分别大于管子直径的(d)。

　　　　　a. 3 倍　　　　　　b. 5 倍　　　　　　　c. 6 倍　　　　　　　d. 8 倍

(185) 对于在工作部位有较高的照度要求,而在其他部位又要求照明时,宜采用(c)照明。

　　　　　a. 一般　　　　　　b. 局部　　　　　　　c. 混合　　　　　　　d. 任意一种

(186) 在日光灯的电源上,有时并接一个电容器,其作用是(a)。

　　　　　a. 改善功率因数　　b. 缩短启辉时间　　　c. 限制灯管工作电流

(187) 绑扎导线时,平行的两根导线应敷设在两绝缘子的(b)。

　　　　　a. 内侧　　　　　　b. 外侧或同一侧　　　c. 任意侧　　　　　　d. 上方

(188) 配线过程中,当需要把铜导线和铝导线压接在一起时,必须采用(c)。

　　　　　a. 铜连接管　　　　b. 铝连接管　　　　　c. 铜铝连接管　　　　d. 3 种都可以

(189) 制作印制电路板时,须对铜箔层进行腐蚀,这时不能用(c)盛放三氯化铁溶液。

 a. 塑料制品   b. 搪瓷器皿   c. 金属器皿   d. 橡胶器皿

(190) 对硅稳压管稳压电源进行调试时,应保证在交流电源电压波动(b)时,直流稳压输出电压稳定不变。

 a. 5%   b. 10%   c. 15%   d. 20%

(191) 凡接到任何违反电气安全工作规程制度的命令时应(c)。

 a. 考虑执行   b. 部分执行   c. 拒绝执行   d. 先汇报,再执行

(192) 机床上的低压照明灯电压不应超过(b)。

 a. 110 V   b. 36 V   c. 24 V   d. 12 V

(193) 各接地设备的接地线与接地干线相连时,应采用(b)。

 a. 串联方式   b. 并联方式   c. 混接方式   d. 都可以

(194) 划分高低压交流电时,是以对地电压大于或小于(b)数值为界。

 a. 1 000 V   b. 500 V   c. 380 V   d. 250 V

(195) 立体划线一般要在工作平台安放(c)次。

 a. 1   b. 2   c. 3   d. 4

(196) 敷设电缆线路的基本要求是(d)。

 a. 满足供配电及控制的需要   b. 运行安全,便于维修

 c. 线路走向经济合理   d. 以上都是

(197) 电压串联负反馈放大电路的主要特点是(a)。

 a. 输入阻抗高、输出阻抗低   b. 输入输出阻抗均低

 c. 输入阻抗低、输出阻抗高   d. 输入输出阻抗均高

(198) 要使 OTL 功率放大器的输出功率增加,则需(b)。

 a. 增大负载,提高电源电压   b. 减小负载,提高电源电压

 c. 增大负载,更换大功率放大管   d. 增大输入电阻

(199) 已知单相全波整流器的输入交流电压为 $2×10$ V,则每一整流管的耐压应为(c)。

 a. 10 V   b. 20 V   c. 28.3 V   d. 40 V

(200) 直流电源中的滤波电容通常较大,对于 50 Hz 交流电源而言,此电容值约为(a)。

 a. 几千微法   b. 几百微法   c. 几十微法   d. 几微法

(201) 已知单相桥式整流、大电容滤波的直流电源,其输入交流电压为 16 V,则此电源输出的直流电压值为(a)。

 a. 18～20 V   b. 15～17 V   c. 小于 16 V d. 32 V

(202) 已知串联调整稳压电源的输出直流电压为 12 V,则串联调整管的耐压应大于(b)。

 a. 12 V   b. 20 V   c. 24 V   d. 36 V

(203) 有三级放大器,每级放大器的电压增益分别为 25 dB、35 dB、20 dB,则放大器总的电压增大倍数为(d)。

 a. 80 倍   b. 100 倍   c. 1 000 倍   d. 10 000 倍

(204) 晶闸管交流调压电路输出的电压与电流波形都是非正弦波,导通角(b),即输出电压越低时,波形与正弦波差别越大。

 a. 越大   b. 越小   c. 等于 90°   d. 等于 180°

(205) 晶闸管触发导通后,其控制极对主电路(b)。

　　　　　a. 仍有控制作用　　　　　b. 失去控制作用　　　　　c. 有时仍有控制作用

(206) 要想使正向导通着的普通晶闸管关断,只要(c)即可。

　　　　　a. 断开控制极　　　b. 给控制极加反压　　c. 使通过晶闸管的电流小于维持电流

(207) 下列逻辑运算式中正确的是(c)。

　　　　　a. $1+1=2$　　　　　b. $1+1=10$　　　　　c. $1+1=1$　　　　　d. $1+1=0$

(208) 解决放大器截止失真的方法是(c)。

　　　　　a. 增大上偏电阻　　　　　b. 减小集电极电阻 R_c　　　　　c. 减小上偏电阻

(209) 通态平均电压值是衡量晶闸管质量好坏的指标之一,其值(a)。

　　　　　a. 越大越好　　　　　b. 越小越好　　　　　c. 适中为好　　　　　d. 无所谓

(210) 在下列滤波电路中,外特性指的是(a)。

　　　　　a. 电感滤波　　　　　b. 电容滤波　　　　　c. RC-Л 型滤波　　　　　d. 陶瓷滤波

(211) 输入阻抗高、输出阻抗低的放大器有(b)。

　　　　　a. 共发射极放大器　　　b. 射极跟随器　　c. 共基极放大器　　　d. 运算放大器

(212) 不带负反馈的共发射极晶体管放大器,在输出电压不失真时,其输入交流信号的幅值最大约为(c)。

　　　　　a. $0.6\sim0.7$ V　　　b. 几微伏　　　　　c. 几毫伏　　　　　d. 几伏

(213) 作为电压表的输入级,为了减弱电压表对被测电路的影响,输入级常选用的电路为(c)。

　　　　　a. 所有电压负反馈电路　　　b. 所有电流负反馈电路　　　c. 所有串联负反馈电路

(214) 双极型晶体管和场效应晶体管的控制信号(即驱动信号)为(d)。

　　　　　a. 均为电压控制　　　　　　　　b. 双极型晶体管为电压控制,场效应管为电流控制
　　　　　c. 均为电流控制　　　　　　　　d. 双极型晶体管为电流控制,场效应管为电压控制

(215) 开关电源的开关调整管在稳压过程中,始终处于(b)。

　　　　　a. 放大状态　　　b. 开关状态　　　　　c. 饱和状态　　　　　d. 截止状态

(216) 一桥式整流装置的输入交流电压为 220 V,则作为整流管之一的晶闸管耐压应为(a)。

　　　　　a. 大于 311 V　　　b. 大于 220 V　　　c. 大于 380 V　　　d. 大于 440 V

(217) 石英晶体(石英谐振器)在振荡电路中常作为下述元件使用(c)。

　　　　　a. 电感元件　　　　　　　　　　　b. 电容元件
　　　　　c. 电感元件或短路元件　　　　　　d. 电阻元件

(218) LC 正弦波振荡器中晶体管的工作电流在振荡和停振时的大小为(b)。

　　　　　a. 振荡和停振时的工作电流一样大　　　b. 振荡时工作电流小,停振时工作电流大
　　　　　c. 不一定,视具体情况而定　　　　　　d. 振荡时无电流,停振时导通

10.2　技能实训

10.2.1　检修三相笼形转子异步电动机(推荐采用 7.5 kW 电动机)

1) 实训前准备

(1) 熟悉三相笼形转子异步电动机的结构,掌握其拆装的正确步骤和方法,了解其检修工

艺及要求。

（2）了解对检修后的笼形转子异步电动机进行一般的检修和试验的项目及方法。

（3）准备所用工具、材料和仪表。

工具：电工常用工具、锤子、铜棒、轴承拆卸工具、扁铲。

材料：垫木、汽油、润滑脂、毛刷、棉纱、油盘。

仪表：万用表、钳形电流表、兆欧表。

2）实训内容

（1）电动机的解体和组装

要求按电动机的零部件进行解体并抽出转子。检修后组装的电动机要符合质量要求，即润滑良好，转子转动轻便灵活，无扫膛，零部件完好无伤损，紧固部分牢固可靠，转子轴伸径向偏摆在 0.2 mm 以内。

（2）电动机的检修

① 对定、转子进行检查、清扫。

② 检查轴承并清洗、换油，轴承磨损超限或损坏应更换。

③ 测量定子绕组的绝缘电阻。

④ 用万用表检查定子绕组并判定首、尾端。

⑤ 根据③、④项的测量检查结果判定绕组是否符合标准。

（3）对检修后的电动机进行空载试车

① 画出电动机空载试车的线路图，要求单方向运转，有短路保护和过载保护。

② 根据电动机的容量和试车线路图，正确选择所用电器元件和导线。

③ 按图接线试车，要求空载运行半小时并测量三相空载电流值，检查铁芯、轴承的温度，观察运行时的振动和噪声情况，根据测试检查情况确认电动机是否合格。

3）操作要领

（1）电动机的解体和组装

电动机解体的步骤和拆卸方法如下：

① 将带轮或联轴器上固定螺栓或销子松脱，用专用拆卸工具将其从电动机轴上拉出。

② 拆除风扇罩，松开风扇的夹紧螺栓，用锤子轻轻敲击风扇轴孔部位，使之与电动机轴间松动，将风扇从轴上取下。

③ 拆除一端的轴承盖和端盖，先在端盖和机壳接缝处做好标记，拆除轴承盖螺栓，将轴承盖从轴上取下，再拆除端盖的紧固螺栓，沿轴向敲打端盖，使其与机座分离后拆下。

④ 将另一端的端盖上也做好标记，拆除端盖上的紧固螺栓，敲打端盖使之与机座分离。用手将端盖和转子一起从定子中抽出。抽出转子时应小心，不要擦伤定子绕组。

⑤ 将与转子相连的轴承盖紧固螺栓拆除，把轴承盖及端盖逐个从轴上拆除。

电动机装配的步骤大体上和拆卸的步骤相反。装配前要做好电动机内部的清理工作。装端盖时要注意标记，可用锤子均匀地轻轻敲打端盖，使端盖与机壳上的端口吻合。拧端盖螺栓时要按对角线方向轮流紧固。组装好后用手转动转子轴，看其转动是否灵活，不灵活则需要重新调整。

（2）电动机的检修

① 对定、转子进行清扫、检查。用皮老虎或压缩空气吹净灰尘垢物，再用毛刷清扫。检查绕组的外观，看其有无破损及绝缘是否老化。

② 对轴承进行清洗、检查与换油。用汽油将轴承清洗干净,不要残留旧润滑脂。用手转动轴承外圈,检查其是否滑动灵活,有无过松、卡住的情况;观察滚珠、滚道表面有无斑痕、锈迹,以决定是否更换。

更换轴承时,必须用轴承拆卸工具来拆卸;安装新轴承时要把有标志的一面朝外,用铜棒或套筒安装。敲打时着力要均匀,用铜棒敲打时要按对角进行周边敲打。

换油时,加入的润滑脂应适量,一般以轴承室容积的1/3~1/2为宜,润滑脂量过大会使电动机运转时轴承发热。

③ 用兆欧表测定子绕组的绝缘电阻。有两项内容:一是绕组对地绝缘电阻;二是三相绕组间的绝缘电阻。应采用500 V兆欧表。测量接线为:测定子绕组对地(外壳)绝缘电阻时,E端钮接外壳,L端钮接绕组,对三相绕组分别进行测量;测量三相绕组间绝缘时,L和E端钮分别接被测两相绕组。摇测出的绝缘电阻应不低于0.5 MΩ。

④ 用万用表检查定子绕组,并判定其首尾端。检查定子绕组也有两项内容:一是有无断线;二是粗略测其直流电阻。检查时所用的万用表,应选用较好的表,量程应放在电阻的"×1"挡,使用前做好调零。

用万用表检查绕组的首、尾端可参见图10-1进行接线,用万用表的毫安挡测试。转动电动机的转子,如表的指针不动,说明三相绕组是首首相连,尾尾相连。如指针摆动,可将任一相绕组引出线首尾位置调换后再试,直到表针不动为止。

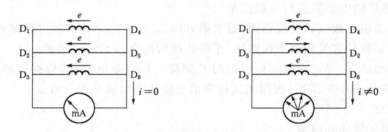

图10-1 用万用表检查电动机定子绕组的方法

(3)空载试车

空载试车可用接触器实现控制,也可使用磁力起动器,但都必须按所画的线路图进行接线。熔断器的熔丝可按2.5倍电动机额定电流选择,热继电器的整定值按1.1倍额定电流调整。主回路导线截面积按1 mm² 通过6~8 A来选择。接线应正确并符合安全规程规定。

用钳形电流表测三相空载电流值,一是看三相电流是否平衡,即三相空载电流值相差不超过10%,二是看空载电流与额定电流的百分比是否在规定范围内,对10 kV以下的电动机,极数是2的为30%~45%,极数是4的为35%~55%。

4)实训常见问题和解决方法

(1)在装端盖时要按标记就位,并用锤子轮流敲击端盖上有脐的部位,使端盖与机座上的止口吻合。

(2)抽、装转子时,为防止擦伤定子绕组绝缘,应将转子少许抬起再进行操作,也可先在定、转子间垫入厚纸片。

(3)注意检查绕组引出线,如发现引出线绝缘损坏、老化或过短,应更换。

(4)电动机组装后,如轮子转动不灵活、感觉较沉,可将端盖和轴承盖上所有螺栓松一下,用锤子轻轻敲击端盖和轴承盖,边敲边转;待转子转动灵活后,将螺栓拧紧。

（5）拆卸轴承时,拆卸工具的钩爪必须钩在轴承内圈上,缓慢拉出,工具的丝杆应保持与电动机在同一直线上,轴承过紧可边敲击丝杆（在轴向敲）边旋动。如内圈过薄,钩爪挂不上时,可用铁板夹在其中再拉。

（6）使用钳形电流表时,应注意水平测量,钳口应合严,选择好量程。

10.2.2 用明设铁管配线方式敷设 30 kW 水泵电动机电源线

1) 实训前准备

（1）掌握明设铁管配线的技术要求和室内配线的安全技术规定。

（2）做好敷设现场的勘察,熟悉施工现场的工作环境。

（3）准备所用工具和仪表。

工具：电工常用工具、冲击手电钻、手锯、弯管专用工具、钢卷尺、锉刀。

仪表：兆欧表。

2) 实训内容

（1）施工前的准备工作。

（2）明设铁管配线的施工。

（3）完工后的检查。

3) 操作要领

（1）施工前的准备工作

准备工作应当做得充分,正确。明设铁管配线施工前应做的准备工作有如下几项：

① 现场勘察：察看线管敷设的现场环境,根据配电柜和电动机的安装位置确定线管的敷设路径、弯管位置、固定点位置,测量线管敷设路径的各部尺寸,画出施工时线管的加工图,标出弯管的方向。

在确定线管的敷设路径时,应尽量减少转弯处,一般 90°转弯处不要多于 2 处。如因现场条件所限,使线管转弯处较多或直线路径过长时,应在转弯处或直线路径中间加装接线盒。这样做的目的是便于穿线和以后的维修。

线管的加工图应标明直线部分的长度,弯管的角度、尺寸及方向,要标出线管总尺寸要求。

② 选择导线

• 选择导线截面：先根据负载电流,即电动机的额定电流,从电工手册有关室内敷设用铜芯绝缘导线的允许连续载流量表中选择导线的截面积,要求允许连续载流量略大于负载电流,然后再核算导线的电压损失并考虑机械强度的要求,据此选择导线截面积。

电动机允许的电压损失为：正常情况下,电动机端电压与其额定电压之差不得超过额定电压的±5%。机械强度对截面积的要求为：室内固定敷设的绝缘铜导线最小允许截面积为 1 mm²。

一般在线路敷设路径为几十米且线路负载不太大的情况下,只要满足载流量的要求,则电压损失和机械强度要求均能满足。

• 选择绝缘导线的型号：一般常用的绝缘导线有两种,一种为 BX 型,即橡胶绝缘铜导线；另一种为 BV 型,即塑料绝缘铜导线。BX 型绝缘导线不宜在油多的场所使用,BV 型绝缘导线不宜在低温环境中使用,故要根据敷设现场的环境条件适当选择。

③ 选择铁管

• 选择管径：管径按穿管导线的截面和根数选择。规程要求,穿入管内导线的总截面积

（含绝缘层）不得超过管内孔截面积的 40％，一般可从电工手册中查表选用。

　　·选择铁管的壁厚：根据规程要求，按不同的敷设环境和敷设方式，对铁管壁厚有不同的要求。对明设的铁管，在一般场所可选用电线铁管。

　　对于线路负载为 30 kW 的电动机，根据上述②和③的选择要求，在一般场所可选用 BX 型 1.5 mm² 的导线和 16 mm² 电线铁管。

　　（2）加工铁管

　　① 清除管内的杂物和毛刺，以避免导线穿管时擦伤导线绝缘。

　　② 按照勘察时所画的线管加工图，利用手动弯管器或弯管机加工管弯，然后按图分段切割。切割后要用锉刀将管口毛刺去除、修光。弯管时，应注意管的弯曲角度不能小于 90°，明设铁管的弯曲半径不小于管径的 4 倍。

　　③ 按照线管加工图切割好直线部分的管段，同时做好管口的处理。

　　④ 在敷设线管的两端焊上接地螺栓。

　　⑤ 敷设线管并做好固定。将按图切割好的线管弯曲段和直线段部分，按线管路径敷设焊接使之联成一体，然后进行固定。一般在线管两端或转弯处必须有管卡子固定，其他部分按 1.5～2 m 的距离用管卡子做固定，在地面敷设部分一般可不做固定。

　　⑥ 穿线。穿导线前，先用钢丝或 10 号左右的铅丝穿入线管做引线。穿引线时要将穿入端做成 U 字形后穿入线管一端，并使其在线管另一端露出，引线长度要大于敷设线管的总长度。然后把需穿管的导线端部绝缘层剥除露出导线，将剖开的导线端缠扎在引线端上，拉入管内。导线穿出线管后，将引线拆除。

　　（3）施工后的检查

　　采用明设铁管配线方式将电动机电源线敷设完毕之后，用兆欧表摇测 3 根导线间及导线与铁管间的绝缘电阻，应不小于 0.5 MΩ。

　　4）容易出现的问题和解决方法

　　（1）施工前，应对敷设用的铁管进行检查。要求铁管不应有折扁和裂缝，管内应无杂物，内壁光滑平整。

　　（2）如在易燃、易爆场所敷设，必须选用壁厚不小于 2.5 mm 的镀锌铁管或瓦斯管。

　　（3）铁管的弯曲部分不允许采用水暖弯头件代替。

　　（4）敷设铁管的接头处，应用电焊法焊接并应采用环焊，不得用点焊。在接头处还应用直径不小于 4 mm² 的铁线做跨接线。

　　（5）做导线穿管前，必须检查导线有无损伤（绝缘损伤及线芯损伤），穿在管内的导线不得有接头，也不可扭曲；所有接头应在接线盒内连接。

　　（6）穿线时，同一管内的导线必须同时一次穿入。可在导线上撒上滑石粉，以减小穿线时的摩擦阻力，但不得使用任何油脂来润滑。

　　（7）做导线穿管时，应边送边拉，相互照应，即在线管的一端送入导线，在线管另一端拉引导线，两端步调一致，一送一拉将导线穿入线管。

10.2.3　按图装接 Y-△启动控制电路

　　1）实训前准备

　　（1）笼形异步电动机采用 Y-△启动的控制线路如图 10-2 所示。要看懂线路图，掌握电动机 Y-△启动原理和采用这种启动的条件。了解用电器和导线的规格的选用原则。

（2）准备所用工具和仪表，即电工常用工具、万用表和兆欧表。

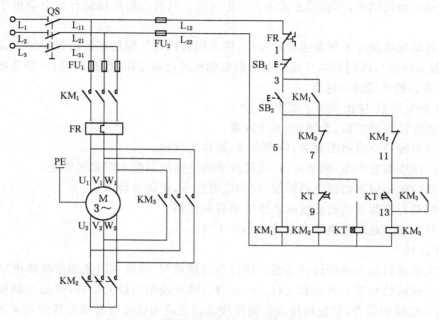

图 10-2　笼形电动机 Y-△ 启动的控制电路

2）实训内容

（1）接线

① 检查电动机铭牌，确定是否可采用 Y-△ 启动方式。

② 根据线路图和所控制电动机的容量选择所需的电器（种类、数量、规格）和主回路所用导线的截面积。

③ 按图进行接线。

（2）试运转

① 试车前，应检查所控制电动机的装配质量，测量电动机的绝缘电阻，按图核查接线。

② 调整好时间继电器 KT 的延时时间。KT 的延时时间调整要适当，应使电动机平稳启动。

③ 通电试验控制回路，检查线路中的各种电器在启动和停止的过程中，动作是否符合控制要求，是否安全、可靠。

④ 接通主回路电源，控制电动机运转。电动机应能正常启动。

3）操作要领

（1）所用电器及导线的选择

① 选择电器的原则：图中所用电器均为低压电器。主回路中所用电器的额定电流应根据所控制电动机的额定电流来选用，而线圈电压则应根据控制回路所用电源电压选择。

② 导线的选择：外部接线一般通用 BVR 型导线，电器盘上所用导线一般选用 BV 型导线。主回路所用导线截面积选择根据电工要求，要求允许连续载流量略大于负载电流（电动机的额定电流），然后再核算导线的电压损失并考虑机械强度的要求，据此选择导线截面积。室内固定敷设的绝缘铜导线最小允许截面积为 $1\,mm^2$，控制回路所用线截面积也为 $1\,mm^2$。

（2）检查电动机铭牌及绕组

① 检查电动机铭牌，其接线方式应为△形连接。只有△形连接运行的电动机才可使用△启动方法。

② 将电动机接线柱上所有连接片去掉，用万用表核对三相绕组及出线端的头、尾（如用旧电动机应做出标记），再用 500 V 兆欧表摇测电动机的绝缘电阻，包括两项：一是各相绕组的对地绝缘；二是各相绕组间的绝缘。

（3）检查电器盘 应达到如下要求：

① 盘面电器固定牢靠，无倾斜、不正现象。

② 电器布置符合线路图要求，位置合理，附件无缺损。

③ 盘内配线布置规矩，横平竖直，成排成束的导线应用线夹可靠地固定。

④ 导线的敷设应不妨碍电器拆卸，线端应有线号，字码易辨清。

⑤ 主回路与控制回路的导线颜色尽可能有所区别。

⑥ 各导电部分对底盘绝缘电阻应不小于 1 MΩ。

（4）试运转

① 按实训项目的步骤进行试运转。调试控制回路时，应将主回路的熔断器拔掉。

② 试运转前的检查必须认真进行。一是对电动机装配质量的检查，保证电动机运转灵活安全；二是对接线的检查，它包括按图检查接线是否正确和检查所有线端接线点是否紧固以防出现虚接两个方面。

③ 时间继电器 KT 动作时间可先调整为 30 s 左右，再视启动情况调整。

4）容易出现的问题和解决方法

（1）并不是所有的笼形异步电动机都可采用 Y-△启动方式进行启动，因此在接线前要注意查看电动机的铬牌，判断是否可采用这种方式进行启动，不要忽视这一步骤。

（2）可采用的时间继电器有多种型号，它们的结构、调整方法和接线各不相同，因此在接线和调整时，要搞清所用时间继电器的结构、接线规定和调整方法。调整的延时时间不可太短，要根据电动机的容量适当整定。

（3）做主回路接线时，要特别注意接触器与电动机引出线间的连线。应先核查好电动机引出线并做好标记，再按图接线并仔细地检查，以免因接线错误而使电动机损坏。

（4）若试车时发现异常现象应立即停车并分析和检查原因。

10.2.4 按图装接接触器互锁的可逆运行控制电路

1）实训前准备

（1）利用接触器对电动机进行可逆控制的电气线路图如图 10-3 所示。要看懂线路图，掌握其控制原理，了解所用电器和导线的选用原则。

（2）准备所用工具和仪表：电工常用工具、万用表和兆欧表。

2）实训内容

（1）接线

① 根据线路图和所控制电动机的容量选择所需用的电器（种类、数量、规格）及使用的导线。

② 按图进行接线。

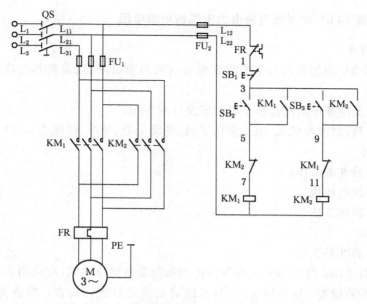

图 10-3　电动机装接触器互锁的可逆运行控制电路

（2）试运转

① 试车前检查所控制电动机的装配质量，测量电动机的绝缘电阻。按图检查接线。

② 调整热继电器的动作整定值。

③ 通电试验控制回路，检查线路中的各种电器在正反转的启动、停止控制中动作是否正确，是否安全可靠。

④ 接通主回路电源，控制电动机作正、反转的启动和停止，电动机均应能正常工作。

3）操作要领

（1）熟悉所用电器及导线的选用原则。

（2）做盘配线，要求盘面电器固定牢靠，无倾斜、不正现象；电器布置符合线路图，位置合理；盘内配线布置规矩，横平竖直，可靠固定；线端应有线号，字码易辨清；主回路与控制回路的导线颜色尽可能有所区别；各导电部分对底盘绝缘电阻应不小于 1 MΩ。

（3）通电试控制回路时，拔掉主回路熔断器 FU_1，接好控制回路熔断器 FU_2。熔体容量按 1～2 A 选用。合上开关 QS，进行正反转启动和停止的控制试验，并着重检查两接触器 KM_1 和 KM_2 的联锁是否可靠。

（4）调整热继电器动作电流的整定值，一般按电动机额定电流的 1.1～1.5 倍调整。

4）容易出现的问题和解决方法

（1）对选用的电器要进行核对，特别要注意接触器的线圈电压应与接线图所定控制电压相符。

（2）图中没有标注主回路及接线的线号，故在配线前要标注好线号，以便接线和进行接线后的检查。

（3）试车时不要同时按动按钮 SB_1 和 SB_2，接线时要特别注意接触器 KM_1 和 KM_2 主触头上、下口间的过线。

10.2.5 测量 10 kV 油浸纸绝缘电力电缆的绝缘电阻

1）实训前准备

（1）掌握 10 kV 纸绝缘电力电缆测量绝缘电阻的项目内容，了解其合格值的范围和选用兆欧表的要求。

（2）掌握测量绝缘电阻的操作步骤和安全注意事项。

（3）准备工具、材料和仪表：电工常用工具、绝缘手套、导线、接地线、2 500 V 兆欧表。

2）实训内容

（1）测量前的准备工作。

（2）测量接线的连接。

（3）测试步骤和方法。

3）操作要领

（1）测量前的准备工作

① 兆欧表的选用：对 10 kV 电压等级电力电缆测量绝缘电阻，应选用 2 500 V 兆欧表。

② 对兆欧表的检查：在使用前，应对兆欧表是否完好进行检查。检查方法如下：将兆欧表的"L"和"E"接线端开路，摇动手柄使转速达到 120 r/min。这时，指针应指在"∞"处；然后，再将"L"和"E"两接线端用连接线相碰短路，轻缓转动一下手柄，指针应指在"0"处，说明兆欧表是完好的。

③ 测试前对所测试电缆的检查处理：对运行中的电力电缆应在电路停电并对电缆进行放电后，将电缆两侧终端头的连接线与电路断开。三芯导线相间距离至少应在 250 mm 以上。对尚未安装的电缆，如果测量绝缘电阻后接着要进行耐压试验，其两端的终端头至少应将电缆外护套、钢甲和铅包剥除 300 mm 以上；如只进行绝缘电阻的测量，其两端的终端头剥除后露出 100 mm 左右即可。

（2）测量接线的连接

① 测量三相芯线对铅皮和地的绝缘电阻的接线：如测 A 相芯线对铅皮和地的绝缘电阻，用单股绝缘导线把 A 相导线与兆欧表"L"接线端钮连接。注意：连接线要用绝缘带悬空吊起，不要拖在地面上。将 B、C 两相导线相连接后，用另一根单股绝缘导线把它们及电缆的钢甲、铅包接地线与兆欧表的"E"接线端钮连接起来。对受潮的电缆，为消除表面泄漏的影响，需再用一根单股绝缘导线，把它的一端接在兆欧表的"G"接线端钮，另一端缠绕在电力电缆的纸绝缘层上。

测 B 相、C 相对铅皮和地的绝缘电阻时，也按上述方法接线，只是将 A 相芯线换成 B 相或 C 相即可。

② 测量三相芯线之间的绝缘电阻的接线：如测 A、B 两相芯线间的绝缘电阻，用单股绝缘导线将 A 相导线与兆欧表的"L"接线端钮连接起来，再用另一根单股绝缘导线把 B 相导线与兆欧表的"E"接线端钮连接起来，摇测即可。测 A、C 相间和测 B、C 相间的绝缘电阻均按上述方法接线。

③ 测试步骤和方法：联好接线后即可测试。测试时，将兆欧表放置于水平位置，匀速摇动手柄保持 120 r/min 的转速，读取 1 min 的读数。由于电缆导线间和对地电容量较大，为保护兆欧表，在读出 1 min 数值后，先将兆欧表"L"接线端钮的连接导线断开，再减速停止手柄转动。

测量后，用接地线将所测的电线芯线中所蓄积的电荷放掉，再进行下一项的接线和测试。

绝缘电阻的合格值应与历史记录相比较来决定。如无历史记录参考，对于长度为 250 m 的电力电缆（10 kV 等级），绝缘电阻应为 400 MΩ。

4）容易出现的问题和解决方法

（1）在测量电缆的绝缘电阻前和后，必须对电缆进行放电。

（2）放电时，要戴绝缘手套，放电用的接地线应为 25 mm² 的铜导线。

（3）测量时，要匀速转动兆欧表的手柄，使之保持在 120 r/min 的转速，不可过快、过慢或忽快忽慢。如果测量时兆欧表指针指向"0"，则应立即停止摇动。

（4）读取 1 min 读数后必须注意，应先将兆欧表"L"接线端钮的连接线断开后，再将手柄减速，停止摇动。

10.2.6　安装三相三线制有功电能表

1）实训前准备

（1）安装的三相三线制有功电能表为间接接入式。其接线图如图 10-4 所示。要看懂接线图，掌握其工作原理。

（2）熟悉所安装的有功电能表和电流互感器的安装方式及结构。

（3）准备所用工具和材料。

工具：电工常用工具、冲击电钻、合金头钻头。

材料：导线、胀管、木螺丝钉及线卡子。

2）实训内容

（1）三相三线有功电能表、电流互感器及其他电器元件的安装，要求仪表、元件的布置合理，安装牢固可靠，符合各自的安装要求。

（2）按图 10-4 所示接线，要求布线合理、交叉少、横平竖直，导线平直、张紧适应，选用导线截面积正确。

（3）接入负载，通电校验，电能表应正常工作。

3）操作要领

（1）仪表及元件的安装：仪表及元件的安装可根据现场的情况，根据图 10-4 进行安装。其安装步骤如下。

① 根据现场情况，按预先确定好的位置，将仪表和元件放置在安装面上；检验布局是否合理，相互的间距是否合适，仪表和元件的空间位置是否足够大。不适宜者应做调整。

② 核对三相三线制有功电能表和电流互感器。根据图 10-5 所示的接线方式核对有功电能表的额定电压。由图 10-4 可知，有功电能表的额定电压应为 380 V。根据电流互感器的额定电流和变比，核对有功电能表的额定电流，两者应相符。电流互感器应按负载大小来选定，其一次侧额定电流应满足负载要求。

③ 根据仪表和元件所确定的位置进行安装。在安装面上做好已确定好位置的仪表和元件安装孔（底脚孔）的标记。按标记打孔，用螺钉或螺栓将仪表和元件固定在安装面上。

（2）接线

① 把电源的 3 根相线中的任意两根（选择时应注意减少布线交叉）分别连接到两只电流互感器的一次侧正接线端上，再用两根导线把这两个接线端与两只熔断器的上口端子相应地连接起来。余下的一根相线直接接到总开关的一个上口端子上，同时用一根导线把这个上口端子与余下的那只熔断器的上口端子相连接。

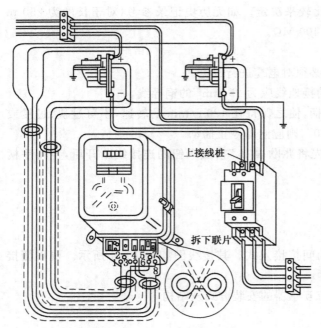

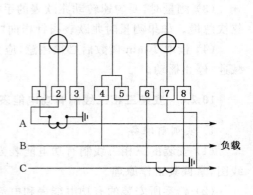

图 10-4　间接接入三相三线制有功
电能表的接线图

图 10-5　经电流互感器间接接入三相三
线制有功电能表的原理接线图

② 用 3 根导线,把 3 只熔断器的下口端子和三相有功电能表的 2、4、7 号端子相应地连接起来。

③ 用两根导线把两只电流互感器一次侧负接线端子与总开关余下的两个上口端子连接起来。

④ 用两根导线把两只电流互感器二次侧正接线端子与三相有功电能表的 1、6 号端子对应地连接起来。

⑤ 用一根导线,使其一端与任一只电流互感器一次侧负接线端子相接;另一端与三相有功电能表的 3、8 号端子相接。

⑥ 用一根导线把两只电流互感器的二次侧负接线端子相连接,并把这根导线接地。

⑦ 三相有功电能表的 5 号端子可空着,但要把电能表接线盒内的两个连接片都拆下来。然后把全部接线做适当整理。

⑧ 按图 10-4 检查全部接线。在总开关下端口接入交流异步电动机作负载。合上进线电源开关,再合上总开关使电动机运转,检验所接三相电能表的工作是否正常。

4) 容易出现的问题和解决方法

(1) 所用的两只电流互感器应同型号、同规格,在核对仪表时应特别注意。

(2) 做有关电流互感器的接线时,连接前必须要分清接线端子的极性。

(3) 与电流互感器一次侧相连接的导线截面积,要根据最后检验时所接的负载进行选择。

(4) 进行安装之前,应首先把电源进线开关断开,使全部安装过程在无电情况下进行,以确保安全。待安装完毕,检查按钮正确无误后,再合闸送电。

(5) 电流互感器的二次绕组绝对不允许开路,在接线和最后检验时均应特别注意。

(6) 使用电流互感器时,应使二次绕组和铁芯可靠接地。

（7）电流互感器接线端子要清洁，接触良好，否则接触电阻过大，会影响计量的准确性。

（8）在接线时，必须注意应使三相有功电能表的1、2、3号接线端子与同一相相连接；而6、7、8号3个接线端子与另一相相连接。

10.2.7　检修绕线转子异步电动机

1）实训前准备

（1）掌握30 kW及以上绕线转子异步电动机的正确拆装步骤，了解绕线转子异步电动机的检修工艺及要求。

（2）准备所用材料、工具和仪表：电工常用工具，手锤、铜棒、活扳手、轴承拆卸工具，枕木、汽油、润滑脂，棉纱，万用表和兆欧表。

2）实训内容

（1）电动机的解体（拆卸）和组装：要求按电动机的零部件进行解体并抽出转子。检修后组装的电动机要保证装配质量，即：润滑良好，转子转动轻便灵活，紧固部分牢固可靠，集电环表面光滑，环间绝缘清洁、完好，所有电刷完好，在刷握中上、下运动自如，电刷与集电环的接触面达75%以上，转子轴伸径向偏摆在0.2 mm以内。

（2）电动机的检修

① 对定子、转子进行检查、清扫。

② 检查轴承并清洗、换油，轴承磨损超限或损坏应更换。

③ 测量定子和转子绕组的绝缘电阻，判定是否合格。

④ 清洗、检查集电环并进行必要的修整。

⑤ 检查电刷，对磨损超限和有损伤的电刷进行更换，要求重新研磨一个电刷。

3）操作要领

（1）电动机解体的步骤

① 将电刷从刷握中取出。

② 拆下集电环的端盖（连同刷握）。

③ 抽出转子，再拆下另一侧的端盖。

④ 因转子重量较大，抽出转子时，应按图示步骤，用起重设备将转子慢慢移出，注意防止碰伤绕组。为不使钢管刮伤轴颈，可在管内衬一层厚纸。

（2）电动机的检修

① 清洗轴承时，应将原润滑脂全部清洗掉，不能有旧润滑脂残留。

② 选用合适的兆欧表，测量绕组绝缘电阻。对额定电压380 V的电动机，应选用500 V兆欧表。测量前要检查测试兆欧表是否完好。摇测时，手柄转速应达到120 r/min，读取摇动1 min时的表针指数。

③ 电刷磨损超过新刷长度的60%、有破损及电刷引线被折断的股数超过总数的1/3时，需更换电刷

④ 更换电刷时，应将电刷与滑环接触的表面用0号砂布研磨，接触面积应占电刷截面积的75%以上。

⑤ 刷握内表面如产生痕迹，应更换刷握。

⑥ 对轴承进行清洗、检查、更换和换油。将带轮或联轴器上固定螺栓或销子松脱，用专用拆卸工具将其从电动机轴上拉出；拆除风扇罩，松开风扇的夹紧螺栓，用锤子轻轻敲击风扇轴

孔部位,使之与电动机轴间松动,将风扇从轴上取下;在端盖和机壳接缝处做好标记,拆除一端的轴承盖和端盖;再拆除轴承盖螺栓,将轴承盖从轴上取下,再拆除端盖的紧固螺栓,沿轴向敲打端盖,使其与机座分离后拆下;将另一端的端盖上也做好标记,拆除端盖上的紧固螺栓,敲打端盖使之与机座分离,用手将端盖和转子一起从定子中抽出;将与转子相连的轴承盖紧固螺栓拆除,把轴承盖及端盖逐个从轴上拆除。拆卸完毕,进行清洗、检查和上油。

(3) 电动机的装配:电动机装配后应达到如下要求:

① 所有紧固件均应旋紧。

② 转子转动灵活。

③ 轴伸部分偏摆不大于 0.2 mm。

④ 润滑脂清洁,油量为轴承及轴承盖容积的 1/3～1/2。

⑤ 电动机的护罩、风扇、接线盒均完整无损。

⑥ 电刷与刷握的配合、电刷与集电环接触面及电刷承受压力应符合标准要求。

4) 容易出现的问题和解决方法

(1) 在拆卸大端盖时应打好定位标记,在装大端盖时要按标记就位,并轮流敲击端盖上有"脐"的部位。

(2) 抽、装转子时,应将转子稍许抬起进行,注意不要擦伤绕组绝缘。如转子较重,应使用天车并找一名助手帮助。

(3) 在检修集电环时,如发现集电环不圆或有严重灼伤,则需精车。

(4) 注意检查绕组引出线,如发现引出线绝缘损坏、老化或过短,应予以更换。

(5) 组装电动机后,如转子转动较沉重,可用锤子轻敲端盖,同时调整端盖紧固螺栓的松紧程度,使之转动灵活。

(6) 严禁用金刚砂研磨电刷,研好后应将炭粉和砂布一起小心拿出,并用压缩空气吹净集电环。

10.2.8 检修直流电动机

1) 实训前准备

(1) 选用 7.5 kW 的直流电动机,掌握直流电动机的拆装步骤,了解直流电动机的检修工艺要求。还应了解对直流电动机做空载试验的目的,熟悉双臂直流电桥(凯尔文电桥)的使用方法。

(2) 准备所用工具、材料和仪表:电工常用工具,手锤、铜棒、轴承拆卸工具,枕木、汽油、润滑脂,毛刷、砂布、棉纱,兆欧表、万用表、电桥、直流毫安表和电池。

2) 实训内容

(1) 电动机的解体和组装:将电动机进行解体并抽出转子。检修、组装之后,电动机的装配质量应达到要求:润滑良好,转子转动灵活轻便;紧固件牢固可靠;换向器表面清洁光滑,其片间绝缘清洁;电刷完好无磨损超限情况,电刷在刷握中上、下运动自如,压力适中;电刷与换向器的接触面达 75% 以上,电刷引线牢固、接触良好,电动机轴径向偏摆在 0.2 mm 内。

(2) 电动机的检修

① 对定子绕组和电枢绕组进行清扫、检查。

② 检查轴承并清洗、换油,轴承磨损超限或损坏应更换。

③ 清洗、检查换向器并进行检修。

④ 检查电刷,对磨损超限或有损伤的电刷进行更换,调整电刷压力。

⑤ 测各绕组对机壳和各绕组之间的绝缘电阻。

⑥ 用电桥测电枢绕组的直流电阻,要求测量 3 次,取其算术平均值,与制造厂或安装时最初测得的数据比较,不超过±2%。

（3）调整电刷位置:对组装后的直流电动机,检查其电刷位置,并通过调整使电刷在中性线位置。

（4）空载试验:对直流电动机进行空载运行试验,同时确认各机械运动部分是否正常、电动机在额定电压下转速是否稳定、电刷与换向器间火花大小等。

3）操作要领

（1）直流电动机的拆装步骤

① 拆除所有外部接线并记好线号。

② 拆除换向器端的端盖螺栓和轴承盖螺栓,取下轴承盖。

③ 打开端盖的通风窗,从刷握中取出电刷,拆下电刷接线,做好标记。

④ 拆下换向器端的端盖,记好刷架位置。

⑤ 拆除轴伸端的端盖螺栓,将电枢连同端盖一起从定子内抽出。

⑥ 直流电动机的组装顺序与以上相反,要按标记接线并对电刷进行调整。

（2）换向器的修整:换向器表面有凹凸不平的深槽、斑痕及云母片凸起等现象时,应对其进行修整。操作步骤为:先精车,再接图 10-6 所示方法打磨,然后用专用工具将绝缘云母片下刻,使沟槽深度达到 0.5～1.5 mm,最后将换向器表面清扫干净。

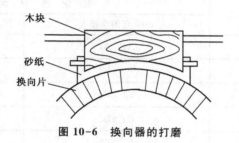

图 10-6 换向器的打磨

（3）轴承和电刷的更换:对轴承进行清洗、检查及更换,对电刷和刷握进行检查、更换。

（4）绝缘电阻的测量:对直流电动机,除分别测量各绕组对机壳之间的绝缘外,还应测量电枢绕组的钢丝绑扎与换向器之间、换向器钢环与换向片之间、刷杆与机壳之间的绝缘(此时电刷应提起)。对 500 V 以下电机,检修后其绝缘电阻应大于 0.5 MΩ。

（5）测绕组在冷态下的直流电阻:应使用双臂电桥测量。测量时,应选用较粗的导线做连线,导线接头要紧密接触。电流接头与电极接头连接要正确。

在环境温度与绕组温度相差不大于±3 ℃条件下,测量 3 次,取平均值。

（6）电刷中性线的调整:采用感应法较为方便。

（7）空载运行试验:可根据实际条件,利用各种装置进行,也可安装在生产机械的原来位置,切除负载后进行。如为全压启动,电枢电路中应接入启动电阻。

4）容易出现的问题和解决方法

（1）将电动机解体需要拆开某些接线时,要做上对应标记,特别要做好有极性要求的接线标记。

（2）拆下钢架时，要先打好标记，然后再拆。这样，在组装时能较快地调整好电刷的中性线位置。

（3）在拆、装转子时，可找一名助手帮助，注意不要擦伤绕组。

（4）修整换向器时，金属屑很容易掉入电枢绕组中，因此可先用纸把电枢绕组和接线片包好后再进行修整。

（5）为使更换的电刷既能与刷握的间隙均匀合格，又使电刷与换向器的接触面达到要求，在研磨电刷时，可将电刷放在刷握中进行。研磨后应将碳粉和砂布一起小心地抽出。

（6）在清理换向器、刷握和电刷时，不能用棉纱，因残留的纱丝会造成新的故障。

（7）如检修的直流电动机为复励机，则在接线时要注意串励和并励绕组励磁的方向应符合电动机铭牌上的规定。

（8）试车时，可能会出现过大的火花，这时应仔细检查电刷的位置是否在中性线上并重新调整，也要注意检查换向器的表面是否清洁平滑、电刷的接触面是否光滑、压力是否适当。

（9）在进行空载运行试验时，要保证直流电动机在满磁下启动。

（10）使用电桥测量并接线时，不仅要注意接线极性，而且所有接线的接头均应拧紧。

（11）使用电桥测量完毕，应先放松检流计按钮，再放松电源按钮。对电感元件的测量，更应注意这一操作规定。

（12）为减少接线错误，将直流电动机各绕组出线端的符号列出，如表 10-1 所示。

表 10-1　直流电动机绕组端号

绕　组　名　称	对　应　的　绕　组　端　号	
	1980 年国家标准	1965 年国家标准
电枢绕组	A1　A2	S1　S2
换向极绕组	B1　B2	H1　H2
补偿绕组	C1　C2	BC1　BC2
串励场绕组	D1　D2	C1　C2
并励场绕组	E1　E2	B1　B2
他励场绕组	F1　F2	T1　T2

注：注脚"1"是始端，为正极；注脚"2"是末端，为负极。

10.2.9　用 CS2670Y 型耐压测试仪测试计算机机箱的耐压

1）实训前准备

（1）选用计算机机箱作实训设备。掌握电子设备安全测试的基本概念与规范；能理解耐压测试仪的基本原理及耐压测试的意义；学会使用耐压测试仪对计算机机箱等设备外壳的耐压指标进行测试；了解相关耐压测试仪及其他安全指标测试的操作规程、标准等；学会撰写测试报告。

（2）准备所用仪器：CS2670Y 型耐压测试仪。

2）实训内容

（1）仪器的认识：CS2670Y 型耐压测试仪面板结构及旋钮功能分别如图 10-7 和表 10-2 所示。CS2670Y 型耐压测试仪的性能指标如表 10-3 所示。

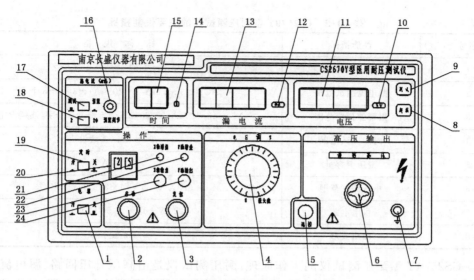

图 10-7　CS2670Y 型耐压测试仪的面板图

表 10-2　CS2670Y 型耐压测试仪的旋钮功能

标　识	功　能　描　述
1	电源开关
2	启动钮:按下时,测试灯亮,此时仪器在工作状态
3	复位钮:按下时,测试灯灭,此时仪器无高压输出
4	电压调节钮
5	遥控插座
6	高压输出端
7	接地柱
8	超漏灯:该灯亮,表示被测物击穿超漏为不合格
9	测试灯:该灯亮,表示高压已启动,灯灭则高压断开
10	电压单位指示符
11	电压显示:0~5 kV
12	漏电流单位指示符
13	漏电流显示:0.3~20 mA
14	测试时间单位指示符
15	时间显示:1~99 s
16	漏电流调节钮
17	电流预置开关
18	漏电流:2 mA/20 mA 挡
19	时间设定拨盘:可设定所需测试时间值
20	定时开关
21	X 轴增益调节,供调节李沙育图形 X 轴增益用
22	Y 轴增益调节,供调节李沙育图形 Y 轴增益用
23	X 轴输出插座(BNC 插座),接示波器 X 轴输入插座
24	Y 轴输出插座(BNC 插座),接示波器 Y 轴输入插座

表 10-3　CS2670Y 型耐压测试仪的主要性能指标

序号	性能指标	标　称　规　格
1	电压测试范围	AC：(0～5 kV)±3％ ±3 个字
2	漏电流测试范围	AC：(0.3～2 mA/2～20 mA)±3％ ±3 个字
3	报警值预置范围	AC：(0.3～2 mA/2～20 mA)±5％ ±3 个字(连续设定)
4	时间测试范围	1～99 s±1％(连续设定)
5	变压器容量	500 VA
6	电压测试范围	AC：(0～5 kV)±3％ ±3 个字
7	供电电源	220 V±10％　50 Hz±2 Hz
8	输出波形	50 Hz,正弦波

(2) CS2670Y 型耐压测试仪的工作原理：耐压测试仪是由高压升压回路、漏电流检测回路、指示仪表组成,如图 10-8 所示。高压升压回路能调整输出需要的实验电压；漏电流检测回路能设定击穿(保护)电流,指示仪表直接读出实验电压值和漏电流值(或设定击穿电流值)以及电弧(闪络)侦测电路。样品在要求的试验电压作用下达到规定的时间时,仪器自动或被动切断实验电压；一旦出现击穿,漏电流超过设定的击穿(保护)电流,能够自动切断输出电压,并同时报警,以确定样品能否承受规定的绝缘强度试验。电弧(闪络)侦测电路输出两路信号分别到示波器的 X 轴和 Y 轴形成一个稳定的"李沙育图形"(即一个闭合的圆环),若被测电气设备发生"闪络"现象,则李沙育图形的边缘会出现较大的"毛刺"。

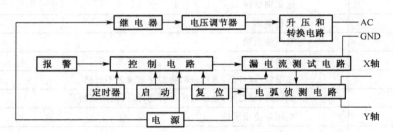

图 10-8　耐压测试仪的原理框图

(3) 实训准备

① 连接被测物体时要确定电压表指示为"0",测试灯熄灭时连接,并把地线连接好。

② 设定漏电流测试所需值：按下预置开关,然后选择所需报警电流范围挡,并调节漏电流预置电位器到所需报警值(漏电流：5 mA)。

(4) 实训步骤

测试线路和仪器连接如图 10-9 所示,按如下步骤进行测试：

① 将定时开关置于关的位置,按下启动钮,测试灯亮,将电压调节钮旋到需要的指示值。若蜂鸣器不报警,超漏指示灯不点亮,此时视被测物为合格,可记下漏电流值。

② 测试完毕后,将电压调节到测试值的 1/2 位置后按复位钮,电压输出切断,测试灯灭,此时可拆除测试连线。

③ 如果被测物体超过规定漏电流值,则仪器自动切断输出电压,同时蜂鸣器报警、超漏指示灯亮,此时被测物为不合格,按下复位键,即可清除报警声。

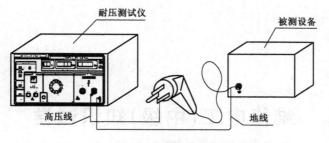

图 10-9　耐压测试连接图

3）操作要领

（1）**电压调节钮**：调节输出电压的大小，逆时针为小；反之为大。

（2）**漏电流调节钮**：按下预置开关后，可设定 0.3～20 mA 漏电流任意报警值。

（3）**电流预置开关**：按下预置开关，可设定漏电流报警值。

（4）**定时开关**："开"时，为 1～99 s 内任意设定，"关"时，为手动。

4）容易出现的问题和解决方法

（1）操作时必须戴好橡胶绝缘手套，座椅和脚下垫好橡胶绝缘垫！只有在测试灯熄灭状态、无高压输出状态时，才能进行被试品连接或拆卸操作。

（2）仪器必须可靠接地。

（3）在连接被测体时，必须保证高压输出为"0"及在"复位"状态。

（4）测试时，仪器接地端与被测体要可靠相接，严禁开路。

（5）切勿将输出地线与交流电源线短路，以免外壳带有高压，造成危险。

（6）尽可能避免高压输出端与地线短路，以防发生意外。

（7）测试灯、超漏灯一旦损坏，必须立即更换，以防造成误判。

（8）排除故障时，必须切断电源。

（9）仪器空载调整高压时，漏电流指示表头有起始电流，属正常现象，不影响测试精度。

（10）仪器避免阳光正面直射，不要在高温、潮湿、多尘的环境中使用或存放。

附录 1

维修电工(中级)知识试卷

(职业技能鉴定国家题库统一试卷)

注 意 事 项

1. 请首先按要求在试卷的标封处填写您的姓名、考号和所在单位的名称。

2. 请仔细阅读各种题目的回答要求,在规定的位置填写您的答案。

3. 不要在试卷上乱写乱画,不要在标封区填写无关内容。

	第一部分	第二部分	总 分	评分人
得 分				

得 分	
评分人	

一、选择题(第 1~60 题。选择正确的答案,将相应的字母填入题内的括号中。每题 1.0 分。满分 60 分)

1. 应用戴维南定理求含源二端网络的输入等效电阻是将网络内各电动势(　　)。

    (A) 串联　　　　　(B) 并联　　　　　(C) 开路　　　　　(D) 短接

2. 一正弦交流电的有效值为 10 A,频率为 50 Hz,初相位为 $-30°$,它的解析式为(　　)。

    (A) $i = 10\sqrt{2}\sin(314t + 30°)\text{A}$ (B) $i = 10\sqrt{2}\sin(50t - 30°)\text{A}$

    (C) $i = 10\sqrt{2}\sin(50t - 30°)\text{A}$ (D) $i = 10\sqrt{2}\sin(50t + 30°)\text{A}$

3. 阻值为 4 Ω 的电阻和容抗为 3 Ω 的电容串联,总复数阻抗为(　　)。

    (A) $\overline{Z} = 3 + \text{j}4$ (B) $\overline{Z} = 3 - \text{j}4$

    (C) $\overline{Z} = 4 + \text{j}3$ (D) $\overline{Z} = 4 - \text{j}3$

4. 欲精确测量中等电阻的阻值,应选用(　　)。

    (A) 万用表　　　(B) 单臂电桥　　　(C) 双臂电桥　　　(D) 兆欧表

5. 用电桥测电阻时,电桥与被测电阻的连接应用(　　)的导线。

    (A) 较细较短   (B) 较粗较长

    (C) 较细较长   (D) 较粗较短

6. 为了提高中、小型电力变压器铁芯的导磁性能,减少铁损耗,其铁芯多采用(　　)制成。

    (A) 0.35 毫米厚,彼此绝缘的硅钢片叠装

    (B) 整块钢材

(C) 2 毫米厚彼此绝缘的硅钢片叠装

(D) 0.5 毫米厚,彼此不需绝缘的硅钢片叠装

7. 一台三相变压器的连接组别为 Y,yn0,其中"yn"表示变压器的(　　　)。

(A) 低压绕组为有中性线引出的星形连接

(B) 低压绕组为星形连接,中性点需接地,但不引出中性线

(C) 高压绕组为有中性线引出的星形连接

(D) 高压绕组为星形连接,中性点需接地,但不引出中性线

8. 为了满足电焊工艺的要求,交流电焊机应具有(　　　)的外特性。

(A) 平直　　　　　(B) 陡降　　　　　(C) 上升　　　　　(D) 稍有下降

9. 直流弧焊发电机为(　　　)直流发电机。

(A) 增磁式　　　　(B) 去磁式　　　　(C) 恒磁式　　　　(D) 永磁式

10. 在中、小型电力变压器的定期维护中,若发现瓷套管(　　　),只需做简单处理而不需更换。

(A) 不清洁　　　　(B) 有裂纹　　　　(C) 有放电痕迹　　　(D) 螺纹损坏

11. 在检修中、小型电力变压器的绕组时,若绝缘出现(　　　)的现象,必须更换绕组。

(A) 坚硬

(B) 稍有老化

(C) 颜色变深

(D) 用手按压绝缘物呈碳片脱落

12. 大修后的变压器进行耐压试验时,发生局部放电,则可能是因为(　　　)。

(A) 绕组引线对油箱壁位置不当

(B) 更换绕组时,绕组绝缘导线的截面选择偏小

(C) 更换绕组时,绕组绝缘导线的截面选择偏大

(D) 变压器油装得过满

13. 对照三相单速异步电动机的定子绕组,画出实际的概念图,若每相绕组都是顺着极相组电流箭头方向串联成的,这个定子绕组接线(　　　)。

(A) 一半接错

(B) 全部接错

(C) 全部接对

(D) 不能说明对错

14. 在变电站中,专门用来调节电网的无功功率,补偿电网功率因数的设备是(　　　)。

(A) 同步发电机

(B) 同步补偿机

(C) 同步电动机

(D) 异步发电机

15. 在水轮发电机中,如果 $n=100$ 转/分,则电机应为(　　　)对极。

(A) 10　　　　　　(B) 30　　　　　　(C) 50　　　　　　(D) 100

16. 直流电机励磁绕组不与电枢连接,励磁电流由独立的电源供给称为(　　　)电机。

(A) 他励　　　　　(B) 串励　　　　　(C) 并励　　　　　(D) 复励

17. 直流电机主磁极的作用是(　　　)。

(A) 产生换向磁场

(B) 产生主磁场

(C) 削弱主磁场

(D) 削弱电枢磁场

18. 直流电动机是利用(　　　)的原理工作的。

(A) 导体切割磁力线

(B) 通电线圈产生磁场

(C) 通电导体在磁场中受力运动

(D) 电磁感应

19. 在直流电机中,为了改善换向,需要装置换向极,其换向极绕组应与(　　　)。

(A) 主磁极绕组串联　　　　　　　　　(B) 主磁极绕组并联

(C) 电枢绕组串联　　　　　　　　　　(D) 电枢绕组并联

20. 若按定子磁极的励磁方式来分,直流测速发电机可分为(　　)两大类。

(A) 有槽电枢和无槽电枢　　　　　　(B) 同步和异步

(C) 永磁式和电磁式　　　　　　　　(D) 空心杯形转子和同步

21. 交流伺服电动机的励磁绕组与(　　)相连。

(A) 信号电压　　　(B) 信号电流　　　(C) 直流电源　　　(D) 交流电源

22. 电磁转差离合器中,磁极的励磁绕组通入(　　)进行励磁。

(A) 直流电流　　　　　　　　　　　(B) 非正弦交流电流

(B) 脉冲电流　　　　　　　　　　　(D) 正弦交流电流

23. 交磁电机扩大机直轴电枢反应磁通的方向为(　　)。

(A) 与控制磁通方向相同　　　　　　(B) 与控制磁通方向相反

(C) 垂直于控制磁通　　　　　　　　(D) 不确定

24. 交流电动机耐压试验的试验电压种类应为(　　)。

(A) 直流　　　(B) 工频交流　　　(C) 高频交流　　　(D) 脉冲电流

25. 做耐压试验时,直流电机应处于(　　)状态。

(A) 静止　　　(B) 启动　　　(C) 正转运行　　　(D) 反转运行

26. 直流电机耐压试验的试验电压为(　　)。

(A) 50 赫兹正弦波交流电压　　　　　(B) 1 000 赫兹正弦波交流电压

(C) 脉冲电流　　　　　　　　　　　(D) 直流

27. 直流电机耐压试验中绝缘被击穿的原因可能是(　　)。

(A) 试验电压高于电机额定电压　　　(B) 电枢绕组接反

(C) 电枢绕组开路　　　　　　　　　(D) 槽口击穿

28. FN3－10T 型负荷开关,在新安装之后用 2 500 V 兆欧表测量开关动片和触点对地绝缘电阻,交接试验时应不少于(　　)MΩ。

(A) 300　　　(B) 500　　　(C) 1 000　　　(D) 800

29. 型号为 JDJJ－10 的单相三线圈油浸式户外用电压互感器,在进行大修后做交流耐压试验,其试验耐压标准为(　　)千伏。

(A) 24　　　(B) 38　　　(C) 10　　　(D) 15

30. LFC－10 型瓷绝缘贯穿式复匝电流互感器,在进行交流耐压试验前,测绝缘电阻合格,按试验电压标准进行试验时发生击穿,其击穿原因是(　　)。

(A) 变比准确度不准　　　　　　　　(B) 周围环境湿度大

(C) 表面有脏污　　　　　　　　　　(D) 产品制造质量不合格

31. 灭弧罩可用(　　)材料制成。

(A) 金属　　　　　　　　　　　　　(B) 陶土、石棉、水泥或耐弧塑料

(C) 非磁性材质　　　　　　　　　　(D) 传热材质

32. 低压电器产生直流电弧从燃烧到熄灭是一个暂态过程,往往会出现(　　)现象。

(A) 过电流　　　(B) 欠电流　　　(C) 过电压　　　(D) 欠电压

33. RW3－10 型户外高压熔断器作为小容量变压器的短路保护,其绝缘瓷支柱应选用额定电压为(　　)伏的兆欧表进行绝缘电阻摇测。

(A) 500　　　　　(B) 1 000　　　　　(C) 2 500　　　　　(D) 250

34. 电磁铁进行通电试验时,当加至线圈电压额定值的(　　)%时,衔铁应可靠吸合。

(A) 80　　　　　(B) 85　　　　　(C) 65　　　　　(D) 75

35. 改变三相异步电动机的旋转磁场方向就可以使电动机(　　)。

(A) 停速　　　　　　　　　　　　(B) 减速

(C) 反转　　　　　　　　　　　　(D) 降压启动

36. 三相异步电动机采用能耗制动,切断电源后,应将电动机(　　)。

(A) 转子回路串电阻　　　　　　　(B) 定子绕组两相绕组反接

(C) 转子绕组进行反接　　　　　　(D) 定子绕组送入直流电

37. 直流电动机采用电枢回路串电阻启动,把启动电流限制在额定电流的(　　)倍。

(A) 4～5　　　　　(B) 3～4　　　　　(C) 1～2　　　　　(D) 2～2.5

38. 同步电动机不能自行启动,其原因是(　　)。

(A) 本身无启动转矩　　　　　　　(B) 励磁绕组开路

(C) 励磁绕组串电阻　　　　　　　(D) 励磁绕组短路

39. 改变电枢电压调速,常采用(　　)作为调速电源。

(A) 并励直流发电机　　　　　　　(B) 他励直流发电机

(C) 串励直流发动机　　　　　　　(D) 交流发电机

40. X62W 电气线路中采用了完备的电气联锁措施,主轴与工作台工作的先后顺序是(　　)。

(A) 工作台启动后,主轴才能启动　(B) 主轴启动后,工作台才启动

(C) 工作台与主轴同时启动　　　　(D) 工作台快速移动后,主轴启动

41. C5225 车床的工作台电动机制动原理为(　　)。

(A) 反接制动　　　　　　　　　　(B) 能耗制动

(C) 电磁离合器　　　　　　　　　(D) 电磁抱闸

42. 交磁电机扩大机补偿绕组与(　　)。

(A) 控制绕组串联　　　　　　　　(B) 控制绕组并联

(C) 电枢绕组串联　　　　　　　　(D) 电枢绕组并联

43. 交磁扩大机的电差接法与磁差接法相比,电差接法在节省控制绕组、减少电能损耗上较(　　)。

(A) 优越　　　　(B) 不优越　　　　(C) 相等　　　　(D) 无法比较

44. 在晶闸管调速系统中,当电流截止负反馈参与系统调节作用时,说明调速系统主电路电流(　　)。

(A) 过大　　　　(B) 正常　　　　(C) 过小　　　　(D) 为零

45. 按实物测绘机床电气设备控制线路的接线图时,同一电器的各元件要画在(　　)处。

(A) 1　　　　　(B) 2　　　　　(C) 3　　　　　(D) 多

46. 桥式起重机采用(　　)实现过载保护。

(A) 热继电器　　　　　　　　　　(B) 过流继电器

(C) 熔断器　　　　　　　　　　　(D) 空气开关的脱扣器

47. 放大电路的静态工作点,是指输入信号(　　)三极管的工作点。

(A) 为零时　　　　(B) 为正时　　　　(C) 为负时　　　　(D) 很小时

48. 推挽功率放大电路在正常工作过程中,晶体管工作在(   )状态。
    (A) 放大   (B) 饱和   (C) 截止   (D) 放大或截止
49. 用于整流的二极管型号是(   )。
    (A) 2AP9   (B) 2CW14C   (C) 2CZ52B   (D) 2CK84A
50. TTL"与非"门电路是以(   )为基本元件构成的。
    (A) 电容器   (B) 双极性三极管
    (C) 二极管   (D) 晶闸管
51. 或门逻辑关系的表达式是(   )。
    (A) $P=AB$ (B) $P=A+B$ (C) $P=\overline{A+B}$ (D) $P=\overline{AB}$
52. 晶闸管具有(   )性。
    (A) 单向导电   (B) 可控单向导电
    (C) 电流放大   (D) 负阻效应
53. 晶体管触发电路适用于(   )的晶闸管设备中。
    (A) 输出电压线性好   (B) 控制电压线性好
    (C) 输出电压和电流线性好   (D) 触发功率小
54. 单相全波可控整流电路,若控制角 α 变大,则输出平均电压(   )。
    (A) 不变   (B) 变小   (C) 变大   (D) 为零
55. 检查焊缝外观质量时,用以测量对接和角接接头是否符合标准要求的专用工具是
    (   )。
    (A) 通用量具   (B) 样板   (C) 万能量规   (D) 正弦规
56. 焊接电缆的作用是(   )。
    (A) 绝缘   (B) 降低发热量
    (C) 传导电流   (D) 保证接触良好
57. 部件的装配略图可作为拆卸零件后(   )的依据。
    (A) 画零件图   (B) 重新装配成部件
    (C) 画总装图   (D) 安装零件
58. 千斤顶是一种手动的小型起重和顶压工具,常用的有(   )种。
    (A) 2   (B) 3   (C) 4   (D) 5
59. 生产第一线的质量管理称为(   )。
    (A) 生产现场管理   (B) 生产现场质量管理
    (C) 生产现场设备管理   (D) 生产计划管理
60. 降低供用电设备的无功功率,可提高(   )。
    (A) 电压   (B) 电阻   (C) 总功率   (D) 功率因数

得　分	
评分人	

二、**判断题**(第 61~100 题。将判断结果填入括号中。正确的填"√",错误的填"×"。每题
        1.0 分。满分 40 分)

(   )61. 戴维南定理是求解复杂电路中某条支路电流的唯一方法。

( )62. 在感性电路中,提高用电器的效率应采用电容并联补偿法。

( )63. 三相对称负载做 △ 连接,若每相负载的阻抗为 10 Ω,接在线电压为 380 V 的三相交流电路中,则电路的线电流为 38 A。

( )64. 使用检流计时,一定要保证被测电流从"+"端流入,"—"端流出。

( )65. 变压器负载运行时,原边电流包含有励磁分量和负载分量。

( )66. 变压器负载运行时效率等于其输入功率除以输出功率。

( )67. 动圈式电焊变压器由固定的铁芯、副绕组和可动的原绕组组成。

( )68. 直流弧焊发电机与交流电焊机相比,结构较复杂。

( )69. 一台三相异步电动机,磁极数为 4,转子旋转一周为 360°电角度。

( )70. 当在同步电动机的定子三相绕组中通入三相对称交流电流时,将会产生电枢旋转磁场,该磁场的旋转方向取决于三相交流电流的初相角大小。

( )71. 异步启动时,同步电动机的励磁绕组不准开路,也不能将励磁绕组直接短路。

( )72. 直流并励发电机输出端如果短路,则端电压将会急剧下降,使短路电流不会很大,因此,发电机不会因短路电流而损坏。

( )73. 直流并励电动机的励磁绕组决不允许开路。

( )74. 要改变直流电动机的转向,只要同时改变励磁电流方向及电枢电流的方向即可。

( )75. 交流测速发电机的主要特点是其输出电压与转速成正比。

( )76. 直流测速发电机由于存在电刷和换向器的接触结构,所以寿命较短,对无线电有干扰。

( )77. 直流伺服电动机不论是他励式还是永磁式,其转速都是由信号电压控制的。

( )78. 交流伺服电动机电磁转矩的大小取决于控制电压的大小。

( )79. 电磁调速异步电动机又称为多速电动机。

( )80. 交流电动机在耐压试验中绝缘被击穿的原因之一可能是试验电压超过额定电压两倍。

( )81. 晶体管时间继电器按构成原理可分为电磁式、整流式、阻容式和数字式四大类。

( )82. 晶体管功率继电器是专门精密测量小功率的电器。

( )83. 高压负荷开关与高压隔离开关结构上很相似,在断路状态下都具有明显可见的断开点。

( )84. 高压断路器交流工频耐压试验是保证电气设备耐电强度的基本试验,属于破坏性试验的一种。

( )85. 高压负荷开关经其基本试验完全合格后,方能进行交流耐压试验。

( )86. 隔离开关做交流耐压试验应先进行基本试验,如合格再进行交流耐压试验。

( )87. 开关电路触头间在断开后产生电弧,此时触头虽已分开,但由于触头间存在电弧,电路仍处于通路状态。

( )88. 高压断路器是供电系统中最重要的控制和保护电器。

( )89. 由可控硅整流器和可控硅逆变器组成的变频调速装置,可使鼠笼式异步电动机无级调速。

( )90. 串励直流电动机的能耗制动原理是,将电动机转为发电机状态,产生与转速反

（　）91.直流电动机电枢回路串电阻调速，只能使电动机的转速在额定转速以上范围内调速。

（　）92.串励直流电动机的反接制动状态的获得，在位能负载时，可用转速反向的方法，也可用电枢直接反接的方法。

（　）93.同步电动机停车时，如需电力制动，最常见的方法是反接制动。

（　）94.Z3050钻床，摇臂升降电动机的正反转控制继电器，不允许同时得电动作，以防止电源短路事故发生，在上升和下降控制电路中只采用了接触器的辅助触头互锁。

（　）95.T610型卧式镗床主轴停车时由电磁离合器对主轴进行制动。

（　）96.在直流发电机-直流电动机自动调速系统中，直流发电机能够把励磁绕组输入的较小电信号转换成强功率信号。

（　）97.开关电路中，欲使三极管工作在饱和状态，其输入电流必须大于或等于三极管临界饱和电流。

（　）98.晶闸管都是用硅材料制作的。

（　）99.单结晶体管具有单向导电性。

（　）100.常用电气设备电气故障产生的原因主要是自然故障。

维修电工（中级）知识试卷

评分标准与标准答案

一、选择题

评分标准：各小题答对给1.0分；答错或漏答不给分，也不扣分。

1. D　2. C　3. D　4. B　5. D　6. A　7. A　8. B　9. B　10. A

11. D　12. A　13. C　14. B　15. B　16. A　17. B　18. C　19. C　20. C

21. D　22. A　23. B　24. C　25. A　26. A　27. D　28. C　29. B　30. D

31. B　32. C　33. C　34. B　35. C　36. D　37. D　38. A　39. C　40. B

41. B　42. C　43. A　44. C　45. A　46. B　47. A　48. C　49. C　50. B

51. B　52. B　53. C　54. C　55. B　56. C　57. A　58. A　59. B　60. D

二、判断题

评分标准：各小题答对给1.0分；答错或漏答不给分，也不扣分。

61. ×　62. ×　63. ×　64. √　65. √　66. ×　67. ×　68. √　69. ×　70. ×

71. √　72. √　73. √　74. ×　75. √　76. √　77. √　78. ×　79. ×　80. ×

81. √　82. √　83. √　84. √　85. √　86. √　87. √　88. √　89. √　90. √

91. ×　92. √　93. ×　94. √　95. ×　96. √　97. √　98. √　99. ×　100. ×

附录 2

维修电工(中级)操作技能考核试卷

考件编号＿＿＿＿＿＿　　姓名＿＿＿＿＿＿　　准考证号码＿＿＿＿＿＿　　单位＿＿＿＿＿＿

试题:降压启动正反转控制电路(具有手控及刹车功能)

1. 电路图

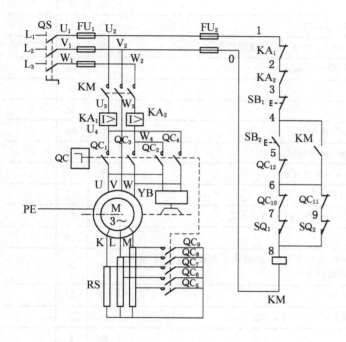

触点		反转						零位	正转				
代号	图形	5	4	3	2	1	0	0	1	2	3	4	5
QC₁	o—o							×	×	×	×	×	×
QC₂	o—o	×	×	×	×	×	×						
QC₃	o—o								×	×	×	×	×
QC₄	o—o	×	×	×	×	×	×						
QC₅	o—o	×	×	×	×	×			×	×	×	×	×
QC₆	o—o	×	×	×						×	×	×	×
QC₇	o—o												×
QC₈	o—o	×											×
QC₉	o—o												
QC₁₀	o—o					×	×		×	×	×		
QC₁₁	o—o	×	×	×	×	×	×						
QC₁₂	o—o												

2. 考核要求

(1) 电动机通电空转运行校验。

(2) 按元件明细表将所需电器元件材料配齐并进行电器检验、质检(通电检查)。

(3) 在固定时间内按照电气图将所用电器元件熟练地安装在控制板上。

(4) 电器元件的接线要求:导线水平垂直、工整,布线接线合理,交叉线要少,元件要固定,布置要合理

(5) 正确使用电工工具仪表,接线质量可靠,装接技术符合电工安装工艺要求。

(6) 考核安全注意事项,文明规范操作。

考试时间:2.5～3 小时。

3. 元件材料明细表

序号	名　　称	型　号　与　规　格	单位	数量	备注
1	三相四线电源	～3×380/220 V、20 A	处	1	
2	单相交流电源	～220 V 和 36 V、5 A	处	1	
3	三相电动机	Y112M-4,4 kW、380 V、△接法;或自定	台	1	
4	配线板	500 mm×600 mm×20 mm	块	1	
5	组合开关	HZ10-25/3	个	1	
6	交流接触器	CJ10-10,线圈电压 380 V 或 CJ10-20,线圈电压 380 V	只	2	
7	热继电器	JR16-20/3,整定电流 8.8 A	只	1	
8	速度继电器	JY1	只	1	
9	中间继电器	JZ7-44 A,线圈电压 380 V	只	1	
10	熔断器及熔芯配套	RL1-60/20	套	3	
11	熔断器及熔芯配套	RL1-15/4	套	2	
12	三联按钮	LA10-3H 或 LA4-3H	个	2	
13	接线端子排	JX2-1015,500 V、10 A、15 节或配套自定	条	1	
14	木螺丝	φ3×20 mm;φ3×15 mm	个	30	
15	平垫圈	φ4 mm	个	30	
16	圆珠笔	自定	支	1	
17	塑料软铜线	BVR-2.5 mm²,颜色自定	米	20	
18	塑料软铜线	BVR-1.5 mm²,颜色自定	米	20	
19	塑料软铜线	BVR-0.75 mm²,颜色自定	米	1	
20	别径压端子	UT2.5-4,UT1-4	个	20	
21	行线槽	TC3025,长 34 cm,两边打 φ3.5 mm 孔	条	5	
22	异型塑料管	φ3 mm	米	0.2	
23	电工通用工具	验电笔、钢丝钳、螺钉旋具(一字形和十字形)、电工刀、尖嘴钳、活扳手、剥线钳等	套	1	
24	万用表	自定	块	1	
25	兆欧表	型号自定,或 500 V、0~200 MΩ	台	1	
26	钳形电流表	0~50 A	块	1	
27	劳保用品	绝缘鞋、工作服等	套	1	

4. 评分标准

项目内容	配　分	评　分　标　准	扣分
元件安装	15	不按电器布置图安装	5
		元件安装不牢固(每只)	1
		安装元件时漏装木螺钉(每只)	1
		元件安装不整齐,不匀称,不合理(每只)	1
		损坏元件	2

项目内容	配 分	评 分 标 准	扣分
布 线	35	不按电气原理图接线	25
		布线不符合要求	5
		主线路(每根)	4
		控制电路(每根)	2
		接点松动,漏铜过长,压绝缘层反圈等(每个接点)	1
		损伤导线绝缘或线芯(每根)	1
		漏接地线	4
通电试车	50	继电器接错	10
		熔体规格配错	5
		第一次试车不成功	5
		第二次试车不成功	25
		第三次试车不成功	35
		违反安全文明生产	50

参 考 文 献

［1］金国砥.电工实训［M］.北京：电子工业出版社,2003.

［2］刘素萍.电工：中级［M］.北京：中国劳动社会保障出版社,2009.

［3］韩雪涛.从零学电工电路识图一本通［M］.北京：化学工业出版社,2021.

［4］曾祥富.全国中等职业学校电子电器专业教材编写组.电工技能与训练［M］.2 版.北京：高等教育出版社,2000.

［5］机械工业职业技能鉴定指导中心.电工识图［M］.北京：机械工业出版社,2005

［6］高福华,常通义.电工技术：电工学（Ⅰ）［M］.3 版.北京：机械工业出版社,2004.

［7］中华人民共和国职业技能鉴定辅导丛书编审委员会.维修电工职业技能鉴定指南［M］.北京：机械工业出版社,1999.

［8］机械工业职业技能鉴定指导中心.中级维修电工技术［M］.北京：机械工业出版社,2005.

［9］吕汀,石红梅.变频技术原理与应用［M］.3 版.北京：机械工业出版社,2015.

［10］机械工业职业技能鉴定指导中心.维修电工技能鉴定考核试题库［M］.北京：机械工业出版社,2006.

［11］中国就业培训技术指导中心.国家职业资格培训教程维修电工技师、高级技师（下册）［M］.2 版.北京：中国劳动社会保障出版社,2014.

［12］徐建俊.电工考级实训教程［M］.北京：清华大学出版社,北京交通大学出版社,2005

［13］钟肇新,范建东.可编程控制器原理及应用［M］.3 版.广州：华南理工大学出版社,2003.

［14］张仁醒.电工基本技能实训［M］.北京：机械工业出版社,2005.

［15］金明.电子装配与调试工艺［M］.南京：东南大学出版社,2005.

［16］何应俊.维修电工上岗技能实物图解［M］.北京：机械工业出版社,2018.

［17］张振文.电工手册［M］.北京：化学工业出版社,2018.